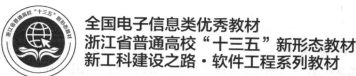

全国电子信息类优秀教材
浙江省普通高校"十三五"新形态教材
新工科建设之路·软件工程系列教材

Java 面向对象实用教程

第 4 版

杨晓燕　王仁芳　刘云鹏　邓　芳　编著

电子工业出版社
Publishing House of Electronics Industry
北京·BEIJING

内 容 简 介

Java 程序设计语言具有完全面向对象、简单高效、与平台无关等特点，同时 Java 内建了对网络编程、数据库连接、多线程等高级程序设计任务的支持。自 1995 年发布以来，Java 在开发领域一直高歌猛进，其地位一直名列前茅。特别在"互联网+"迅速发展的今天，Java 有着非常广阔的应用领域。本书基于"案例分析——知识学习——案例实现"和"章节案例——综合案例"的结构，本着 Java 基础和架构应用并重的原则进行编写，教材内容主要包括：Java 的渊源和特点、Java 编程基础、Java 流程控制与算法、类的结构及应用、面向对象编程基本原则、多线程应用、Java 常用的 API 和 GUI 图形界面等。

本书中的程序在 JDK 7.0 中经过验证，并都给出运行结果，教材案例通过二维码辅以微视频进行在线解读。本书在编写过程中，重要内容注意提炼，重点内容重点提示，使平面教材具有立体感，使读者便于学习和理解。同时为了教师教学方便，主要的程序代码都增加了行号。课后习题分为学习内容"积木化"的练习和拓展研讨题，并提供参考答案，每章内容都安排实训内容，便于读者"用中学，学中用"。

本书既可作为大中专学校的 Java 程序设计的教材，又可作为 Java 自学者的入门用书。

未经许可，不得以任何方式复制或抄袭本书之部分或全部内容。
版权所有，侵权必究。

图书在版编目（CIP）数据

Java 面向对象实用教程/杨晓燕等编著. –4 版. —北京：电子工业出版社，2019.1
ISBN 978-7-121-34715-3

Ⅰ. ① J… Ⅱ. ① 杨… Ⅲ. ① JAVA 语言－程序设计－高等学校－教材 Ⅳ. ① TP312.8

中国版本图书馆 CIP 数据核字（2018）第 150204 号

策划编辑：章海涛
责任编辑：章海涛
印　　刷：北京七彩京通数码快印有限公司
装　　订：北京七彩京通数码快印有限公司
出版发行：电子工业出版社
　　　　　北京市海淀区万寿路 173 信箱　邮编：100036
开　　本：787×1092　1/16　印张：20.75　字数：518 千字
版　　次：2006 年 1 月第 1 版
　　　　　2019 年 1 月第 4 版
印　　次：2022 年 6 月第 5 次印刷
定　　价：59.00 元

凡所购买电子工业出版社图书有缺损问题，请向购买书店调换。若书店售缺，请与本社发行部联系，联系及邮购电话：(010) 88254888，88258888。
质量投诉请发邮件至 zlts@phei.com.cn，盗版侵权举报请发邮件至 dbqq@phei.com.cn。
本书咨询联系方式：192910558（QQ 群）。

前 言

Java 自 1995 年诞生以来,以独树一帜的特点成为计算机世界的"国际语言"。原 Sun 公司总裁兼首席运营官 Jonathan Schwartz 说,"Java 技术正在成为全球网络应用的事实标准,它将大大加快和简化提供移动、消费和企业市场的服务。"

计算机学科的应用型人才不仅应具有基本的科学理论基础,更重要的是能将理论和实践相结合,并具有解决实际问题的能力。

2005 年在 Java 发布十周年之际,我们编写了第 1 版,受到读者和出版社好评,多次印刷。2010 年,本教材获得浙江省"十一五"重点教材建设项目立项,重新修订编写,2012 年在电子工业出版社出版,当年获**全国电子信息类优秀教材**;2015 年,编写了第 3 版,依然受到读者诸多鼓励。

基于电子工业出版社邀约和鼓励,本次修订是原教材第 4 版,立足点是"**重入门、重基础、重方法、重实用**"。本次修订的主要思路如下:

- ❖ 在 Java 内容体系和结构上做微调,增加章节实训,基于"互联网+"新时代特征,推荐优秀互联网资源,辅助和简化教材,线上、线下资源结合。
- ❖ 基于编程语言动手实践之重要性,层次上分为教学与研学,研学内容主要为学生自主探究学习。
- ❖ 将原来教材中的 JDBC 内容留作后续 Web 高级开发集成环境中方便学习。
- ❖ 教材内容体现不断扩展的 Java 类和相关新特性。通过教材案例的引领,突出"学中用"和"用中学",语言讲述方面保持了读者一致首肯的形象生动特点,不断推敲,使读者读起来更流程,更易于理解。

本书特色如下:

- ❖ 每章由"案例分析"开篇,以"案例实现"收尾,案例适中,读者能够快速入门,案例附带视频讲解。
- ❖ 遵循"**案例提出问题——知识学习——案例实现**"体例,从章节案例到综合案例,为了便于读者理解,又把综合案例分解为可独立运行的子案例。
- ❖ **四化设计**:核心知识案例化、抽象概念形象化、复杂问题通过分解尽量简单化、综合知识项目化。教材内容循序渐进,程序注重前后衔接和对比,环环相扣;教材中大部分程序为了便于教师讲解和理解,对主要程序代码增加行号。
- ❖ 基于学生学习实际需要,将输入/输出庞杂的内容进行了整合,基于应用和模型,删繁就简,突出重点,便于学生快速上手。
- ❖ 不仅注重一般概念和理论的解析,同时注重系统开发过程中结构和模式的研究。
- ❖ 课后练习分为,**习题**是积木式内容重建;**问题探究**是在知识广度和深度上拓展;**SCJP/OCJP** 题为学生打开一扇认证之窗。

本书编写的初衷是重在应用。每章后的习题、问题探究及 SCJP 提供了参考答案；增加了习题的二维码互动和章节案例核心知识点的二维码视频演示和讲解。

本次教材修订得到了<u>浙江省普通高校"十三五"第二批新形态教材建设项目</u>的支持，联合参与的老师有兄弟院校的李选平老师和孙海娜老师。同时，在本书顺利完成之际，感谢 2005 年我们一起编写教材的长辈和同事，包括已经故去的尊敬的姜遇姬教授，以及年轻的同事邓芳、刘臻等和我聪明的学生潘庆伟、王贤挺等。感谢电子工业出版社的积极推动、热心付出和敬业的指导。

本书配套的教学资料可以在华信资源网 http://www.hxedu.com.cn 下载，视频同时发布在腾讯课堂。

由于作者水平所限，书中难免还存在一些缺点和错误，希望读者批评指正。联系方式 yangxy3225@qq.com。

注：代码行号在程序编辑、编译、运行时是不需要的；*标注部分为自学内容，每章教材案例为研学内容，最后一章综合案例要求在"做中学"。

作　者

2020 年 1 月

目 录

第1章 Java 概述 ·· 1
1.1 Java 崛起 ··· 1
1.2 Java 与 C、C++ ·· 3
1.2.1 Java 和 C++ ··· 3
1.2.2 Java 与 C ·· 3
1.3 Java 语言特点及更新 ·· 5
1.4 Java 程序的类型及其不同的编程模式 ·· 6
1.5 Java 开发工具入门 ··· 8
1.5.1 JDK 的下载、安装 ··· 8
1.5.2 配置环境变量 ··· 9
1.5.3 JDK 开发工具简介 ··· 11
1.6 Java 程序开发过程 ··· 11
1.7 实训 ·· 18
习题 1 ·· 18
问题探究 1 ··· 18

第2章 Java 编程基础 ··· 20
2.1 标识符、关键字和分隔符 ··· 20
2.1.1 标识符和关键字 ·· 20
2.1.2 分隔符 ··· 21
2.2 数据类型 ·· 22
2.2.1 基本数据类型 ··· 23
2.2.2 常量和变量 ··· 24
2.3 运算符与表达式 ·· 26
2.3.1 算术运算符 ··· 26
2.3.2 赋值运算符 ··· 27
2.3.3 关系运算符 ··· 28
2.3.4 逻辑运算符 ··· 29
2.3.5 条件运算符 ··· 29
2.3.6 其他运算符 ··· 30
2.3.7 运算符的优先级 ·· 30
2.4 Scanner 键盘输入 ·· 30
2.5 案例实现 ·· 33
习题 2 ·· 33
问题探究 2 ··· 34

第 3 章	程序流程控制结构和方法	36
3.1	语句和程序流程控制结构	36
3.2	选择结构	37
	3.2.1 选择语句	37
	3.2.2 多选择结构 switch 语句	41
3.3	循环结构	44
	3.3.1 三种循环语句	44
	3.3.2 循环程序结构小结	48
	3.3.3 循环嵌套与 continue、break 语句	48
3.4	算法设计*	51
	3.4.1 迭代算法	51
	3.4.2 穷举算法	52
	3.4.3 递归算法	54
3.5	案例实现	55
习题 3		55
问题探究 3		56

第 4 章	数组	57
4.1	数组的基本概念	57
4.2	一维数组	58
	4.2.1 一维数组的声明	58
	4.2.2 一维数组内存申请	58
	4.2.3 一维数组的初始化	59
	4.2.4 测定数组的长度	60
	4.2.5 for each 语句与数组	61
4.3	二维数组	62
	4.3.1 认识二维数组	62
	4.3.2 二维数组的声明与创建	63
	4.3.3 二维数组元素的初始化	64
	4.3.4 二维数组的引用	65
4.4	案例实现	68
习题 4		70
问题探究 4		71

第 5 章	Java 类和对象	73
5.1	面向对象编程	73
5.2	类的描述	76
	5.2.1 类的定义	76
	5.2.2 成员变量的访问控制符	78
	5.2.3 成员方法	79

  5.2.4 成员变量和局部变量 ··· 81
  5.2.5 final 变量 ··· 82
 5.3 对象的创建与使用 ··· 82
  5.3.1 对象的创建 ··· 82
  5.3.2 对象的比较 ··· 84
  5.3.3 对象的使用 ··· 85
  5.3.4 释放对象 ··· 89
  5.3.5 Java 变量内存分配 ··· 89
  5.3.6 匿名对象 ··· 90
 5.4 类的构造方法 ··· 91
  5.4.1 构造方法的作用和定义 ··· 91
  5.4.2 this 引用 ··· 93
 5.5 static 变量及 static 方法 ··· 99
  5.5.1 static 变量 ··· 99
  5.5.2 static 方法 ··· 100
 5.6 对象初始化过程 ··· 103
 5.7 成员方法 ··· 106
  5.7.1 方法调用与参数传递方式 ··· 106
  5.7.2 方法重载 ··· 111
  5.7.3 final 最终方法和 abstract 抽象方法 ··· 113
 5.8 复杂程序解决方案和方法 ··· 113
 5.9 案例实现 ··· 117
 习题 5 ··· 120
 问题探究 5 ··· 123

第 6 章　类的继承和接口 ··· 126
 6.1 类的继承 ··· 126
  6.1.1 继承的概念 ··· 126
  6.1.2 创建子类 ··· 127
  6.1.3 关于父类的构造方法 ··· 128
 6.2 成员变量的隐藏和成员方法的重构 ··· 131
 6.3 抽象类 ··· 133
 6.4 接口 ··· 135
  6.4.1 接口概述 ··· 135
  6.4.2 接口的定义 ··· 136
  6.4.3 实现接口的类定义 ··· 136
  6.4.4 接口的多态性 ··· 139
  6.4.5 Java 8 接口扩展方法 ··· 141
 6.5 泛型 ··· 142

6.5.1　泛型的概念和泛型类的声明 142
　　　6.5.2　泛型应用 142
　6.6　案例实现 144
　习题6 148
　问题探究6 149

第7章　Java API 初步 150
　7.1　Java SE API 官网下载 150
　7.2　Java 输入/输出 151
　　　7.2.1　标准输出方法 151
　　　7.2.2　命令行参数输入法的应用 153
　　　7.2.3　流式交互输入/输出的应用 154
　　　7.2.4　Java I/O 基本模型 155
　　　7.2.5　文件数据的读/写 157
　　　7.2.6　JOptionPane 对话框输入法 159
　7.3　字符串类 160
　　　7.3.1　创建 String 对象 161
　　　7.3.2　创建 StringBuffer 对象 162
　　　7.3.3　正则表达式与模式匹配实例 163
　　　7.3.4　Java 中正则表达式常用的语法 164
　　　7.3.5　模式匹配方法* 164
　7.4　颜色类与图形绘制类 166
　　　7.4.1　图形的颜色控制 166
　　　7.4.2　类 Graphics 的基本图形 167
　7.5　集合 ArrayList 170
　　　7.5.1　集合概述 170
　　　7.5.2　类 ArrayList 的应用 171
　　　7.5.3　ArrayList 的综合应用 174
　　　7.5.4　类 Arrays 175
　7.6　Java 8 新特性* 177
　7.7　Java 9 入门体验* 178
　7.8　案例实现 181
　习题7 182
　问题探究7 183

第8章　包和异常 185
　8.1　包 185
　　　8.1.1　创建包 186
　　　8.1.2　类的包外引用 187
　8.2　异常处理 189

8.2.1 异常的基本概念 190
8.2.2 异常处理机制 193
8.2.3 自定义异常类 197
8.2.4 GUI 应用程序的异常处理 198
8.3 案例实现 200
习题 8 203
问题探究 8 203

第 9 章 面向对象程序设计的基本原则及初步设计模式* 204
9.1 UML 类图 204
9.1.1 类的 UML 图 205
9.1.2 UML 接口表示 205
9.1.3 UML 依赖关系 205
9.1.4 UML 关联关系 206
9.1.5 UML 聚合关系 206
9.1.6 UML 组合关系 207
9.1.7 泛化关系 207
9.1.8 实现关系 208
9.2 面向对象程序设计的基本原则 209
9.2.1 发现变化，封装变化 209
9.2.2 单一职责原则和最少知识原则 212
9.2.3 开放—封闭原则 212
9.2.4 子类型能够替换基类型原则 213
9.2.5 合成/聚合复用原则 215
9.3 案例实现 215
习题 9 219
问题探究 9 219

第 10 章 图形用户界面 221
10.1 图形用户界面概述 221
10.1.1 图形用户界面组件 221
10.1.2 组件分类 222
10.1.3 常用容器类的应用 223
10.2 事件处理 227
10.2.1 基本概念 227
10.2.2 事件处理机制 229
10.2.3 事件处理的实现方式 230
10.2.4 适配器类 234
10.3 一般组件 237
10.3.1 标签 237

    10.3.2 按钮 237
    10.3.3 文本框 238
    10.3.4 文本区 238
    10.3.5 列表框 240
    10.3.6 滚动窗格 242
    10.3.7 复选框和单选按钮 243
    10.3.8 滑动条 245
  10.4 菜单与对话框 250
    10.4.1 创建菜单 250
    10.4.2 弹出式菜单 254
    10.4.3 对话框 255
  10.5 布局管理器* 260
    10.5.1 顺序布局 261
    10.5.2 边界布局 261
    10.5.3 网格布局 262
    10.5.4 卡片布局 263
    10.5.5 手工布局 264
  10.6 JApplet 类的使用 265
  10.7 Java 事件类方法列表 266
  10.8 案例实现 267
  习题 10 271
  问题探究 10 274

第 11 章 多线程 275
  11.1 多线程概述 275
    11.1.1 基本概念 276
    11.1.2 线程的状态与生命周期 277
    11.1.3 线程的调度与优先级 279
  11.2 创建和运行线程 279
    11.2.1 利用 Thread 类创建线程 280
    11.2.2 用 Runnable 接口创建线程 282
  11.3 线程间的数据共享 284
  11.4 多线程的同步控制* 287
    11.4.1 线程同步相关概念 287
    11.4.2 synchronized 应用 289
    11.4.3 synchronized 的进一步说明 292
  11.5 案例实现 293
  习题 11 295
  问题探究 11 296

第 12 章　综合案例——聊天通信···298
12.1　界面及源代码···298
12.2　应用程序框架分解···302
12.2.1　Socket 连接的建立···303
12.2.2　基于 TCP 的 Socket 数据通信架构···305
12.2.3　图形用户界面与事件处理界面的设计···308
12.3　网络通信基础知识···310
12.3.1　网络通信的层次···310
12.3.2　通信端口···311
12.3.3　Java 网络编程中主要使用的类和可能产生的异常···311
12.3.4　Socket 通信模式···312
12.3.5　Socket 类和 ServerSocket 类的构造方法及常用方法···312
12.3.6　API 系统中 DataInputStream 和 DataOutputStream 的应用···313
12.3.7　多线程处理机制···315
习题 12···316

参考文献···317

第 1 章 Java 概述

多年来，为什么 Java 语言一直在程序设计语言排行榜中独占鳌头，发展成为程序设计语言的常青树，而精通 Java 语言也为职业规划提供很多优势？让我们循序渐进，走进 Java，学习 Java，掌握 Java。

本章主要内容
- Java 与 C、C++
- Java 语言的特点
- Java 开发工具
- Java 程序的类型及其不同编程模式

视频

【案例分析】
使用面向对象方法，描述现实世界中的一个实体——售报亭，如图 1.1 所示。

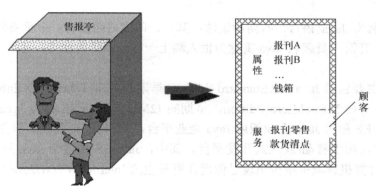

图 1.1 售报亭的对象封装

面向对象方法解决问题的思路是：从现实世界中的客观对象（如人和事物）入手，尽量运用人类的自然思维方式来构造软件系统。

在面向对象方法中，把一切都看成对象。把对象的属性和服务操作结合成一个独立的系统单位，其属性与操作刻画了事物的性质和行为，并尽可能隐蔽对象的内部细节，向外部只提供接口。软件对象是数据和方法的封装体。如图 1.1 所示，属性对应软件对象的数据，服务对应软件对象的方法。

在面向对象系统中，无论系统的构成成分，还是通过这些成分之间的关系而体现的系统结构，都可直接地映射问题域。这使得运用面向对象方法有利于我们正确理解问题域及系统责任。

1.1 Java 崛起

1991 年，美国 Sun Microsystems 公司启动了名为 "Green Project" 的研究项目，研究

解决家用电器的智能通信和控制问题。开发小组最初构想以当时颇为流行的C++语言开发此项智能软件。后来，由于C++语言本身的复杂性、安全性及平台移植方面的障碍等问题，因此项目组最后决定另辟蹊径，最终他们基于C++重新开发了一套新的语言系统——Java语言。

Java语言的始创者是Sun公司的James Gosling。起先，他根据办公室窗外的一棵橡树（Oak）将其命名为Oak语言。在申请注册时，因为命名冲突问题，后来将其改名为Java语言。

Java语言可以称得上是一种精巧而安全的语言。然而，当时Sun公司一开始就遭遇了"智能化家用电器"市场的萧条。同时，Sun公司以它投标一个自认为乐观的交互式电视项目时也折戟而归，未能成功。在这种情况下，Java语言似乎生不逢时，Green项目几乎走入了绝境。

可谓绝处逢生，峰回路转，1993年万维网空前流行起来。Java的发展转向了网络应用领域。

Java语言具有平台无关性，使得Java程序适应了Internet上多样化的服务器站点环境，Java程序既可以在Windows平台上运行，又可以在Unix、Linux等平台上运行。这造就了Sun公司宣传的"Write Once，Run Anywhere"（一次编写，随处运行）的优势。

1995年5月，Sun公司正式对外发布了Java语言，并随着互联网的飞速发展，逐渐确定了自己网络编程语言的地位。当年Java就被美国著名杂志《PC Magazine》评为十大优秀科技产品之一。1996年1月，JDK 1.0发布。2009年4月，甲骨文公司收购Sun公司，取得了Java版权。

之所以命名为Java语言，有两种说法：其一，印度尼西亚有一个重要的岛屿——爪哇岛，盛产咖啡，开发人员起名Java寓意为世人端上一杯热腾腾的咖啡；其二，美洲俚语Java有咖啡之意。

Java平台主要包括Java SE（Standard Edition，早期的J2SE）、Java EE（Enterprise Edition，早期的J2EE）、Java ME（Micro Edition，早期的J2ME）。Java SE称为Java标准版或Java标准平台；Java EE称为Java企业版或Java企业平台，用于构建企业级的服务应用；Java ME为Java微型版，用于移动/嵌入式开发平台。其中，Java SE是整个Java开发的基础。

总之，在计算机领域中很少出现过像现在所发生的Internet/WWW/Java这样的"火爆"现象。

延伸阅读：万维网和因特网

WWW是环球信息网（World Wide Web）的缩写，简称为Web，中文名称为"万维网"。万维网包括WWW服务器和WWW浏览器。万维网是一个资源空间，由"统一资源标识符"（URL）标识。这些资源通过超文本传输协议（Hypertext Transfer Protocol）传送给使用者，而后者通过点击链接来获得资源。

因特网（Internet）是当前全球最大的、开放的、由众多网络相互连接而成的计算机网络。万维网常常被视为因特网的同义词，其实万维网是依赖因特网运行的一项服务。万维网基于因特网，万维网被广泛应用于因特网之上。

延伸阅读：精神贵族——蒂姆·伯纳斯·李

蒂姆于1955年出生于英国伦敦，他是万维网的发明者。1989年仲夏之夜，蒂姆成功开发出世界上第一个Web服务器和第一个Web客户机。并随后在1990年12月25日他成功通过 Internet 实现了 HTTP 代理与服务器的第一次通信。2017 年，他因发明万维网、第一个浏览器和使万维网得以扩展的基本协议和算法而获得 2016 年度的图灵奖。他虽然放弃了万维网 http 的专利申请，但他成为了精神上最富有的人，是互联网的精神贵族，http 是他献给世界上每个人的互联网礼物。视频资料参阅央视纪录片《互联网时代》第一集（http://tv.cctv.com/ 2014/10/15/VIDA1413360557873609.shtml）。

1.2　Java 与 C、C++

随着程序规模的不断扩大，在 19 世纪 60 年代末期出现了软件危机，当时的程序设计范型都无法克服错误随着代码的增多而级数般地扩大的问题，这个时候就出现了一种新的程序设计范型——面向对象程序设计。

1.2.1　Java 和 C++

Sun 微系统公司的 Java 开发小组汲取了 C++的精华，并将其融入到 Java 中，同时舍弃了 C++的低效率和不便于程序设计人员使用的缺点。Java 小组也创造了一些新的特性，给予 Java 开发基于 Internet 的应用程序时所必需的动态性。

Java 的目的并不是改进 C++进而最终取代 C++，C++和 Java 这两种语言是用来解决不同问题的。Java 用来设计必须共存于不同机器的应用程序，即常常是基于 Internet 的基础之上。相反，C++用来开发在一台特定机器上运行的程序，尽管 C++程序被重新编译后能够在其他机器上运行。

Java 语言的许多基本结构与 C++是相似的，有时甚至是相同的。例如，Java 是一种面向对象编程语言，它用类来创建对象的实例，类具有数据成员和方法成员，这和 C++中的类是相似的。

但是 Java 没有指针，而在 C/C++编程语言中指针是基石。在 C++中正确使用指针能使程序富有效率，但是指针难以掌握，若使用不当则会导致运行错误。

Java 带有自动的垃圾自动回收机制，这是在 C/C++中没有的功能。垃圾自动回收机制是一个常规程序，它收集程序中不再使用的内存。这样，程序设计人员就不必编写代码来释放之前使用的内存。

在不同的平台上使用 C/C++程序使系统会对每种数据类型根据平台的不同进而分配不同的字节数。而在 Java 中，Java 会为各种数据类型分配合理的固定位数，且位数在每种平台上都不改变，这样便保证了 **Java 的平台无关性**。

C++中支持多重继承，一个类可以有多个父类，这种方式使 C++中的类可以使用多个父类的属性和方法，但其结构复杂，容易引起混乱。而在 Java 中，一个类只能有一个父类，但是可以实现多个接口，这样既达到了**多重继承的目的**，又保证了结构比多重继承更加清晰。

除此之外，与 C++不同，Java 中不支持结构和联合，不支持宏定义，不支持头文件，不支持友元，大大保证了 Java 程序的安全性。

1.2.2　Java 与 C

C 语言为面向过程的程序设计语言。面向过程程序设计语言在程序设计过程中都倾向于面向行为。在 C 语言中，程序设计的单元是函数，C 编程人员着重于编写函数。执行同一个任务的一系列动作构成函数，一系列函数再构成程序。这种语言的主要问题是程序中的数据和操作分离，不能够有效地组成与自然界中的具体事物紧密对应的程序成分。

Java 是纯面向对象的程序设计语言，Java 语言中程序设计的单元是类，从类中创建实例对象。Java 编程人员着重创建用户自定义的类，每个类均可包含数据属性和若干操作数据的函数，一个类的函数部分称为方法。C 和 Java 编程与执行过程的区别如下。

Windows 下 C 语言开发过程如图 1.2 所示。C 语言程序在执行之前需要把程序编译成机器语言文件，程序执行效率高，依赖专门编译器，跨平台性稍差。

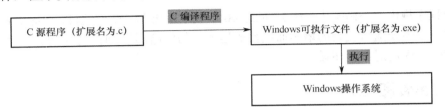

图 1.2　Windows 下 C 语言开发过程

Java 语言开发过程如图 1.3 所示。

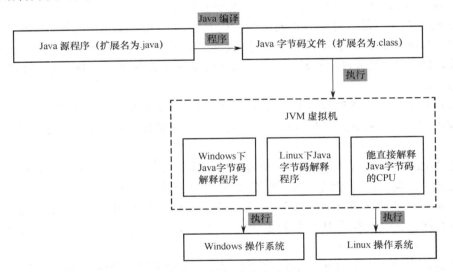

图 1.3　Java 语言开发过程

从图 1.2 和图 1.3 的比较中可以看出，Java 源程序编译后生成的字节码文件就相当于 C 源程序编译后 Windows 上的 exe 可执行文件，JVM（Java Virtual Machine）虚拟机的作用类似 Windows 操作系统。在 Windows 上运行的是 exe 文件，在 JVM 上运行的是 Java 字节码文件，即编译后生成的后缀为 .class 的文件。

Windows 执行 exe 可执行文件的过程，就是从 exe 文件中取出一条条计算机指令交给 CPU 去解释、执行。字节码并不是机器指令，它与特定的平台无关，不能被任何平台直接识别、执行。字节码是可以被 Java 虚拟机识别、执行的代码，即 Java 虚拟机负责解释、运行字节码，将字节码翻译成所在平台的机器码，并让当前平台运行该机器码。可见，只要能实现特定平台下的解释器程序，Java 字节码就能通过解释器程序在该平台上运行，这是 Java

跨平台的根本特点。

Java 兼顾解释性与编译性语言的特点，Java 源文件转换成 class 字节码文件过程是编译型的，class 字节码文件在操作系统上运行的过程则是解释型的。Java 虚拟机充当了解释器的作用，C/C++都是编译型的语言，运行速度较快。

> **延伸阅读**：程序设计语言发展脉络
>
> 计算机程序设计语言的发展是一个不断演化的过程，从最开始的机器语言到汇编语言再到各种结构化高级语言，最后发展到面向对象程序设计语言。
>
> **机器语言**是第一代计算机语言，是最原始的编程语言，用二进制代码（0 或 1）书写，能被机器直接识别，二进制是计算机语言的基础。在计算机发展初期，软件工程师们只能用晦涩的机器语言来编写程序。**汇编语言**将一个特定指令的二进制串机器指令映射为简洁的英文助记符。例如，用"ADD"代表加法，用"MOV"代表数据传递等，它是比机器语言更"高级"的符号语言。**高级语言**是采用命令或语句的语言，屏蔽了机器的细节问题，提高了语言的抽象层次，如我们正在学习的 Java。

1.3 Java 语言特点及更新

视频

Java 语言是一种彻底的面向对象的程序设计语言。作为一种纯粹的面向对象的程序设计语言，它非常适合大型软件的开发，同时简单易学。2005 年 6 月，Sun 公司发布 Java SE 6，此时，Java 的各种版本更名，J2EE 更名为 Java EE，J2SE 更名为 Java SE，J2ME 更名为 Java ME。2014 年 3 月，Oracle 公司发表 Java SE 8。Java 9 于 2017 年 9 月正式发布。Java 9 带来了很多的变化，其中最重要的改动是 Java 平台模块系统的引入。为了更快地迭代，以及跟进社区反馈，Java 的版本更新周期加快，Java 10 于 2018 年 3 月发布，最新特性大家可以参阅网上的最新资料。这里主要介绍 Java 语言核心特点。

1. 面向对象

对象是程序的基本单元和构件。在面向对象的程序语言中，对象是类的实例，而类则是描述对象的模板。类是具有相同属性和服务的一组对象的抽象、一般描述。抽象是事物的泛化，抽象的目的是提取重要的特征而忽略不重要的细节。对象是现实世界中某个实际存在的事物，<u>软件对象是数据和方法的封装体</u>。类与对象的关系如同一个模具与用这个模具铸造出来的铸件之间的关系，如同自行车图纸与自行车的关系。

封装是面向对象的一个重要原则。它有两个含义，第一个含义是，把对象的全部属性和全部服务结合在一起，形成一个不可分割的独立单位（对象）；第二个含义也称为"信息隐蔽"，即尽可能隐蔽对象的内部细节，对外形成一个边界（或者形成一道屏障），只保留有限的对外接口使其与外部发生联系。这主要是指对象的外部不能直接地存取对象的属性，只能通过几个允许外部使用的服务（或称方法）与对象发生联系。

2. 跨平台

这里所指的平台是由操作系统（OS）和处理器（CPU）所共同构成的平台。跨平台或与平台无关是指应用程序不因操作系统、处理器的变化而导致程序无法运行或出现运行错误。

用Java语言编写的程序,经过Java编译器编译后生成Java语言特有的字节码(Bytecode),而不生成特定的 CPU 机器代码。字节码是一种中间码,它比机器码更抽象,因此跨平台性能更好。Java 字节代码运行在 Java 虚拟机（JVM，Java 语言解释器）上，Java 语言借助 Java 虚拟机，首先对 Java 编译后生成的字节码进行解释，虚拟机底层的运行系统把字节代码转化成实际的硬件调用，然后再执行它。

JVM 是一种抽象机器，它附着在具体操作系统之上，本身具有一套虚拟机器指令，并有自己的栈、寄存器等。Java 虚拟机类似一个小巧而高效的 CPU，JVM 通常不在硬件上实现，它是通过软件仿真实现的，但是 Java 芯片的出现会使 Java 更容易嵌入到家用电器中。

JVM 是 Java 平台无关性的基础，Java 源代码先经过 Java 编译器生成 Java 虚拟机的字节码，再经过 Java 解释器将字节码转换成实际系统平台上的机器码，然后真正执行。任何一台机器只要配备了 Java 解释器，就可以运行字节码，而不管这种字节码是在何种平台上生成的。另外，Java 采用基于 IEEE 标准的数据类型。通过 JVM 保证数据类型的一致性，也就确保了 Java 的平台无关性。Java 产生的字节码与平台无关，这一点正是网络传输所需要的。

3. 安全性

Java 将重点用于网络/分布式运算环境，确保建立无病毒且不会被侵入的系统。内存分配及布局由 Java 运行系统决定，字节码验证可以轻松构建防病毒、防黑客系统。

Java 最初设计的目的是应用于电子类消费产品，要求有较高的可靠性。Java 虽然源于 C++，但它消除了很多 C++的不可靠因素，可以防止很多编程出现错误。首先，Java 是强类型语言，要求显式的方法声明，保证了编译器可以发现方法调用错误，保证程序更加可靠；其次，Java 不支持指针，杜绝了内存的非法访问；再次，Java 解释器在运行过程中实时检查，可以发现数组和字符串访问的越界；最后，Java 提供了异常处理机制，便于程序及时发现运行错误。由于 Java 主要用于网络应用程序开发，因此对安全性有着较高的要求。如果没有安全保证，那么用户从网络下载程序执行就会非常危险。

4. 多线程

线程是操作系统的一种概念，被称为轻量级进程，是比传统进程更小的、可并发执行的单位。C 和 C++采用单线程体系结构，而 Java 提供了多线程支持。

一个线程是一个程序内部的顺序控制流。在 DOS 环境下，我们只能同时运行一个程序，也就是程序只有一条顺序控制流。即一部分程序因为某种原因不能执行下去的时候，整个程序就停止在那里，其他的操作就不能执行。进程的特点是每个进程都有独立的代码和数据空间，进程切换的开销大。线程是轻量的进程，同一类线程共享代码和数据空间，线程切换的开销小。通常，线程之间的切换是非常迅速的，使人们觉得好像所有的线程都在同时执行。但是在系统内部来看，线程仍是串行执行的，只不过由于操作系统可以快速、自动地进行切换，从而给人一种并发执行的感觉。

1.4 Java 程序的类型及其不同的编程模式

用 Java 书写的程序有两种类型：Java 应用程序（Java Application）

和 Java 小应用程序（Java Applet）。

Application 的基本编程模式：

```
class 用户自定义的类名   // 定义类
{
    public static void main(String args[ ] )    //定义 main( )方法
     {
        方法体
     }
}
```

Applet 的基本编程模式：

```
import java.awt.Graphics;   //引入 java.awt 系统包中的 Graphics 类
import java.applet.Applet;   //引入 java.applet 系统包中的 Applet 类
class   用户自定义的类名   extends Applet   //定义类
{
  public void paint(Graphics g)   //调用 Applet 类的 paint( ) 方法
    {
        方法体
    }
}
```

Applet 需要的 HTML 文件的最小集的格式：

```
<html>
<applet code=类名.class    width= 宽度    height=高度>
</html>
```

注意：HTML 标记包含在尖括号内，并且总是成对出现的，前面加斜杠表明标记结束。用<html>和</html>标记 HTML 文件的开始和结束，用<applet>和</applet>标记 Applet 的开始和结束。必须把以.class 结尾的字节码文件名嵌入到 HTML 文件中，这里的 HTML 文件应和字节码文件放在同一级目录下。另外，HTML 对字符大小写是不敏感的，参数值可加引号也可不加。

Java 应用程序必须得到 Java 虚拟机的支持才能够运行。Java 小应用程序则需要客户端浏览器的支持。Java 小应用程序运行之前必须先将其嵌入 HTML 文件的<applet>和</applet>标记中。当用户浏览该 HTML 页面时，Java 小应用程序将从服务器端下载到客户端，进而被执行。

综上所述，Applet 和 Application 是 Java 程序的两种基本类型，从源代码的角度来看，Applet 和 Application 有两个基本的不同点：

（1）一个 Applet 类必须定义一个从 Applet 类派生的类，Application 则没有这个必要。

（2）一个 Application 必须定义一个包含 main 的方法，以控制它的执行，即程序的入口。而 Applet 不会用到 main 方法，它的执行是由 Applet 类中的几个系统方法来控制的。

两者共同之处是：编程语法是完全一样的。

1.5 Java 开发工具入门

1.5.1 JDK 的下载、安装

作为初学者，学习 Java 最好直接选用 Java SE 提供的 JDK，各种集成开发环境一般系统界面相对复杂，还需要做相关配置，而且会屏蔽掉一些知识点。待 Java 编译、运行等命令已经熟练之后，再去尝试使用流行的 Java 集成开发环境。

提示：Eclipse 是一个开放源代码的、基于 Java 的可扩展开发平台。Eclipse 附带一个标准的插件集，包括 Java 开发工具（Java Development Kit，JDK）。使用或安装 Eclipse 前确保电脑已安装 JDK。Eclipse 下载地址：https://www.eclipse.org/downloads/，可以使用下载解压缩免安装，也可以采用安装版本。学习指导推荐"菜鸟教程"（http://www.runoob.com/eclipse/eclipse-tutorial.html）。

Java 开发工具使用 JDK，目前应用较多的版本是 JDK 8.0。JDK 软件包提供了 Java 编译器和 Java 解释器，但没有提供 Java 编辑器，初学者推荐使用 Windows 的"记事本"或其他高级编辑器，如 Notepad++、Notepad++是在微软视窗环境下的一个免费的代码编辑器，下载地址：http://notepad-plus-plus.org/。

JDK 是原 Sun 公司免费提供的，目前 Sun 公司被 Oracle 公司收购。最新 JDK 下载地址：http://www.oracle.com/technetwork/java/javase/downloads/index.html，如图 1.4 所示，点击按钮 Java。

图 1.4 JDK 下载页面

在下载页面中需要选择接受许可，并根据自己的电脑操作系统选择对应的版本，如图 1.5 所示。

下载 JDK 后采用默认安装即可，同时一并安装 JRE。一般默认电脑安装目录，如 C:\Program Files\Java\jdk1.8.0_65，版本号不同，jdk 后面数字号不同。

在安装 JDK 过程中，可以自定义安装目录等信息，一般情况下选择默认安装目录即可。默认安装完毕后，JDK 目录结构如图 1.6 所示，此处安装的是 JDK 8.0。

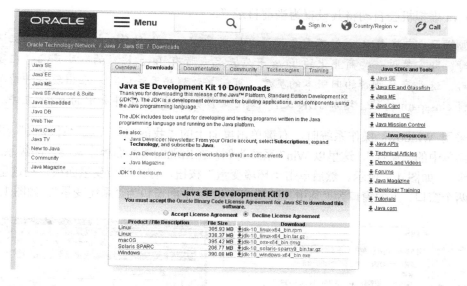

图 1.5　JDK 下载页面

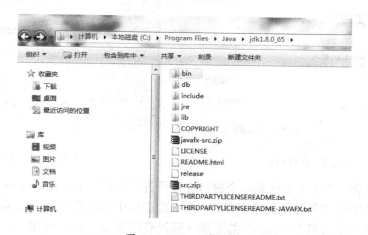

图 1.6　JDK 目录结构

1.5.2　配置环境变量

在计算机系统中可以定义一系列变量，这些变量可供操作系统中所有的应用程序使用，被称为系统环境变量。在学习 Java 的过程中，在 Windows 平台下，我们经常设置的环境变量是 path 和 classpath，path 和 classpath 分别指定了 JDK 命令搜索路径和 Java 类路径。

path 环境变量用于保存一系列路径，为操作系统提供所使用的应用程序搜索路径，也就是说，当操作系统在当前目录下没有找到想用的命令工具时，操作系统就会按照 path 环境变量指定的目录依次去查找，以最先找到的为准。path 环境变量可以存放多个路径，Windows 下路径和路径之间用英文分号";"隔开。为保险起见，实验时一般将 jdk 路径放在最前面。

设置环境变量 classpath 的作用是告诉 Java 类装载器到哪里去寻找第三方提供的类和用户定义的共享类。在 classpath 环境变量中添加的"．;"英文实心点代表 Java 虚拟机运行时的当前工作目录，英文分号进行路径之间的分隔。从 JDK 5.0 开始，classpath 环境变量不用设置，Java 虚拟机会自动将其设置为当前目录"."。

> **问题提示**：安装 JDK 一般不需要设置环境变量 classpath 的值。当读者的计算机环境比较复杂时，即安装过一些商业化的 Java 开发产品或带有 Java 技术的一些产品，在安装这些产品后，这些产品所带的旧版本的类库，可能导致程序无法运行。在出现这种情况时，需要编辑 classpath 的值，增加 JDK 文件中 jre 文件夹中的 lib 文件夹中的 rt.jar 文件。

当采用 Windows 操作系统时，右键单击桌面上的"我的电脑"或"计算机"图标，然后选择菜单中的"属性"，这里以 Win7 系统为例，在出现的属性面板中选择"高级系统设置"→"高级"，如图 1.7 所示。然后单击"环境变量"按钮，打开环境变量面板，在这里可以看到上下两个窗口，上面窗口为"某用户的用户变量"，下面窗口为"系统变量"，如图 1.8 所示。

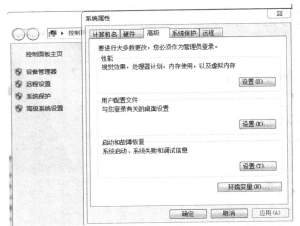

图 1.7 属性面板

图 1.8 环境变量面板

读者可以在图 1.8 中上下任意一个窗口进行设置，区别在于上面的窗口设置用于个人环境变量，只有以该用户身份登录时才有效，而下面窗口中的设置则对所有用户都有效。以设置系统变量为例，单击名为"path"的变量（若没有环境变量 path 选项，则在"用户变量"或"系统变量"中选择"新建"来添加），选择"编辑"，如图 1.9 所示，在打开的"编辑系统变量"窗口中的"变量值"输入框中添加新安装的 JDK 路径，应当在 path 原有值的末尾加上英文分号"；"，然后加上 Java 编译器和解释器等工具所在 bin 的路径（这里是 C:\Program Files\Java\jdk1.8.0_65\bin），然后单击"确定"。一般建议 JDK 路径放在变量值的最前面，这样检测效率高且防止其他应用自带老版本 JDK 的干扰。

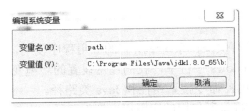

图 1.9 编辑系统变量窗口

path 环境变量设置好后，在 DOS 下使用 cd 进入工作目录，程序就可以编译运行了。若偶尔有问题，则可以进一步在 DOS 下使用设置语句 set classpath=D:\mycode（以 mycode 为自己源代码存放的文件夹为例），再运行自己的源文件就可以了。

若用户在安装 jdk 时，选择了另外的 JDK 安装路径，则环境变量 path 和 classpath 要做相应的调整。

path 环境变量设置好后，需要重新打开 DOS 命令提示符界面，path 环境变量才起作用。环境变量设置完成后，可以在 DOS 窗口下进行测试。输入 javac 并按回车后，若出现 javac 的用法参数提示信息，则安装正确，如图 1.10 所示；也可以在 DOS 下使用 set 命令查看添加的系统路径，若没有找到系统路径，则要检查环境变量设置是否正确。

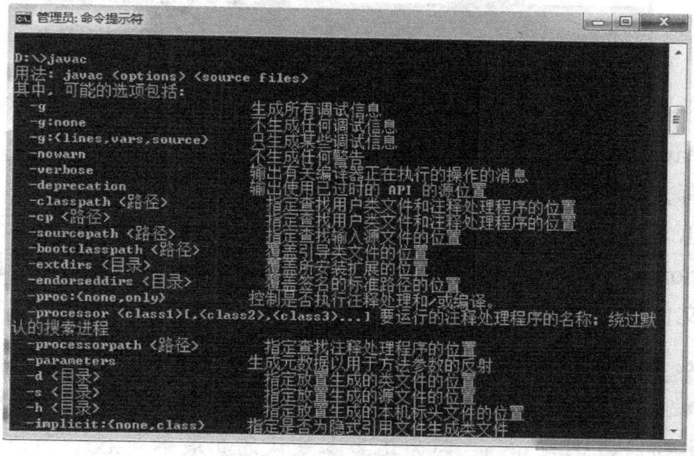

图 1.10 JDK 测试

> 问题提示：在编译器 javac 运行正常，而解释器 java 不能正常运行时，且提示的异常为 "Exception in thread "main" java.lang.NoClassDefFoundError: Welcome"，其中 Welcome 是程序的主类名称，此时，请在"我的电脑"中打开 classpath，把英文实心点和分号 ".;" 添加到其变量值中。

1.5.3 JDK 开发工具简介

JDK 工具是以命令行方式应用的，即在 Windows 操作系统的 DOS 命令行提示符窗口中执行 JDK 命令。在 JDK 的 bin 目录下，存放着 Java 提供的一些可执行程序，为我们开发和测试 Java 程序提供了工具。在学习中，常用的 JDK 开发工具有以下 3 种：

- javac.exe：Java 语言的编译器，生成 .class 字节码文件。
- java.exe：Java 程序执行引擎，Java 解释器，执行字节码文件。
- appletviewer.exe：JDK 自带的小应用程序浏览器。

1.6 Java 程序开发过程

1. 开发过程简介

要编写和运行第一个 Java 程序，需要有文本编辑器和 Java 开发平台。编辑器可以使用 Windows 自带的记事本或其他高级文本编辑器，使用 JDK 作为开发工具和平台。Java 不断在更新，最新更新版本为 Java 10，本书的 JDK 采用 JDK 8.0。通常，初学者使用 Windows 环境中的记事本作为创建源文件的文本编辑器。

Java 源程序的开发步骤如图 1.11 所示，经过编写、编译和运行过程后，JVM 运行的是

Java 字节码，操作系统可以是不同的操作系统。

图 1.11 Java 源程序的开发步骤

要创建一个 Java 程序需要以下 3 个基本步骤：
（1）创建带有文件扩展名.java 的源文件。
（2）利用 JDK 自带的 Java 编译器生成文件扩展名为.class 的字节码文件。
（3）Application 程序利用 Java 解释器运行该字节码文件，Applet 利用 Java 自带浏览器运行嵌有字节码文件的 HTML 文件。

> 注意：在多个类的情况下，保存文件时一般要使用 public 修饰的类名作为文件名，刚开始学习书写简单单个类，往往使用默认修饰符的类，一般也使用主类的类名作为文件名，这样更方便，两者的后缀都为.java。因为记事本默认的扩展名是.txt，所以必须修改文件扩展名为.java，可在文件名的开始和扩展名的结尾处加上一对双引号后保存，或者不加双引号，保存类型选择 all files。

Java 编译器是 JDK 中的 javac.exe，将 Java 源程序编译成字节码文件，使用语法如下：
<u>javac 类名.java</u>
然后按回车键。若源程序没有错误，则屏幕上没有输出；否则将显示出错信息。

Java 解释器是 JDK 中的 java.exe，解释和执行 Java 应用程序，使用语法如下：
<u>java 类名</u>
然后按回车键。启动虚拟机，执行该类的 main 方法。主方法定义受 JVM 限制，有严格的格式要求。即

> 注意：这里不能带.class 后缀。在字节码文件编译生成后，将自动保存在与源程序同一级的目录下。

Java 的平台无关性就是因为每种计算机上都安装了一个合适的解释器，将不同计算机上的系统差别隐藏起来，使字节码面对一个相同的运行环境，实现了"编写一次，到处运行"的目标。

> 注意：随着 JDK 版本的升级，编译器 javac 后面的类名可以不是主类的名称，但是解释执行的时候必须是主类.class，因为文件名可以是任意类名，但是生成的 class 文件，解释从主类开始。

对于 Applet 程序来说，需要 HTML 文件的配合，使用语法如下：
<u>appletviewer HTML 文件名.html</u>
然后按回车键。字节码文件嵌入 HTML 文件中，appletviewer 为 Applet 查看器（JDK 中的

appletviewer.exe），含有内置 Java 解释器。appletviewer 又称小浏览器，它仅显示相关 Applet 的属性，初学者使用方便。

2. 创建 Java Application 程序示例

编写一个 Java Application 程序，过程简要描述如下：

首先，用户需要下载和安装 JDK。这里以 JDK 8.0 版本为例，暂且把程序源文件放置在 d 盘的自建 mycode 文件夹中，<u>注意：Java 的 path 环境变量已经设置好。</u>

其次，确定文本编辑器。在本例中，使用记事本，以 Windows 7 为例，从"开始"菜单项中选择"程序"→"附件"→"记事本"。当然，用户也可以选择其他文本编辑器。

【例 1.1】 实现第一个简单的应用程序：打印一行文字。

（1）在"记事本"中编写源程序

```java
// 文件名：Welcome.java
public class Welcome {
    public static void main( String args[] )
    {
        System.out.println( "Welcome to Java Programming!" );
    } //结束 main 方法的定义
} //结束类 Welcome 的定义
```

（2）语法说明

程序中的"//"为单行注释符，只对当前行有效，表示该行是注释行。程序设计人员在程序中加入注释，用于提高程序的可读性，使程序便于阅读和理解。在程序执行时，注释行会被 Java 编译器忽略。多行注释以"/*"开始，以"*/"结束。

Java 程序由类或类的定义组成，类构成了 Java 程序的基本单元，创建一个类是 Java 程序的首要工作。Java 用关键字 class 标志一个类定义的开始，class 前面的 public 关键字代表该类的访问属性是公共的，表示这个类在所有场合中都可使用。<u>一个程序文件中可以声明多个类，但仅允许有一个公共的类。</u>class 后面是该类的类名，在本例中是 Welcome。

Application 中有一个显著标记就是必须定义一个 main( )主方法，而且严格按照例 1.1 中所示的格式定义其修饰符和命令行参数，用关键字说明 main 方法是 public，静态的 static，无返回值的 void，主方法的参数是字符串类型 String 的数组 args[]。一个类中可以声明多种方法，Java 应用程序自动从 main 主方法开始执行，通过主方法再调用其他方法。Java 语言的每条语句都必须以英文分号结束。

System.out 是标准输出对象，它用于在 Java 应用程序执行的过程中向命令窗口显示字符串和其他类型的信息。方法 System.out.println 在命令窗口中显示一行文字后，会自动将光标位置移到下一行（与在文本编辑器中按回车键类似）。

（3）编译运行程序

在源程序编写并保存好后，接着我们准备执行该程序。为此我们打开一个命令提示符窗口，用 cd\退回到根目录，如图 1.12 所示。

接着，通过 DOS 的 cd 命令，进入自己创建的目录 d:\mycode（读者可以使用自己创建的其他盘符的文件夹），如图 1.13 所示。

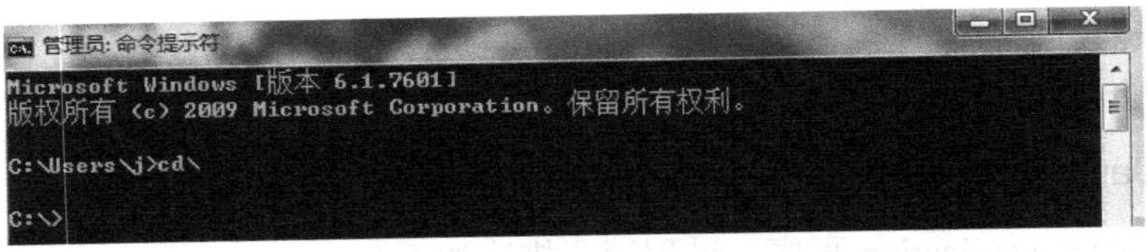

图 1.12　命令提示符窗口

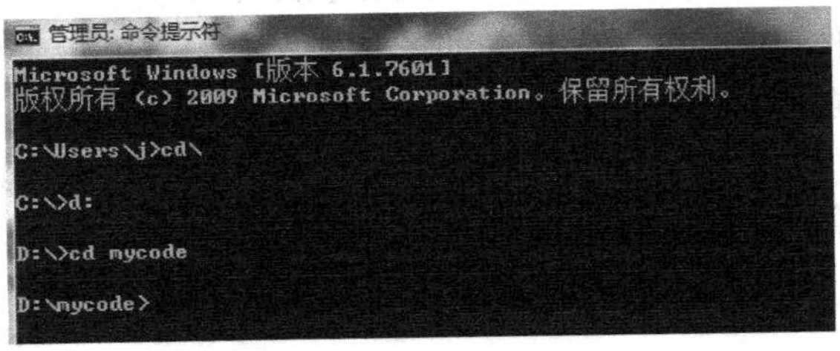

图 1.13　显示 Welcome.java 文件

再在"命令提示符"窗口中输入 javac Welcome .java，按回车键，如图 1.14 所示。

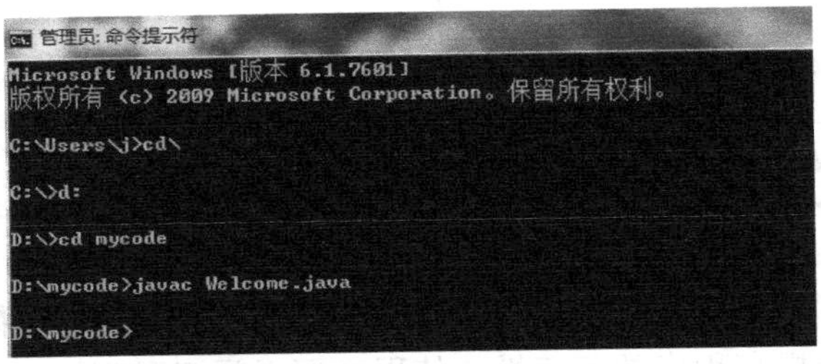

图 1.14　编译 Welcome.java 文件

若此程序没有显示语法错误提示，则将生成一个 Welcome.class 字节码文件，自动保存在源文件同级目录下。

再在"命令提示符"中输入 dir 命令，就可以看到编译后生成的 .class 文件，表明程序编译成功，如图 1.15 所示。

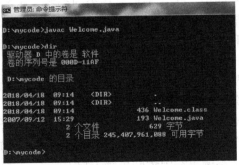

图 1.15　显示编译后的情况

运行字节码文件输入，java Welcome，按回车键，如图 1.16 所示。

此命令启动 Java 解释器，运行 ".class" 文件，字节代码被 Java 解释器解释执行。注意：解释命令不带 .class 文件扩展名，否则解释器不能解释执行。解释器自动调用方法 main，然后通过 System.out.println 方法显示"Welcome to Java Programming！"。

图 1.16 运行程序并显示运行结果

3. 创建 Java Applet 程序示例

Applet 也是一种 Java 程序，它一般运行在支持 Java 的 Web 浏览器内，有完整的 Java API 支持。Applet 是一种嵌入 HTML 文件中的 Java 程序，可以通过网络下载来运行。HTML 是超文本标记语言，它采用一整套标记来定义 Web 页。HTML 文件的扩展名为.html 或.htm。与从命令窗口执行 Java 应用程序不同，Applet 通过 JDK 的查看器 appletviewer 或支持 Java 的 Web 浏览器运行。

【例 1.2】 显示一行字符串的简单 Java Applet。

（1）在记事本中编写源代码

```java
// 文件名: WelcomeApplet.java
// A first applet in Java
import javax.swing.JApplet;   // 加载系统类 JApplet
import java.awt.Graphics;     // 加载系统类 Graphics

public class WelcomeApplet extends JApplet {
    public void paint( Graphics g )
    {
        g.drawString( "Welcome to Java Programming!", 25, 25 );
    } //结束 paint 方法的定义
} //结束类 WelcomeApplet 的定义
```

（2）语法说明

Java 含有许多预定义的类或数据类型，这些类被归入 Java API（Java 应用程序编程接口，Java 类库）的各个包中。程序中使用 import 语句引入系统预定义类。程序中的两行加载语句告诉编译器 JApplet 类的位置在 javax.swing 包中，Graphics 类的位置在 java.awt 包中。当创建一个 Applet 小应用程序时，要加载 JApplet 类或 Applet 类。加载 Graphics 类是为了使程序能够画图（如线、矩形、椭圆和字符串等）。

注意：java.applet 中有一个传统的 Applet 类，它没有包括在 Java 最新的 GUI 构件 javax.swing 包中。

Java API 中的所有包存放在 java 目录中或 javax 目录中，这两个目录下还有许多子目录，包括 awt 目录和 swing 目录。注意：在磁盘上找不到这些目录，因为它们都存储在一个称为 JAR 的特殊的压缩文件中。在 JDK 安装结构中有一个名为 rt.jar 的文件，该文件包括了 Java API 里所有.class 文件。

与应用程序一样，每个 Java Applet 至少由一个类定义组成，但是用户几乎不必"从头开始"定义一个类。这是因为 Java 提供继承机制，使用户可以在已存在的类的基础上创建一个新类。程序中通过关键字 extends 实现，extends 前面为用户自定义的类，作为派生类或子类，extends 后面的类名为被继承的类，称为基类或父类或超类，如同此程序中的系统类 JApplet。通过继承建立的新类具有其父类的属性（数据）和行为（方法），同时增加了新功能（如在屏幕上显示"Welcome to Java Programming!"的能力）。

实际上，一个 Applet 需要定义 200 多种不同的方法，而在上面的程序中，我们只定义了一种 paint 方法。如果非要定义 200 多种方法，仅仅为了显示一句话，那么我们可能永远无法完成一个 Applet。使用 extends 继承 JApplet 类，这样 JApplet 的所有方法就已经成为 WelcomeApplet 的一部分。使用继承机制，程序设计人员不必知道所继承基类的每个细节，只需知道 JApplet 类具有创建一个 Applet 的能力即可。

注意：学习 Java 语言，一方面是学习用 Java 语言编写自己所需的类和方法；另一方面是学习如何利用 Java 类库中的类和方法。这样，有助于确保不会重复定义已提供的功能。

程序中重写了父类 JApplet 的 paint( )方法，其中参数 g 为 Graphics 类的对象。在 paint( )方法中，通过用 Graphics 对象 g 后的点操作符"."和方法名 drawString 来调用 drawString( )方法，在坐标(25,25)窗口处输出字符串，其中坐标以像素点为单位，第一个坐标为 x 坐标，它表示距离 Applet 框架左边界的像素个数；第二个坐标为 y 坐标，它表示距离 Applet 框架上边界的像素个数。<u>Applet 没有 main( )方法，这是 Applet 与 Application 的一个显著区别。</u>JApplet 类的方法 paint 在默认情况下，不做任何事情。Welcome-Applet 类覆盖了或重新定义了这个行为，以使 appletviewer 或浏览器调用 paint 方法，在屏幕上显示一行字符串。

（3）用记事本编写与例 1.2 Java 源文件配合的 HTML 文件

```
<html>
<applet code="WelcomeApplet.class" width=400 height=50>
</applet>
</html>
```

HTML 标记是用尖括号括起来且成对出现的，加斜杠表明标记结束，用<html>和 </html>标记 HTML 文件的开始和结束，用<applet>和</applet>标记 Applet 的开始和结束。<applet>包含以下 3 个必需的参数。

- code：表示要打开的 Applet 字节码文件名。
- width：表示 Applet 所占用浏览器页面的宽度，以像素点为单位。
- height：表示 Applet 所占用浏览器页面的高度，以像素点为单位。

一般情况下，字节码文件和 HTML 文件处于同一个目录下；否则字节码文件的路径要在 code 中给出。

（4）编译运行

① 编译 Java 源文件，与例 1.1 一样，使用 javac 命令：javac WelcomeApplet.java，如图 1.17 所示。

② 运行时使用命令格式：appletviewer WelcomeApplet.html，如图 1.17 所示。appletviewer 是 JDK 工具，位于 JDK 安装路径/bin 中，作为 Java Applet 浏览器的 appletviewer 命令可在

脱离万维网浏览器环境的情况下运行 Applet。

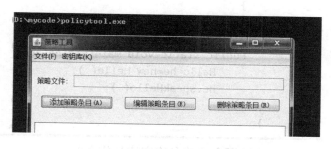

图 1.17　Java Applet 的操作步骤

③ Applet 运行结果如图 1.18 所示。这里需要注意，若运行环境是 Windows XP，则一切正常；若运行环境是 Windows 7 的 64 位操作系统，则会有提示"无法读取 appletviewer 属性文件"，但是运行结果可以出现，并且使用默认值。解决方法为当前目录运行"policytool.exe" "添加策略条目"再进一步"添加权限"等的设置，如图 1.19 所示。这里不详细展开，百度中有详细参考资料。

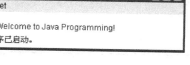

图 1.18　Applet 运行结果　　　　　　　　　图 1.19　添加权限

注意：Java 的跨平台不是没有任何条件的。Application 的运行是以各个平台上的虚拟机为前提条件的。Applet 也是如此。当需要用 Java 的 Swing 编写 Applet 时，Web 浏览器中需要安装支持它的插件。所以，为了在学习时调试 Applet 方便，本书示例均以 JDK 提供的 appletviewer 工具本地显示载有 Applet 的 HTML 文件。

4．良好的编程习惯

（1）所有的 Java 语句必须以英文分号"；"结束。

（2）Java 区分大小写，要注意关键字和标识符字母的大小写。

（3）花括号成对出现。在写左花括号时，要立即再写一个右花括号，这样有助于防止漏写右花括号。类名称后面的花括号表示类定义的开始和结束。

视频

（4）习惯上，类名应以大写字母开头，变量以小写字母开头，变量名由多个单词组成，第一个单词后边的每个单词首字母应大写。当读一个 Java 程序时，寻找以大写字母开头的标识符，这些通常代表 Java 类。

（5）程序段中适当增加空白行会增加程序的可读性。在定义方法内容的花括号中，将整个内容部分缩进一层，使程序结构清晰，程序内容易读。编译器会忽略这些空白行和空格字符。

（6）在程序中，一行最好只编写一条语句。Java 允许一个长句分割写在几行中，但是不允许从标识符或字符串的中间分割。

（7）文件名与 public 类名在拼写及大小写上必须保持一致。

（8）若一个 .java 文件含有多于一个 public 类，则这是错误的。

（9）不以 .java 为扩展名的文件名是错误的。

（10）当运行 appletviewer 时，文件扩展名不是.htm 或.html 是错误的，这将导致无法使 appletviewer 装载 Applet。

1.7 实训

阅读下列 Java 源文件，并回答问题。

```
public class Hello{
    void speakHello( ){
        System.out.println("I'm glad to meet you");
    }
}
Class HelloTest{
    Public static void main(String args[ ]){
        Hello he=new Hello( );
        he.speakHello( );
    }
}
```

（1）上述源文件的名称应该是什么？
（2）上述源文件编译后生成几个字节码文件？这些字节码文件的名称都是什么？
（3）在命令行执行 java Hello 会得到怎样的错误提示？执行 java HelloTest.class 会得到怎样的错误提示？执行 java HelloTest 会得到什么输出结果？
提示：文件名的命名一定是公共 public 类的名称，但是解释执行的时候只能是主类的类名。

习题 1

1．描述 Application 的执行流程。
2．描述 Applet 的执行流程。
3．请查阅资料，了解有关 SCJP 认证的情况。
4．编写运行一个简单的 Java Application，利用 JDK 软件包中的工具编译并运行这个程序，在屏幕上输出"Hello,world!"。
5．编写一个 Java Application 程序，分行显示字符串"Welcome to Java Programming!"中的 4 个单词。
6．编写一个简单的 Applet 程序，使其能够在浏览器中同样显示字符串"Hello,world!"。

问题探究 1

1．讨论目的：通过探究学习，使学生熟悉 Java 语言的产生背景；理解 Java 与 C、C++的关系；学习 Java 语言的特点及 Java 语言的行业应用等问题；使学生在获取资料、合作研讨、沟通技能等方面得到锻炼。

2. 讨论准备：根据讨论目的和讨论内容的要求，实行学生小组长负责制，成员分工明确，收集相关材料，并进行研讨、分析梳理相关信息，最后制作 PPT 演示文稿等。

3. 讨论内容：

（1）Java 产生和发展的深层原因是什么？探索并分析 Internet、Web 与 Java 渊源，进一步了解互联网精神贵族蒂姆·伯纳斯·李的故事。

（2）Java 与 C、C++的关系是什么？探索并分析程序设计语言的层次发展。

（3）Java 程序封装的意义是什么？如何理解 Java 的跨平台特点，分析 Java 的安全性和多线程特点。

（4）了解工业界对 Java 语言的评价，探索并分析 Java 目前的行业应用现状和 Java 对软件开发技术的影响。

第 2 章 Java 编程基础

Java 语言是在 C++语言基础上发展起来的，从 C、C++语言中继承了大量的语言特性。熟悉 C、C++语言的程序设计人员可以很快掌握 Java 语言的数据类型、变量、运算符和表达式等基本要素。

本章主要内容
- 标识符、关键字和分隔符
- 变量
- 运算符和表达式

【案例分析】

韩信点兵问题：秦朝末年，楚汉相争，汉军统帅韩信要点兵迎敌。他命令士兵 3 人一排，结果多出 2 人；接着命令士兵 5 人一排，结果多出 3 人；他又命令士兵 7 人一排，结果又多出 2 人。那么，如何用 Java 表达式来表示韩信的点兵情况？假设我们给出一个数值，如 78，它是一个"韩信数"吗？如何验证？

这里要用到变量的定义、求余运算符、逻辑运算符和逻辑表达式等基础知识。

2.1 标识符、关键字和分隔符

2.1.1 标识符和关键字

在 Java 语言中，标识符有两类：一类是用户自己定义使用的，其作用是标识常量、变量、类、方法、接口和包的名称；另一类是关键字和保留字，为系统所用，这些标识符能被系统自动识别，有着特殊的含义。通常所说的标识符一般指的是用户自定义的。

那么，什么是一个有效的标识符呢？在 Java 中，所有的标识符都必须以字母（A~Z 和 a~z）、下画线"_"或美元符号"$"开头，后面可以包含字母、数字、下画线和美元符号，但标识符中的第一个符号不可以是数字。Java 语言对标识符的有效字符个数没有限定，但是不宜过长。

以上是 Java 语言对标识符的基本规定，在实际使用中，一般还遵守以下规则：（1）标识符尽可能通过英文单词表达一定的含义；（2）变量标识符一般以小写字母开头；（3）由单词组成的类名标识符，单词首个字母要大写。

这些规则都是约定俗成的，是否遵守这些规则不会影响 Java 编译器的工作，但是养成良好的标识符定义习惯，便于程序阅读和理解。

注意：用户定义的标识符不能与关键字相同。Java 语言严格区分大小写，例如：IF，If，iF 和 if 是 4 个不同的标识符。

以上只是标识符命名的基本规则，表2.1是标识符命名正误对照表。

表2.1 标识符命名正误对照表

合法标识符	非法标识符
MyClass	class
anInt	int
group7	7group
_27	A%
ONE_HUNDRED	ONE-HUNDRED

关键字是对Java编译器有特殊意义的标识符，保留字是为Java预留的关键字。所有的Java关键字都不能被用作用户定义的标识符，如for、while、boolean等都是Java语言的关键字。关键字用小写英文字母表示。表2.2中列出了一些常见的Java关键字。

表2.2 常见的Java关键字

abstract	default	goto*	null	switch
Boolean	do	if	package	synchronized
break	double	implement	private	this
byte	else	import	protected	throw/throws
case	extends	instanceof	public	transient
catch	false	int	return	true
char	final	interface	short	try
class	finally	long	static	void
const*	float	native	stricfp	volatile
continue	for	new	super	while

注：带*号的关键字为Java保留字。Java 2增加了关键字strictfp（strict float point的简写），表示请求使用精确的浮点模式。

2.1.2 分隔符

分隔符用于对源程序的基本划分，可使编译器确认代码在何处分隔。分隔符有注释、空白符和普通分隔符3种。

1. 注释

注释是程序设计人员对源代码的注解。注释仅用于帮助解释源代码，在系统编译和解释运行程序时，将忽略其中的所有注释。注释有以下3种类型：

（1）单行注释：以"//"开始，最后以回车符结束；

（2）一行或多行注释：以"/*"开始，最后以"*/"结束，中间可写多行；

（3）文档注释语句：以"/**"开始，最后以"*/"结束。文档注释语句是Java语言特有的。使用"javadoc 文件名.java"命令，系统将自动生成API文档，其内容就是该程序的文档注释内容。

2. 空白符

空白符包括空格、回车符、换行符和制表符（Tab键）等符号，用来作为程序中各种基本成分之间的分隔符。各基本成分之间可以有一个或多个空白符，其作用相同。与注释一样，系统在编译程序时,只用空白符区分各种基本成分,且空白符可以忽略。

3. 普通分隔符

普通分隔符和空白符的作用相同,用来区分程序中的各种基本成分,但它在程序中有确定的含义,不能忽略。Java 有以下 4 种普通分隔符:

(1){}花括号:用来定义复合语句、方法体、类体及数组的初始化;
(2);英文分号:语句结束的标志;
(3),英文逗号:用于分隔方法的参数和变量说明等;
(4).英文句号:实心点,表示对类的属性和方法的引用,也表示一种从属关系。

【例 2.1】 标识符、关键字和分隔符的使用。

```
public class Example{
    public static void main(String args[]){
        int i,c;
        …
    }
}
```

程序说明:class 是关键字,用来定义类;public 说明这个类是公有的;Example 是标识符,用来说明类的名称。

第一行末尾与最后一行是一对花括号,其中的内容为类体。类体中定义了类的成员,包括属性和方法,并且指明成员的访问权限。本例中只定义了一个主方法 main。

第二行 public static void 为关键字,说明方法 main 是公有的(public),是类的静态成员(static),无返回值(void)。需要注意的是,在 Java Application 程序中,main 方法的声明必须采用这种方式。圆括号中的内容是主方法的参数定义,String 是字符串类,args 是数组名。

第三行方法体中的 int 是关键字,说明 i 与 c 为整型变量。

2.2 数据类型

Java 是一种强类型的设计语言,每个变量在使用前必须先声明其数据类型。Java 语言中的数据类型分为两大类:一类是基本数据类型(Primitive Type);另一类是引用数据类型(Reference Type)。基本数据类型包括整数类型(Integer Type)、浮点类型(Floating-Point Type)、布尔类型(Boolean Type)和字符类型(Character Type);引用数据类型包括类(Class)、数组(Array)和接口(Interface)。

程序在运行的过程中,需要对数据进行运算,同时也需要存储数据,这些数据通过变量存储在内存中,以便程序随时取用。

一个变量代表一定的内存空间,变量名就是我们给内存单元取的名称,数据值就存储在内存单元中。不同类型的数据分配有不同大小的内存空间。

基本数据类型在内存中存放的是数据值本身;引用数据类型在内存中存放的是指向该数据的地址,不是数据值本身。引用数据类型在以后章节中介绍。

2.2.1 基本数据类型

基本数据类型也称为简单数据类型，Java 语言有 8 种基本数据类型，它们被分为 4 组，4 种整数类型、2 种浮点类型、1 种字符类型、1 种布尔类型，见表 2.3。

表 2.3　Java 语言的基本数据类型

数据类型		内存位宽	取值内容	默认初始值
布尔类型	boolean	1	true 或 false	false
整数类型	byte	8	小整数	0
	short	16	短整型	0
	int	32	整型	0
	long	64	长整型	0L
字符类型	char	16	单字符	'\u0000'
浮点类型	float	32	单精度浮点数	0.0F
	double	64	双精度浮点数	0.0D

Java 语言为每个内置数据类型提供了对应的包装类和所有的包装类（Integer、Long、Byte、Double、Float、Short）。此处不展开封装类，可先百度搜索相关资料。

1. 整数类型

不含小数点的数字称为整数类型。这里的整数与数学中整数的含义相同，有正整数、0、负整数。Java 定义了 4 种整数类型：byte、short、int 和 long。整数可以用十进制数、八进制数和十六进制数表示。大多数情况下，int 类型是最实用的。byte 类型用在大型数组中节约空间，主要代替整数，因为 byte 变量占用的空间只有 int 类型的四分之一。long 整型数据需要加一个后缀"L"，"L"理论上不分大小写，但是若写成小写"l"容易与数字"1"混淆，不容易分辨，所以最好使用大写"L"。十六进制数字加前缀 0x（数字 0 加一个英文字母 x 或大写 X），八进制数值前加一个前缀数字 0。内存管理系统根据变量的类型为变量分配存储空间，分配的空间只能用来储存该类型数据。如：

```
CODE:           MEMORY:
                 x    y
int x = 7;
int y = 10;      7   10
```

这里"CODE"表示代码，"MEMORY"表示内存。

2. 浮点类型

含有小数位的数字称为浮点类型。浮点数表示数学中的实数，也就是指既有整数部分又有小数部分的数。计算平方根或验算正弦和余弦都需要用到浮点类型。浮点类型有两种：float 和 double，分别表示单精度数和双精度数。其中，单精度常量后面跟一个字母 f 或 F，双精度常量后面跟一个字母 d 或 D。双精度常量后的 d 或 D 可以省略，如：

```
float f=3.14f;
double x=3.1415926;
```

浮点数有两种表示方式：一种是标准计数法，如 7.0, 3.1415 等，由整数部分、小数点和小数部分构成；另一种是科学计数法，如 1.3589E+2，表示的是 135.89，由十进制整数、小数点、小数和指数部分构成，指数部分由字母 E 或 e 加上带正负号的整数表示。

3. 字符类型

在 Java 语言中，用于保存单个字符的数据类型是 char，用单引号表示，如'a'和'A'等。Java 语言中的 char 类型使用 Unicode 字符集来表示字符。Unicode 定义了一个完全国际化的、可以表示所有人类语言已有的全部字符的字符集，<u>有利于实现 Java 语言的通用性</u>，也叫"万国码"。

Unicode 字符集于 1994 年公布，支持多语言环境，即可以同时处理多种语言的混合情况。Unicode 字符在内存中占用 2 字节，是 16 位无符号整数，它的取值范围是 0~65 536，没有负值。<u>每种语言中的每个字符都设定了统一且唯一的二进制编码，包括汉字</u>。标准的 ASCII 字符集还是像以前一样，取值范围是 0~127，占用 Unicode 字符集的前 128 个字符。前缀\u 表示这是一个 Unicode 值，u 必须为小写，一般用十六进制数表示。如最小值是 \u0000（即为 0），最大值是 \uffff（即为 65535）；又如 char letter = 'A';。

转义字符"\"用于将其后的字符转化成另外含义的字符，一般有两种作用：表示不可见的控制字符，如回车、换行等；表示作为分界符的符号，如单引号"'"、反斜线"\"和双引号"""等。表 2.4 中列出了 Java 常用的转义字符。

表 2.4 Java 常用的转义字符

转义字符	描述
\ddd	八进制数表示的 Unicode 字符（ddd）
\uxxxx	十六进制数表示的 Unicode 字符（xxxx）
\'	单引号
\"	双引号
\\	反斜线
\r	回车
\n	换行
\f	换页
\t	横向跳格（Tab），将光标移到下一个制表符位置
\b	后退一格（Backspace）

4. 布尔类型

布尔类型用来表示逻辑值的"真"（小写的 true）和"假"（小写的 false）或"是"和"否"两种状态。Java 语言中不允许将 false 和 true 转换为 0 和非 0 的整数，即 true 和 false 不能转换成数字表示形式。由于 Java 区分大小写，因此，不允许逻辑值为 TRUE 和 FALSE。布尔类型默认值为 false。

```
public class Lesson02{
    public static void main(String[] args){
        boolean flag=true;
        flag=false;
        System.out.println("flag="+flag);
    }
}
```

2.2.2 常量和变量

变量相对于常量，常量是在程序运行整个过程中保持其值不变的量，用关键字 final 表示。Java 语言约定，常量标识符全部用大写字母表示，如：

```
final int MIN=10;
final float PI=3.1415926f;
```

变量就是申请内存来存储值，标识内存的一块存储区域。在定义一个变量时，意味着需要在内存中申请空间。在程序中使用的值大多是经常变化的数据，需要定义变量。使用变量的原则是"先声明，后使用"，即变量使用之前必须先声明。变量是 Java 程序的基本存储单元，变量具有 3 个要素：名称、类型和值。此外，所有变量都有一个作用域，它定义了变量的可视度和生命周期。

1. 声明变量

一个变量由标识符、类型和可选的初始值共同定义。Java 语言约定，变量一般以小写字母开头或表示，如：

```
int a;                //定义一个整型变量a，开辟了一个4字节的内存区域，存放整数
double b;             //定义浮点变量b
char c1, c2, c3;      //声明多个变量用英文逗号隔开
```

可以用一个赋值运算符（等号）和一个值初始化一个变量。切记，初始化的表达式必须与指定的变量类型相同（或兼容）。例如，下面的声明给 count 赋初值 10。

```
int count=10;
```

2. 变量类型的转换

在编写程序时，经常需要将一种类型的值赋给另一种类型的变量，若两种类型兼容，则 Java 将自动完成转换。例如，把一个 int 值赋给一个 long 变量。然而，并非所有类型都是兼容的，故并非所有转换都是默许的。例如，从 double 到 byte 之间的转换，在这种情况下，就必须使用一种强制转换来完成两种不兼容类型间的直接转换。

（1）系统自动转换

在系统自动转换时可以把所占内存空间字节较少的类型自动转换成所占内存空间字节较多的类型。精度不损失的转换一般规律为（byte, short, char）→int→long, float→double，int→double。

当 char 类型数据参与运算时，会自动转换成对应的 Unicode 码整数值。如：

```
System.out.println('A'+10);
```

其运行结果是 75，即字母 A 的 Unicode 码对应值 65 再加上 10。

（2）强制类型转换

在 Java 不能进行自动转换的情况下，需要使用显式的强制类型转换。例如，当把一个 int 值赋给一个 byte 变量时，由于 byte 在内存中的位宽小于 int，精度有可能损失，因此需要使用显式的强制类型转换。

显式强制类型转换一般形式为：

　　（目标类型）原类型表达式

例如：

```
double x=9.997
int n=(int)x;    //强制类型转换
```

在上述语句中，x 为 double 型，n 为 int 型，(int) 告诉编译器要把 double 型的 x 转换成 int 型，并把它存放在变量 n 中。故 n 变量最后的值为 9，这是因为在强制类型转换过程中把小数部分舍弃了。

表 2.5 列出了不会丢失信息的类型转换。

表 2.5　不会丢失信息的类型转换

原始类型	目标类型
byte	short,char,int,long,float,double
short	int,long,float,double
char	int,long,float,double
int	long,float,double
float	double

实训　基本数据类型应用

测试以下程序的运行结果，并进行分析。

```java
public class ShiYan2
{
    public static void main(String args[])
    {
        float a=3.25F , b=-2.5F;
        int c;
        byte d;
        c=(int)(a*b);
        d=(byte)257;
        System.out.println("c="+c);
        System.out.println("d="+d);
    }
}
```

思考题：如果不小心把字符串的英文双引号写成中文的双引号，可以吗？编译有什么错误提示？

2.3　运算符与表达式

运算符是用来表示某种运算的符号，指明了对操作数所进行的运算。运算符包括算术运算符、赋值运算符、关系运算符、逻辑运算符、条件运算符等。

2.3.1　算术运算符

算术运算符包括+、-、*、/、%、++、--等，其中，加、减、乘、除（+、-、*、/）对应数学中的加、减、乘、除运算。表 2.6 列出了各种算术运算符。

表 2.6 算术运算符

运算符		含 义	举 例	运算结果（a 为 8，b 为 6）
二元运算符	+	加法	a+b	14
	−	减法	a−b	2
	*	乘法	a*b	48
	/	除法	a/b	1
	%	取余数	a%b	2
一元运算符	++	自增 1	b=(a++)*10	a 的值为 9，b 的值为 80
	−−	自减 1	b=(a−−)*10	a 的值为 7，b 的值为 80
	−	取反	−a	−8

这里重点介绍%（求余）、−（求反）、++（自增）和−−（自减）运算。

（1）求余运算符（%）。该符号用来求被除数除以除数后所得的余数。例如：10%4 的值为 2，25.3%12 的值为 1.3。

（2）求相反数运算符（−）。该符号求一个数的相反数。例如：若变量 a 的值为−15，则−a 的值为 15。

（3）自增运算符（++）。该符号用来将变量自身的值加 1，其有两种形式：a++和++a。

a++表示在使用变量 a 之后，其值加 1。若变量 a 的值为 11，则运行语句 b=(a++)*10;后，变量 a 的值变为 12，变量 b 的值变为 110。这是因为 a 的值先参与运算，得到 b 的值，然后 a 再自增 1。

++a 表示在使用变量 a 之前，其值加 1。若变量 a 的值为 11，则运行语句 b=(++a)*10;后，变量 a 的值变为 12，变量 b 的值变为 120。这是因为 a 的值先自增 1，然后再参与运算，得到 b 的值。

（4）自减运算符（−−）：该符号用来将变量自己的值减 1，有两种形式：a−−和−−a。

a−−表示在使用变量 a 之后，其值减 1。若变量 a 的值为 11，则运行语句 b=(a−−)*10;后，变量 a 的值变为 10，变量 b 的值变为 110。

−−a 表示在使用变量 a 之前，其值减 1。若变量 a 的值为 11，则运行 b=(−−a)*10;语句后，变量 a 的值变为 10，变量 b 的值变为 100。

++（自增）和−−（自减）在独立使用时，其位置的前后没关系，主要在参与表达式运算中需要注意。++运算符和−−运算符的目的是使程序变得更加简洁，但是如果在表达式中过多使用这种运算符，会使程序变得复杂，难于理解。

注意：一元运算符与操作数之间不允许有空格。

2.3.2 赋值运算符

赋值运算符的作用是将赋值运算符右边的一个数据或一个表达式的值赋给运算符左边的一个变量，赋值号左边必须是变量。其基本格式为：

变量名=数据；

其中，数据可以是一般的数据，也可以是表达式，但是变量的类型必须与数据的类型一致。

【例 2.2】 赋值运算举例。

```
boolean b=true;        //声明 boolean 型变量并赋值
```

```
int x, y=9;              //声明 int 型变量
double d=3.1415;         //声明 double 型变量并赋值
float f=6.173f;          //声明 float 型变量并赋值
char chVar;              //声明 char 型变量
chVar='C';               //把字符'C'赋给 char 型变量 chVar
x=13;                    //把整数 13 赋给 int 型变量 x
```

此外，Java 语言还提供了 5 种复合赋值运算符，其用法见表 2.7。

表 2.7 复合赋值运算符的用法

运算符	举例
+=	a+=b 相当于 a=a+b
-=	a-=b 相当于 a=a-b
*=	a*=b 相当于 a=a*b
/=	a/=b 相当于 a=a/b
%=	a%=b 相当于 a=a%b

2.3.3 关系运算符

关系运算实际上就是比较运算，其运算结果是布尔值。若两个运算对象符合关系运算符所要求的比较关系，则关系运算结果为 true；否则为 false。Java 中的 6 个关系运算符都是二元运算符，其用法见表 2.8。

表 2.8 关系运算符的用法

运算符	功能	示例（设 a=7, b=9）	结果
>	大于	a>b	false
>=	大于等于	a>=b	false
<	小于	a<b	true
<=	小于等于	a<=b	true
==	等于	a==b	false
!=	不等于	a!=b	true

以上 6 个关系运算符的优先级是不同的，前 4 个关系运算符的优先级相同，后 2 个关系运算符的优先级相同，前 4 个关系运算符的优先级高于后 2 个关系运算符的优先级。关系运算符的优先级比算术运算符的优先级低，但比赋值运算符（=）高。

注意：不要将赋值运算符"="和关系运算符"=="混淆，例如，16=16 是非法的表达式，而表达式 12==12 的值是 true。不能在浮点数之间进行精确的"=="比较，这是因为浮点数在表达上有难以避免的微小误差。

【例 2.3】 关系运算举例。

```
class Relation2{
    public static void main(String args[]){
        short w=25, x=3;
        boolean y=w<x;
        boolean z=w>=w*2-x*9;
        boolean cc='b'>'a';   //实际是字符'a'和'b'的 ASCII 码值的比较
        System.out. println("w<x="+y+", z="+z+", cc="+cc);
    }
}
```

程序的运行结果是：

```
w<x=false, z=true, cc=true
```

注意：字符串比较不可以采用关系运算符，如"ab">"cd"是错误的。

2.3.4 逻辑运算符

逻辑运算符的操作数为逻辑值，即 true 或 false，其运算结果也是一个逻辑值。当逻辑关系成立时，其运算结果为 true；反之为 false。在 Java 语言中，主要逻辑运算符有逻辑与、逻辑或和逻辑非 3 种，见表 2.9。3 种逻辑运算符对应的真值表见表 2.10。

表 2.9 逻辑运算符

运算符	含义	用法
!	非	!A
&&	条件与	A&&B
||	条件或	A||B

表 2.10 3 种逻辑运算符对应的真值表

A	B	A&&B	A||B	!A
F	F	F	F	T
F	T	F	T	T
T	F	F	T	F
T	T	T	T	F

Java 语言的逻辑与（&&）和逻辑或（||）运算，它们的含义与 C 语言相应的逻辑运算完全一样。当用"&&"和"||"连接两个操作数时，若从左边的操作数中已经可以知道结果，则右边的操作数不必计算，因此，"&&"和"||"有时也被称为短路逻辑运算。

注意：短路逻辑运算符：在进行逻辑与运算时，当第一个操作数为 false 时，运算结果肯定为 false，不用再去考虑第二个操作数的逻辑值；同样，在进行逻辑或运算时，当第一个操作数为 true 时，运算结果肯定为 true，不用再去考虑第二个操作数的逻辑值。逻辑运算符的优先级比算术运算符的优先级低。

2.3.5 条件运算符

Java 语言与 C 语言一样提供了高效、简便的三元条件运算符"？:"。
该运算符的一般形式为：

表达式? 运行语句1: 运行语句2;

其中，表达式是逻辑表达式，表达式的值只能是 true 或 false。若表达式的值为 true，则运行语句 1；若表达式的值为 false，则运行语句 2。要注意冒号的用法和位置。

【例 2.4】 条件运算举例。

```
int x,y;
x=10;
y=x>9 ? 100 : 200;
```

其中，因为 10 大于 9，所以表达式的值为 true，故 y 被赋值 100。若 x 被赋予比 9 小的值，则 y 的值将变为 200。若用 if-else 语句改写，则可得到下面的等价程序：

```
x=10;
if(x>9) y=100;
else y=200;
```

2.3.6 其他运算符

除上述运算符外,还有一些其他的运算符,如:"." "new" "()" "[]"等,见表2.11。

表2.11 其他运算符

运算符	用法	说明
.	Object.property 或 Object.method(…)	调用对象的属性或方法
new	new Object	新建一个对象
()	(expression)或 method(…)	将表达式括起来以便优先计算或方法调用
[]	array[i]	数组元素引用

2.3.7 运算符的优先级

运算符有很多种,那么当表达式里含有多种运算符时,运算执行的顺序是如何确定的呢?运算符的优先级决定了表达式中不同运算运行的先后顺序。表2.12由高到低列出了Java运算符的优先级顺序。同一行中的运算符优先级相同,同级运算符大都是按从左到右的顺序运算的。

表2.12 Java 运算符的优先级顺序

分类		运算符
一元运算符		+、-、++、--、!、~、()
二元运算符	算术运算符	*、/、%
		+、-
	移位运算符	<<、>>、>>>
	关系运算符	<、<=、>、>=、instanceof
		==、!=
	按位运算符	&
		^
		|
	逻辑运算符	&&
		||
	条件运算符	? :
	赋值运算符	=、operator=(复合赋值运算符)

2.4 Scanner 键盘输入

如同 System.out 用来实现输出一样,System.in 用来实现输入。使用 System.in 输入数据的技术称为标准输入(Standard Input),有时也称控制台输入(Console Input)。java.util.Scanner 是 Java 5 的新特征,通过 Scanner 类来获取用户键盘输入数据。

使用 System.in 实现方便键盘输入的常用方法是将系统类 Scanner 的对象和 System.in 对象结合在一起使用。

创建 Scanner 对象的基本格式为：

```
Scanner s = new Scanner(System.in);//new 为创建对象的运算符，有关知识点后续会讲到
```

1. 数值型数据使用步骤

（1）程序引入 java.util 包，生成 Scanner 类对象。

```
import java.util.*; //import 为引入系统类关键字，实心点为类目录层级结构
...
Scanner scanner;                          //声明 Scanner 类的对象 Scanner
scanner=new Scanner(System.in);   //和 System.in 绑定，创建 Scanner 对象
```

（2）在生成 Scanner 对象后，可以调用它自有的方法进行数据输入。下面以输入整型数值数据为例。

```
int age;
System.out.print("Enter age:");
age=scanner.nextInt();
```

在标准输出窗口中通过键盘输入整型数值，可以看到用户的输入，直到按回车键，输入值才会被使用和处理。输入 6 种数值数据类型的方法见表 2.13。

表 2.13　输入 6 种数值数据类型的方法

Method	Example
nextByte()	byte b=scanner.nextByte();
nextDouble()	double d=scanner.nextDouble();
nextFloat()	float f=scanner.nextFloat();
nextInt()	int i=scanner.nextInt();
nextLong()	long l=scanner.nextLong();
nextShort()	short s=scanner.nextShort();

【例 2.5】　利用 Scanner 方法，进行键盘输入。

```
import java.util.*;
public class InputTest2
{
  public static void main(String[] args)
  {
    Scanner in=new Scanner(System.in);
    System.out.print("How old are you?  ");
    int age=in.nextInt();
    System.out.println("Hello,"+ " Next year, you'll be " + (age+1));
  }
```

}

运行结果如图 2.1 所示。

图 2.1　InputTest2.java 运行结果

2. 键盘输入字符串

（1）读入一个单词，使用 next 方法，以空格为结束符。例如：

```
Scanner scanner=new Scanner(System.in);
String name;                    //声明字符串变量
System.out.print("输入一个字符串:");
name=scanner.next();            //next 方法以空格和回车作为分隔符
```

（2）读入一行字符串，使用 nextLine 方法，可以输出空格。例如：

```
Scanner scanner=new Scanner(System.in);
String name;                    //声明字符串变量
System.out.print("输入一行字符串:");
name=scanner.nextLine();        //nextLine 方法接收回车之前的字符串
```

【例 2.6】　通过键盘输入一行字符串，并显示出来。

```
import java.util.*;
public class InputLine{
  public static void main(String[] args){
    Scanner scanner=new Scanner(System.in);
    String name;         //声明字符串变量
    System.out.print("输入一行字符串:");
    name=scanner.nextLine();
    System.out.println(" 输入的是:" +name);
  }
}
```

运行结果如图 2.2 所示。

图 2.2　InputLine.java 运行结果

程序分析：本例使用了 nextLine 方法，它能接收一行字符串，当然也可以代替 next 方法接收一个单词。next 方法接收空格以前的字符串，与这个字符串由多少字符组成没有关系。

2.5 案例实现

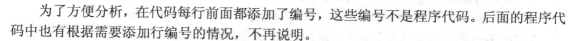

视频

1. 问题回顾

韩信点兵问题的要点是变量的定义和逻辑表达式的抽象。

2. 代码实现

为了方便分析，在代码每行前面都添加了编号，这些编号不是程序代码。后面的程序代码中也有根据需要添加行编号的情况，不再说明。

```
1   public class HanX{
2     public static void main(String[] args){
3       int sum=78;                              //定义并初始化士兵数
4       boolean result;                          //定义布尔变量
5       result=sum%3==2&&sum%5==3&&sum%7==2;     //result 接收逻辑表达式的布尔值
6       System.out.println("结果为"+result);
7     }                                          //main 方法结束
8   }                                            //类 HanX 定义结束
```

程序分析：第 5 行，两个逻辑与运算符"&&"连接了 3 个关系表达式，含有求余运算符：sum%3==2、sum%5==3 和 sum%7==2，因为 sum%3==2 表达式值为 false，所以 sum%5==3 和 sum%7==2 的值已经不重要了，整个表达式的值肯定为 false。关系运算符"=="的优先级高于赋值运算符"="的优先级。

3. 程序编译和运行

```
D:\chapter2-code>javac HanX.java
D:\chapter2-code>java HanX
```

运行结果：false。

习题 2

1. 叙述标识符的定义规则，并指出下面的标识符中哪些是不正确的，并说明原因。
   here   _there   this   class   int   2tol
2. 写出 4 种不同的 Java 语句，实现对整数变量 x 加 1。
3. 用一条 Java 语句实现下列任务：
   （1）声明 int 型变量 sum 和 x；
   （2）将变量 x 赋值为 1，将变量 sum 赋值为 0；
   （3）将变量 x 加到变量 sum 上，并将结果赋给 sum；
   （4）输出"The sum is:"，后面紧跟 sum 值。

4. 什么是强制类型转换？举例说明。

5. 运算符%的作用是什么？它可以应用于哪些数据类型？

6. 假定 x=10，y=20，z=30，试判断下列布尔表达式的真（true）或假（false）。
   （1）x<10 ||x>10
   （2）(x<y+z) && (x+10<=20)
   （3）x>y || y>x
   （4）!(x<y+z) || !(x+10<=20)

7. 设 z 的初始值是 3，求下列表达式运算后的 z 值。
   （1）z+=z　　　（2）z-=2　　　（3）z*=2*6　　　（4）z/=z+z

SCJP（Java 程序设计人员认证）试题：Which of the following are so called "short circuit" logical operators? Select all correct answers.
   A）&　　　　B）||　　　　C）&&　　　　D）|

问题探究 2

1. 利用直角三角形的两条直角边来计算斜边的长度，两条直角边定义为 double 型。请自行查阅 Java 中的数学 Math 系统类开平方的计算方法。

2. 分析下面程序中各个参数和变量的作用域。

```
class Method{
  float xxx;                        //xxx 是什么变量
  float aaa(float x, float y) {     //分析参数 x 和 y 的作用域
    float xxx;                      //在 aaa 方法中声明 xxx 和类中声明的 xxx 一样吗
    xxx=x+y;                        //此处的 xxx 指的是哪个 xxx
    return xxx;
  }
  void bbb(float x) {               //x 是 bbb 的方法参数，x 的作用域是什么
    xxx=x;
  }
}
```

3. 将"China"译成密码，密码规律是：按字母表顺序，用原来的字母后面第 4 个字母代替该字母。例如，"China"应译为"Glmre"。编写程序，用赋初值的方法使 c_1、c_2、c_3、c_4、c_5 这 5 个变量的值分别为 'C'、'h'、'i'、'n'、'a'，经过运算，使 c_1、c_2、c_3、c_4、c_5 分别变为 'G'、'l'、'm'、'r'、'e'，并输出显示。

4. 自我介绍：班里来了一位新同学，新同学要写一份简单的自我介绍，包括：学号、姓名、性别、年龄和来自哪里。请问，在一个学生类中要设计哪些数据类型？如何实现？

5. 假设韩信点兵需要给出一个范围，如何实现编程判断？（注：查阅循环结构）

6. 测试下面代码，输出 Java 几种数值类型的最大值和最小值。

```
import java.io.*;
public class app1
```

```java
    {
        public static void main(String[] args)
        {
            System.out.println("bybt min is:"+Byte.MIN_VALUE);
            System.out.println("bybt max is:"+Byte.MAX_VALUE);
            System.out.println("short min is:"+Short.MIN_VALUE);
            System.out.println("short min is:"+Short.MAX_VALUE);
            System.out.println("int min is:"+Integer.MIN_VALUE);
            System.out.println("int max is:"+Integer.MAX_VALUE);
            System.out.println("long min is:"+Long.MIN_VALUE);
            System.out.println("long max is:"+Long.MAX_VALUE);
            System.out.println("float min is:"+Float.MIN_VALUE);
            System.out.println("float max is:"+Float.MAX_VALUE);
            System.out.println("double min is:"+Double.MIN_VALUE);
            System.out.println("double max is:"+Double.MAX_VALUE);
        }
    }
```

第3章 程序流程控制结构和方法

算法（Algorithm）是指"在有限步骤内求解某个问题所使用的一组定义明确的有序的规则"，它是编写程序的思路。程序是依据算法使用计算机程序设计语言编写的文本，是语句的集合。指定程序中各语句的运行顺序称为程序流程控制。程序流程控制分为顺序、选择、循环及异常处理结构。

本章主要内容
- 简单语句和复合语句
- 选择结构
- 循环结构
- 算法设计

【案例分析】

九九乘法表：小时候，我们都能在文具盒盖子里看到"九九乘法表"，那么我们能不能用Java语言编程把它层级式显示并打印出来呢？

这里就要用到程序的语句和循环结构等流程控制的知识。

3.1 语句和程序流程控制结构

编写程序是为了解决问题，程序设计人员不仅要完全了解问题，规划解决问题的步骤，而且必须清楚地知道程序设计语言所支持的程序流程控制结构。

语句（Statement）是程序的基本组成单位。在Java语言中，有简单语句和复合语句两类语句。一条简单语句总是以分号（;）结尾，它表示要运行的内容（如short s=258;）。语句可以是单一的简单语句，也可以是用一对花括号{}括起来的由若干条简单语句组成的复合语句（一般也称为语句块，Block），复合语句可以出现在简单语句能出现的任何位置。若要在允许使用单条语句的位置运行多条语句，则必须用花括号将这些语句括起来，构成一条复合语句。下面章节提到的语句，既可以是简单语句又可以是复合语句。

注意：仅由一个分号组成的简单语句称为空语句。空语句表示不需要运行任何操作的语句，通常用作程序的流程控制中的过渡语句。

一般情况下，Java程序中的语句是按顺序运行的，也就是说，按照程序中语句出现的顺序从第一条语句开始依次运行到最后一条语句。但实际应用中往往会出现一些特殊的要求，例如，应根据某个条件来选择运行某些操作，或某些操作应根据需要不断重复地去做。这时就需要用流程控制语句来控制程序中语句的运行顺序，以求更有效地完成任务。

程序流程控制分为顺序、选择和循环及异常处理结构。结构是语句的框架，它控制结构中语句的运行流向，结构具有单入口、单出口的特点。

3.2 选择结构

选择结构（Selection Structure）用于根据不同的条件实现不同操作的选择。选择结构提供了一种控制机制，使得程序根据相应的条件运行对应的语句。Java 语言实现选择结构的语句有两种：一种是两路分支选择的 if-else 语句；另一种是多分支选择的 switch 语句。

3.2.1 选择语句

逻辑学是一门有关推理和论证的科学。所谓逻辑命题是指能用真/假、是/否、对/错回答的问题。在 Java 语言中，逻辑命题用逻辑表达式表示，用作两路分支选择结构或循环结构的逻辑条件。最简单的逻辑表达式是逻辑常量（true 和 false）、逻辑变量、关系表达式。

1. 关系表达式、逻辑表达式和条件运算表达式

关系表达式：一般是指将两个表达式用比较运算符连接起来的表达式，将两个同类型的表达式计算值进行比较，其结果是真/假值。例如：

```
x%2==0;                        //x 是偶数
x+y>=50;                       //x+y 不小于 50
'L'>'W';                       //字符 L 的 ASCII 码比字符 W 的 ASCII 码大
```

逻辑表达式：操作数是逻辑值且用逻辑运算符连接的表达式称为逻辑表达式，逻辑表达式的计算结果仍为逻辑值。例如：

```
x>5 && x=<10;                  //x 是(5,10]区间的值
x<5 || x>=10;                  //x 是小于 5 或大于等于 10 的值
y%4==0 && y%100!=0 || y%400==0;  //y 是闰年
```

条件运算表达式：由三目运算符连接起来的表达式，其语法格式为：

（逻辑表达式）？（表达式 1）:（表达式 2）

条件运算表达式根据逻辑表达式的条件真/假返回两个表达式中的一个计算结果。当逻辑条件为真时，返回表达式 1 的计算值；否则返回表达式 2 的计算值。

2. if-else 语句

if 语句是专用于实现选择结构的语句，它根据逻辑条件的真假运行两种操作中的一种。if-else 语法格式为：

if（逻辑表达式）语句 1;
[else 语句 2;]

其中，逻辑表达式又称逻辑条件，用来判断选择程序的流程走向，而用方括号"[ ]"括起来的 else 子句是可选的（即根据需要可有可无）。if-else 语句的流程图如图 3.1 所示。

当 else 子句省略时，if 语句只有当逻辑条件为真（true）时，运行指定操作（语句 1），然后转向语句的出口，运行 if 语句的后续语句；否则就什么也不做，直接转向语句的出口，

转去运行 if 语句的后续语句,如图 3.1(a)所示。

if-else 语句在逻辑条件为真时,运行指定操作(语句 1)后,转向语句的出口;当逻辑条件为假时,运行指定另一个操作(语句 2)后,转向语句的出口,运行 if-else 语句的后续语句,如图 3.1(b)所示。

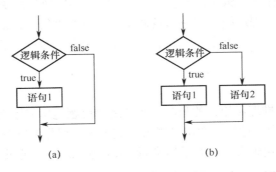

图 3.1 if-else 语句的流程图

注意:else 子句不能作为语句单独使用,它必须是 if 语句的一部分,与 if 配对使用。

if-else 语句若要运行多条语句指定的操作,则必须将这些语句包含在花括号内,构成一条复合语句,即语句 1 或语句 2 都可以是一条复合语句。也就是说,直接跟在 if 或 else 后面的语句若没有{},则只能跟一条语句。

【例 3.1】 判断 2011 是否为奇数,若是奇数则输出。

```java
public class IsOdd{
  public static void main(String[] args){
    int y=2011;
    if(y%2!=0) System.out.println(y+"是个奇数! ");
    System.out.println("if 语句出口") ;
  }
}
```

运行结果:

```
2011 是个奇数!
if 语句出口
```

【例 3.2】 判断并输出 2010 的奇偶性。

```java
public class IsOdd1{
  public static void main(String[] args){
    int y=2010;
    if(y%2==0)System.out.println(y+"是个偶数! ");
    else System.out.println(y+"是个奇数! ");
    System.out.println("if-else 语句出口") ;
  }
}
```

视频

运行结果：

```
2010 是个偶数！
if-else 语句出口
```

【例3.3】 判断 2008 年是否为闰年。

闰年的条件是：能被 4 整除但又不能被 100 整除，或能被 400 整除的公元年。所以闰年的判断可以用一个逻辑表达式来表示。在编写逻辑表达式时，为提高逻辑表达式的计算效率，应尽量利用"&&"和"||"运算符的短路特性。

```java
public class IsLeapYear{
  public static void main(String[] args){
    int year=2008;
    boolean leapYear;
    leapYear=(year%4==0 && year%100!=0 || year%400==0);
    if(leapYear)System.out.println(year+"年是闰年!");
    else System.out.println(year+"年不是闰年!");
  }
}
```

运行结果：

```
2008 年是闰年！
```

3. if 语句的嵌套

在 if-else 语句中的语句 1 或语句 2 可以为任何语句，也可以是 if-else 语句，这称为 if 语句的嵌套。if 语句的嵌套结构一般用在较为复杂的流程控制中，此时要注意逻辑关系，即若两条无 else 的 if 语句嵌套，则可以合并为一条 if 语句，其逻辑条件为两个条件的逻辑与。最常用的是 else if 嵌套的多选择结构，其格式为：

　　if（逻辑表达式 1） 语句 1
　　else if（逻辑表达式 2） 语句 2
　　…
　　else if（逻辑表达式 n） 语句 n
　　else 语句 $n+1$

此时，程序从上往下依次判断逻辑条件，一旦满足某个逻辑条件（布尔表达式的值为 true），则运行相应的语句，然后就不再判断其余的条件，直接转到结构出口，运行 if 语句的后续语句。在这种多选择结构中，较容易犯的错误是混淆 if 与 else 之间的搭配关系。Java 语言规定：else 总是与离它最近的 if 配对。若需要，则可以使用花括号"{}"来改变配对关系。

【例3.4】 已知一元二次方程的 3 个系数 a、b、c，求一元二次方程的两个根。这取决于一元二次方程的系数判别式 $d=b^2-4ac$ 的值，当 $d>0$ 时，有两个不相等的实根；当 $d=0$ 时，有两个相等的实根；当 $d<0$ 时，有两个共轭的复数根。本例演示使用 if-else 语句实现多选择逻辑结构。

源代码如下:

```java
public class ArithmaticOp1{
  public static void main(String args[]){
    int a=2,b=-4,c=6;
    double d,r,x1,x2,I;
    r=-b/(2*a);
    d=b*b-4*a*c;
    System.out.println("一元二次方程的系数:a="+a+", b="+b+", c="+c);
    System.out.println("一元二次方程的根:");
    if(d==0){              //两个相等的实根
      x1=r;
      System.out.println("x1=x2="+x1);
    }else if(d>0){         //两个不相等的实根
      x1=r+Math.sqrt(d)/(2*a);
      x2=r-Math.sqrt(d)/(2*a);
      System.out.println("x1="+x1+", x2="+x2);
    }else{                 //两个共轭的复数根
      j=Math.sqrt(-d)/(2*a);
      System.out.println("x1="+r+"+i"+j+", x2="+r+"-i"+j);
    }
  }
}
```

运行结果:

一元二次方程的系数:a=2, b=-4, c=6
一元二次方程的根:x1=1.0+i1.4142135623730951, x2=1.0-i1.4142135623730951

【例3.5】 将3个已知的整型数按降序排序输出,本例演示if-else语句的嵌套。当逻辑条件较多、关系较为复杂时,为避免混淆逻辑关系,可借助程序流程图。

源代码如下:

```java
public class IfElseDemo{
  public static void main(String[] args){
    int a=110,b=55,c=1223;
    sort(a,b,c);
  }
  static void sort(int x,int y,int z){
    System.out.println("\n 3个整型数:"+x+", "+y+"和"+z);
    if(x>y)
      if(y>z)System.out.println("排序结果:"+x+", "+y+"和"+z);
      else if(x>z)System.out.println("排序结果:"+x+", "+z+"和"+y);
      else System.out.println("排序结果:"+z+", "+x+"和"+y);
    else if(x>z)System.out.println("排序结果:"+y+", "+x+"和"+z);
    else if(y>z)System.out.println("排序结果:"+y+", "+z+"和"+x);
    else System.out.println("排序结果:"+z+", "+y+"和"+x);
```

```
            }
        }
```

运行结果：

```
3 个整型数:110，55 和 1223
排序结果:1223，110 和 55
```

3.2.2 多选择结构 switch 语句

　　if 语句的嵌套形式虽然能够实现多分支选择结构，满足程序流程控制的要求，但是要求依次计算每个嵌套在 if 语句中的逻辑条件，结构欠灵活，程序书写比较麻烦，可读性也较差。在 Java 中，为多路分支选择流程控制专门提供了 switch 语句。switch 语句根据一个表达式的值，选择运行多个操作中的一个，它的语法形式如下：

```
switch(表达式){
    case 表达式常量 1:语句 1;
    case 表达式常量 2:语句 2;
    …
    case 表达式常量 n:语句 n;
    [default:语句 n+1;]
}
```

其中，case 表达式常量称为标号，代表一个 case 分支的入口。switch 语句在运行时，首先计算 switch 圆括号中"表达式"的值，这个值一般为整型或字符型，同时应与后面相应的各个 case 的"表达式常量"的值的类型一致。从 Java SE 7 开始，switch 可以支持字符串类型，同时 case 标签必须为字符串常量。一条 case 子句，代表一个 case 要运行的指定操作。default 子句是可选的，若表达式的值与任何 case 表达式常量都不匹配，则运行 default 子句，转向结构出口；若表达式的值与任何 case 表达式常量都不匹配，且没有 default 子句，则程序不运行任何操作，而是直接跳出 switch 语句，转向结构出口，运行后续程序。

　　【例 3.6】　switch 语句的运行流程演示：输入一个 0~6 之间的整数，判断是星期几并输出。判断下面程序是否有问题。

```
1   import java.io.*;
2   class WeekDayTest{
3       public static void main(String args[])throws IOException{
4           int w;
5           System.out.print("请输入一个有效星期数(0~6):");
6           w=System.in.read()-48;
7           switch(w){
8               case 0:System.out.println(w +"表示是星期日");
9               case 1:System.out.println(w +"表示是星期一");
10              case 2:System.out.println(w +"表示是星期二");
11              case 3:System.out.println(w +"表示是星期三");
12              case 4:System.out.println(w +"表示是星期四");
```

```
13            case 5:System.out.println(w +"表示是星期五");
14            case 6:System.out.println(w +"表示是星期六");
15            default:System.out.println(w+"是无效数!") ;
16         }
17         System.out.println("switch 结构出口!");
18     }
19   }
```

运行结果:

```
请输入一个有效星期数(0~6):4
4 表示是星期四
4 表示是星期五
4 表示是星期六
4 是无效数!
switch 结构出口!
```

程序分析：从例 3.6 的运行结果可见，通过键盘输入一个数字 4，显示的却不仅仅是星期四，后面的星期五、星期六及 default 语句都显示了出来，并没有实现多选一的功能。第 6 行的 System.in.read()方法实现键盘字符输入，它返回的是字符的 ASCII 码值，48 是数字 0 的 ASCII 码值，减去 48 是为了原样输出我们所输入的字符数字，而不是 ASCII 码值。在 switch 语句运行时，首先计算表达式的值，将表达式的计算值依次与每个 case 标号中的常量值相比较，若匹配，则从相应的 case 子句开始运行，直到结构的出口。break 语句允许将运行流程无条件转向 switch 语句的出口。<u>一般将 switch 语句和 break 语句配合使用，才可实现多选一的功能</u>。第 3 行抛出了异常处理，因为涉及键盘输入 read()方法，所以必须进行异常捕获。

【例 3.7】 修改例 3.6 程序，演示 switch 与 break 语句的使用，实现多选一的功能。

```
import java.io.*;
class WeekDayTest{
  public static void main(String args[])throws IOException{
    int w;
    System.out.print("请输入一个有效星期数(0~6):");
    w=System.in.read()-48;
    switch(w){
      case 0:System.out.println(w +"表示是星期日");
        break;
      case 1:System.out.println(w +"表示是星期一");
        break;
      case 2:System.out.println(w +"表示是星期二");
        break;
      case 3:System.out.println(w +"表示是星期三");
        break;
      case 4:System.out.println(w +"表示是星期四");
        break;
```

```
            case 5:System.out.println(w +"表示是星期五");
              break;
            case 6:System.out.println(w +"表示是星期六");
              break;
            default:System.out.println(w+"是无效数!");
        }
        System.out.println("switch 结构出口!");
    }
}
```

运行结果：

```
请输入一个有效星期数(0～6):4
4 表示是星期四
switch 结构出口!
```

使用 switch 语句要注意以下问题。

（1） switch 语句用表达式的计算值进行多选择的判断，表达式只能是 byte，char，short，int 类型，而不能使用浮点类型或 long 类型，也不可以是字符串或 boolean 类型变量；case 常量的类型必须与表达式的类型相兼容，而且每个 case 标号的常量值必须各不相同。

（2） 允许多个不同的 case 标号运行一组相同的操作，例如，可以写成如下形式：

```
    …
    case 常量 n:
    case 常量 n+1:
          语句
        [break;]
    …
```

（3） 当 case 子句中包括多条运行语句时，无须用花括号"{}"括起来。

（4） break 语句用来在运行完一个 case 分支后，将运行流程转向结构的出口，即结束 switch 语句，运行 switch 语句的后续语句。因此，在只选择运行一个分支操作的情况下，在每个 case 分支语句运行后，要用 break 语句来终止后面的 case 分支语句的运行。

if-else 语句可以基于一个范围内的值或一个条件选择不同的操作，但 switch 语句中的每个 case 常量都必须对应一个单值。

注意：if-else 语句可以实现 switch 语句所有的功能，但通常使用 switch 语句更简练、有效，且可读性强，程序的运行效率也高。

【例 3.8】 switch 语句与三目运算符嵌套将字符转换成数值。

```
1    import java.io.*;
2    class SwitchTest2{
3      public static void main(String args[])throws IOException{
4        char ch;
5        System.out.print("请输入一个有效月份(1～a/b/c), 空格退出:");
```

```
6           ch=(char)System.in.read();
7           System.in.skip(2);
8           switch((ch=='1'||ch=='2'||ch=='c')? 1:(ch=='3'||ch=='4'||ch=='5')? 2:
9                   (ch=='6'||ch=='7'||ch=='8')? 3 : (ch=='9'||ch=='a'||ch=='b')? 4:5){
10            case 1:System.out.println(ch+" 月份是冬季");
11              break;
12            case 2:System.out.println(ch+" 月份是春季");
13              break;
14            case 3:System.out.println(ch+" 月份是夏季");
15              break;
16            case 4:System.out.println(ch+" 月份是秋季");
17              break;
18            default:System.out.println(ch+"是无效月份!");
19          }
20          System.out.print("switch 语句出口!");
21        }
22      }
```

程序运行结果：

```
请输入一个有效月份(1~a/b/c)，空格退出:a
a 月是秋季
switch 语句出口!
```

程序分析：第 4 行定义了字符变量 ch。第 6 行将键盘输入的 ASCII 码值强制转换成字符。第 7 行丢弃输入流中 2 字节的数据，在这里用于跳过键盘输入字符时的回车符，Java 采用 2 字节的 Unicode 编码。第 8~9 行 switch 的表达式是一个三目运算符连接起来的表达式。之所以用'a'、'b'和'c'代替 10、11 和 12 月份，主要是因为 System.in.read()方法只接收单个键盘字符。

3.3 循环结构

循环结构（Loop Structure）是当循环条件为真时，不断地重复运行某些动作，即反复运行同一个程序块，直到循环条件为假时结束循环，转向循环结构的出口。在现实世界的许多问题中需要用到循环控制，如累加求和、迭代求根、求某月工资总和等。Java 语言中实现循环结构的语句共有 3 种：while 语句、do-while 语句和 for 语句。在循环结构中还可以用 continue 语句和 break 语句来实现循环中流程特殊要求的转移。

3.3.1 三种循环语句

1. while 语句

while 语句实现循环结构的语法格式为：

  while（循环条件）
    语句;

视频

其中,循环条件是一个逻辑表达式,用于控制循环运行。while 语句的运行过程为:首先计算逻辑表达式的值,若其值为真,则运行循环体,然后再一次计算逻辑表达式的值,以此类推,如此循环往复,直到逻辑表达式的值为假,终止循环,结束 while 语句的运行,程序流程转向运行 while 语句的后续语句。while 循环结构的流程图如图 3.2 所示。

【例 3.9】 while 循环结构——迭代算法。

```java
class LoopTest1{
  public static void main(String args[]){
    System.out.println("0~100 个整数之和:");
    int i=1,sum=0;     //循环结构外对循环变量 i、累加变量 sum 初始化
    while(i<=100){                              //循环条件
      sum+=i;                                   //循环体内迭代运算
      i+=1;                                     //循环体内修改循环变量
    }
    System.out.println(" sum="+sum+", i="+i);   //循环结束处理
  }
}
```

运行结果:

```
0~100 个整数之和:
sum=5050, i=101
```

2. do-while 语句

do-while 语句的语法格式如下:

```
do{
   语句;
}while(循环条件);
```

do-while 语句运行的过程为:首先运行一次循环体中的语句,然后测试布尔表达式(循环条件)的值,若布尔表达式的值为真,则返回运行循环体中的语句。do-while 语句将不断地测试布尔表达式的值并运行循环体中的语句,直到布尔表达式的值是假为止。do-while 循环结构的流程图如图 3.3 所示。

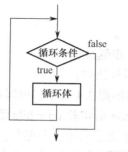
图 3.2 while 循环结构的流程图

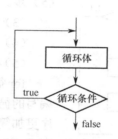
图 3.3 do-while 循环结构的流程图

【例3.10】 do-while 循环结构——迭代算法。

```
class LoopTest2{
  public static void main(String args[]){
    System.out.println("0~100 个整数之和:");
    int i=1,sum=0;
    do{
      sum+=i;i+=1;
    }while(i<=100);
    System.out.println("sum="+sum+", i="+i);
  }
}
```

运行结果:

```
0~100 个整数之和:
sum=5050, i=101
```

do-while 语句和 while 语句的不同之处是: do-while 语句是先进入循环, 然后检测条件, 再决定是否继续循环; 而 while 语句是先测试条件, 再决定是否进入循环。所以, 在使用 do-while 语句时, 循环体至少被运行一次。注意: while 语句后面的分号不要漏掉。

3. for 语句

for 语句的语法格式为:

  for（表达式1;表达式2;表达式3）

每个 for 语句都有一个用于决定循环开始和结束的变量, 通常称这个变量为循环控制变量。表达式1（初值）用来给循环控制变量赋初值, 它只在进入循环的时候运行一次。表达式2（循环条件）是一个逻辑表达式, 是循环进行的条件, 若其值为真, 则运行一次循环体; 否则结束循环, 程序流程转向循环结构出口, 运行 for 语句的后续语句。表达式3（循环变量修改）用于在循环体中修改循环控制变量的值。

for 语句的运行过程如下:

（1）求解表达式1。

（2）求解表达式2, 若其值为 true, 则运行 for 语句中的循环体, 然后运行第（3）步; 若其值为 false, 则结束循环, 转到第（5）步。

（3）求解表达式3。

（4）转回上面第（2）步继续运行。

（5）运行 for 语句的后续语句。

for 循环结构的流程图如图 3.4 所示。可以看出, 用 for 语句编写的循环程序, 比用 while 语句和 do-while 语句编写的循环程序更加简练, 这是因为循环变量初始化和循环变量修改都已包括在 for 语句中, 可以避免因遗忘而出现循环无效或"死循环"的情况, 故 for 语句在循环程序设计中得到了更为广泛的使用。

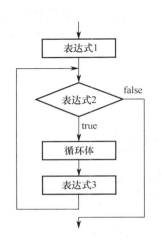

图 3.4 for 循环结构的流程图

【例 3.11】 用 for 语句改写的例 3.10 程序。

```java
class LoopTest3{
  public static void main(String args[]){
    System.out.println("0~100 个整数之和:");
    int i, sum=0;
    for (i=1; i<=100; i++) sum+=i ;
    System.out.println("sum="+sum+", i="+i);
  }
}
```

运行结果:

```
0~100 个整数之和:
sum=5050, i=101
```

虽然编写 for 语句较容易使用，但是仍要注意表达式 1（初值）的设置，保证进入循环，还要注意表达式 3（循环变量修改）应渐渐趋向不满足循环条件，否则仍可能出现循环不起作用或"死循环"的问题。

Java 允许在 for 语句中定义循环变量，此时，循环变量是在 for 语句中有效的局部变量。

注意：一个容易犯的错误是在 for 语句的圆括号后面加一个分号，在语法上并不算错误，因为这个分号实际上代表循环体的计算部分是空操作。

【例 3.12】 循环变量 i 在 for 语句中的定义举例。

```java
class LoopTest31{
  public static void main(String args[]){
    System.out.println("0~100 个整数之和:");
    int sum=0;
    for (int i=1; i<=100; i++)
      sum+=i ;
    System.out.println("sum="+sum/*+", i="+i*/);
  }
}
```

循环变量 i 在 for 语句中定义，即 i 是一个局部变量，因此在 for 循环结构外要输出 i 的值，将会出现编译错误。

例 3.12 中 for 循环结构外输出的 i 部分已加上注释符，因此程序能够编译通过，正确运行。

运行结果:

```
0~100 个整数之和:
sum=5050
```

另外，Java 语言也允许在表达式 1 和表达式 3 的位置上包含多条语句。

【例 3.13】 for 语句在表达式 1 和表达式 3 的位置上包含多条语句举例。

```
class LoopTest3x{
  public static void main(String args[]){
    System.out.println(" 0~100 个整数之和:");
    int s=0;
    for (int i=1, sum=0; i<=100; i++, sum+=i)
      s=sum;
    System.out.println("sum="+s);
  }
}
```

3.3.2 循环程序结构小结

一个循环程序结构由 4 部分组成：初始化、循环条件、循环体和循环结束处理。

初始化部分只在进入循环前运行一次，完成循环前的准备工作，如设置计算变量的初值和设置循环变量的初值等，以保证正确进入循环计算。

循环条件部分取决于循环计算继续与否，它包含在循环结构中，反复运行。循环条件是指循环继续的条件，它是一个逻辑表达式。若满足循环条件，则继续运行循环体；否则终止循环，转向循环结构出口。

循环体是反复运行的部分，它又分成两部分：运行迭代或穷举的计算部分和循环变量的修改部分，遗忘循环变量的修改会出现"死循环"。

循环结束处理部分也只在退出循环后运行一次，完成循环计算后的处理工作，如结果的输出或传递等，避免循环计算的结果丢失。

设计循环程序结构应注意：

（1）正确设置循环变量的初值，应保证进入循环；

（2）若循环变量的初值在循环体中设置，则出现"死循环"；

（3）在循环体中切不可忘记包含循环变量的修改部分，并且保证循环变量修改趋向不满足循环条件的方向，否则会出现"死循环"；

（4）避免使用实数型的循环变量和实数相等比较的循环条件，否则会出现"死循环"。

在循环程序运行时，若不小心造成了"死循环"，则可通过组合键 Ctrl+C 来终止程序的运行，然后再打开源程序，检查并改正其中的错误，重新编译运行。

3.3.3 循环嵌套与 continue、break 语句

1. 循环嵌套

在循环体内又包含另外一个完整的循环结构，称为循环嵌套。内嵌的循环中还可以嵌套循环，这就是多重循环。前面介绍的 3 种循环（while 循环、do-while 循环和 for 循环）语句可以相互嵌套使用。

2. continue 语句

在循环结构中的 continue 语句和 break 语句用来改变程序运行流程。

continue 语句只能在循环结构中使用，在 continue 语句运行时，无条件跳过循环体的其余部分，转向循环条件判断。continue 语句往往与 if 语句配合使用，变为有条件跳转。continue 语句的一般语法格式为：

  continue [标号];

其中，标号部分是可选的，分为以下两种情况。

（1）不带标号的使用情况。此时 continue 语句用来结束本次循环，即跳过循环体中 continue 语句后面尚未运行的语句，转去进行循环条件的判断，以决定是否继续循环。

对于 for 语句，在进行循环条件的判断之前，还要先改变循环控制变量的值（先运行表达式 3）。

（2）带标号的使用情况。此时 continue 语句跳过标号所指语句中多重循环所有余下的语句，回到标号所指语句块的条件测试部分进行条件判断，以决定循环是否继续运行。

要给一个程序块加标号，只需在相应程序块的前面加一个合法的 Java 标识符（标号）并在标号后面跟一个冒号 ":"，其书写格式为：

  标号:程序块

在有双重循环嵌套的情况下，为了跳过内循环余下部分的语句，标号应定义在程序中外层循环语句的前面，用来标记该循环结构。

实训 1　循环嵌套与 continue 标记的应用（实验书）

使用带标号的 continue 语句，打印从 1 个*起始的每行为奇数个数的*号，共打印 5 行，格式为每行之间都有空格行。

```java
import javax.swing.JOptionPane;
public class ContinueLabelTest{
  public static void main(String args[]){
    String output="";
    rownext:                    //标号
    for ( int row=1; row<=5; row++ ) {
      output +="\n";
      for (int column=1; column<=10; column++ ) {
        if ( column > 2*row-1 )
        continue rownext;       //带标号的 continue 语句
        output +="*";
      }
    }
    JOptionPane.showMessageDialog(null,output,"testing continue with a label",
    JOptionPane.INFORMATION_MESSAGE );
    System.exit(0);
  }
}
```

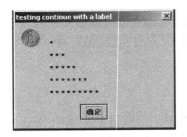

图 3.5 实训 1 的运行结果

运行结果如图 3.5 所示。

3. break 语句

对于 Java 中的 3 种循环结构：while、do-while 和 for 来说，正常退出循环的方法是使循环条件变为 false。但有时即使循环条件为 true，也希望立即终止循环，这时可以用 break 语句实现此功能。break 语句与 continue 语句一样，对循环的运行起限定转向的作用，但与 continue 语句只能在循环中使用不同，break 语句除可以在循环语句中使用外，也可以用于 switch 语句中。

break 语句的一般语法格式为：

  break [标号];

其中，标号部分是可选的，分为以下两种情况。

（1）不带标号的情况。此时 break 语句的功能是无条件终止 break 所在的循环语句，转去运行其后的第一条语句。对于不带标号的 break 语句，在运行时有两个特点：一是，在多重循环时，它只能使循环从本层的循环中跳出来；二是，此时程序一定会转移到本层循环结构的下一条件语句。

（2）带标号的情况。此时 break 语句的功能是终止由标号指出的语句块的运行，并从紧跟该语句块的第一条语句处开始往下运行。它的一种典型用法是，从其所处的多重循环的内部直接跳出来，只要在欲跳出的循环开始处加上标号即可。

实训 2　continue 语句和 break 语句应用举例

测试以下程序，并进行分析。

```
class EndInterLoop{
  public static void main(String[] args){
    System.out.println("21 世纪前 10 个闰年是:");
    int n=1;
    for(int year=2000; year<3000; year+=4){
      if(year%100==0 && year%400!=0)
        continue;
      if(n<10){
        System.out.print(year+",");
        n++;
      }else{
        System.out.println(year);
        break;
      }
    }
  }
}
```

运行结果：

```
21 世纪前 10 个闰年是：
2000,2004,2008,2012,2016,2020,2024,2028,2032,2036
```

实训 3　带标号 break 语句的应用举例

分析以下标号的应用效果：

```
class LabelBreakDemo{
  public static void main(String[] args){
    int sum=0;
    coloop:    //标号
    while(sum<=100){
      for(int c=1;c<10;c++){
        sum+=c;
        if(sum>60)break coloop;        //标号 break 语句
      }
    }
    System.out.println("sum="+sum);
  }
}
```

运行结果：

```
sum=66
```

注意：Java 的 continue 标号、break 标号，只能在循环和条件结构中使用和引用。

3.4　算法设计*

任何可计算性问题的解决过程都可以转化为按指定顺序执行的一系列操作。通过确定要执行的操作，并安排操作执行的次序来解决问题的步骤称为算法。程序流程图、伪码可以帮助程序设计人员在用某种编程语言编写程序之前，开发算法，更好地"思考"程序总体结构。算法本身与编程语言无关，语言只是实现算法的工具。

3.4.1　迭代算法

迭代就是不断由已知值推出新值，直到求解问题为止。显然，迭代算法是利用计算机的高速运算能力和循环程序来实现的。一般来说迭代由以下 3 个环节组成：

（1）迭代初始值；
（2）迭代公式；
（3）迭代终止条件。

【例 3.14】 演示迭代算法。

```java
class QESum
{   public static void main(String args[])
    {   System.out.println(" 0-100 个奇数、偶数之和 :");
        int i=1,sumq=0,sume=0;           //迭代初始值
        while(i<=100)
        {   if (i%2==0)sume+=i;          //迭代计算公式
            else       sumq+=i;          //迭代计算公式
            i+=1;                        //循环变量迭代修改
        }
        System.out.println(" 奇数和为: "+sumq+" ,偶数和为: "+sume);
    }
}
```

运行结果:

```
0-100 个奇数、偶数之和:
奇数和为: 2500 ,偶数和为: 2550
```

【例 3.15】 迭代算法求解 $2^0 + 2^1 + 2^2 + \cdots + 2^{63}$。

```java
class DDDemo
{       public static void main(String args[])
    {   float t=1, s=0;                  //迭代初始值
        for(int i=0;i<64;i++)
        {   s+=t;                        //迭代计算公式
            t*=2;                        //迭代计算公式
        }
        System.out.println(" sum= "+s+"\t 2^63= "+t/2);
    }
}
```

运行结果:

```
sum= 1.8446744E19      2^63= 9.223372E18
```

3.4.2 穷举算法

穷举也称枚举,是最常用的算法之一,它的基本思想是一一列举各种可能进行测试,从中找出符合条件的解。计算机能够实现高速运算,这是由于它借助循环结构实现穷举,它比人工操作更有效。

尽管计算机可以实现高速运算,但设计穷举算法时,仍希望尽量缩小穷举的规模。或者说,在保证思路严密、清晰、有条理、不漏掉解的前提下,尽量减小穷举的规模。

【例 3.16】 利用穷举算法求 1~100 个整数中的素数,并按一行十个素数输出。

```java
class LoopTest4
```

```
{   public static void main(String args[])
    {   System.out.println(" 1-100个整数中的素数:");
        int count=0;
        outer:
        for(int n=1; n<=100; n++)
        {   for(int j=2;j<=(int)(Math.sqrt(n));j++)     //减小穷举的规模
                if( n%j ==0 )    continue outer;
            count=count+1;
            System.out.print(" "+n+"\t");
            if(count==10)
            {   count=0;
                System.out.print("\n");
            }
        }
        System.out.println(" ");
    }
}
```

运行结果:

```
1-100个整数中的素数:
1       2       3       5       7       11      13      17      19      23
29      31      37      41      43      47      53      59      61      67
71      73      79      83      89      97
```

【例3.17】 利用穷举算法求三位数中其百、十、个位数的立方和是其本身的数。

```
class LoopTest6
{   public static void main(String args[])
    {   System.out.println(" 百、十、个位数的立方和就是其本身 :");
        for( int i=1; i<=9; i++)
            for( int j=0; j<=9; j++)
                for( int k=0; k<=9; k++)
                {   int s=i*100+j*10+k;
                    if(i*i*i+j*j*j+k*k*k==s)
                        System.out.println("i="+i+",j="+j+",k="+k+",s="+s);
                }
    }
}
```

运行结果:

```
百、十、个位数的立方和就是其本身:
i=1, j=5, k=3, s=153
i=3, j=7, k=0, s=370
i=3, j=7, k=1, s=371
i=4, j=0, k=7, s=407
```

3.4.3 递归算法

在数学和数据结构中经常见到递归定义，递归就是"自己"直接或间接地定义或调用"自己"，或"自己"由"自己"部分地组成。如：

$$n! = \begin{cases} 1, & n = 0 \\ n \times (n-1), & n > 0 \end{cases}$$

$$x^n = \begin{cases} 1, & n = 0 \\ x \times x^{n-1}, & n > 0 \end{cases}$$

在程序中，通过递归调用可以使问题的规模不断减小，使用递归算法可以把某些问题描述得非常简练。

在设计递归程序时一般分两个步骤：一个步骤是通过直接或间接地调用"自己"的操作，变为求解范围缩小的同性质问题的结果，一层一层地缩小求解范围，直到递归终止条件，这个步骤称为递推；另一个步骤是利用已得的结果和一个简单的操作来求得问题上一层的解答，一层一层地回推，直到得到问题的最后解答，这个步骤称为回归。这样一个问题的解答将依赖于一个同性质问题的解答，而解答这个同性质问题实际上就是用不同的参数（体现范围缩小）来调用递归方法自身。

任何一个递归方法都必须有"递归头"或称递归终止条件，即当同性质的问题被简化得足够简单时，将可以直接获得问题的答案，而不必再调用自身。递归方法的主要内容包括定义递归终止条件和定义如何从同性质的简化问题求得当前问题两个部分。

递归程序结构清晰，程序易读，可以用简单的程序来解决一些复杂的问题，但递归程序要求较大的内存容量，程序的运行效率较低。因此在求解规模较大的问题时，常常可以先写出它的递归程序，再根据一定的规则将这个递归程序转换成相应的非递归程序。

【例 3.18】 利用递归算法求阶乘。

```
class factor                                        //求 n 阶乘的外部服务类
{       public long factorial(long n)
        {   if(n==1) return 1;                      //递归终止条件
            else    return n*factorial(n-1);        //递归算法
        }
}
public class LoopDGc
{       public static void main(String args[])
        {    long n=20l;
             factor a=new factor();
             long result=a.factorial(n);
             System.out.println(" "+n+" 的阶乘结果为: "+result);
        }
}
```

运行结果：

20 的阶乘结果为:2432902008176640000

3.5 案例实现

视频

1. 问题回顾

我们要实现层级式"九九乘法表"的输出和打印。

2. 程序与注释

```
1   public class JiujiuTable
2   {
3       public static void main(String[] args)
4       {
5           int c,i,j;
6           for (i=1;i<=9;i++)                      //行控制
7           {
8               for (j=1;j<=i;j++)                  //列控制,每行表达式的个数等于其所在行数
9               {
10                  c=i*j;                          //计算结果
11                  System.out.print(j+"*"+i+"="+c+"   ");   // 输出的形式
12                  if (j==2&&(i==3||i==4))         //在第3行第2列,第4行第2列式子后加一
                                                    个空格
13                  {
14                      System.out.print(" ");
15                  }
16              }
17              System.out.println();               //每次输完一行表达式后换行
18          }
19      }
20  }
```

3. 程序说明

程序中用到了 for 循环语句和 if 条件语句。第 11 行是乘法表的输出形式控制,列数*行数=值,后面加 3 个空格,其中在第 3 行第 2 列,第 4 行第 2 列表达式后需要加 4 个空格。

4. 程序运行结果

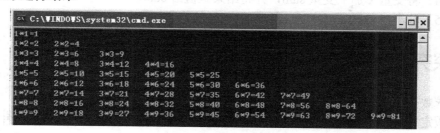

习题 3

1. 把以下的逻辑命题用逻辑表达式表示。
   （1）A 小于 B 或小于 C。
   （2）A 和 B 都大于 C。

(3) A 和 B 中有一个小于 C。
(4) A 是非正数。
(5) A 是奇数。
(6) B 不能被 A 整除。
(7) 角 A 在笛卡儿坐标系的第一或第四象限。

2. 填空题。
   (1) 所有程序都可以用 3 种类型的控制结构编写，即_____、_____、_____。
   (2) 在_____结构中，当条件为真时运行一个动作，而当条件为假时运行另一个动作。
   (3) 对一系列指令运行指定的次数称为_____循环。

3. 指出并纠正下面代码中的错误。
   (1)
   ```
   while(c<=5){
       product*=c;
       ++c;
   ```
   (2)
   ```
   if(gender==1)
       System.out.println("Women");
   else;
       System.out.println("Man");
   ```
   (3)
   ```
   i=1;
   while(i<=10);
       i++;
   }
   ```
   (4)
   ```
   for(k=0; k!=1.0; k+=0.1)
       System.out.println(k);
   ```

4. 写出 4 种不同的 Java 语句，实现对整数变量 x 加 1。

5. 用一条语句实现下列任务。
   (1) 声明 int 型变量 sum 和 x。
   (2) 将数值 1 赋值给变量 x。
   (3) 将变量 sum 赋值为 0。
   (4) 将变量 x 加上变量 sum，并将结果赋值给 sum。
   (5) 输出"The sum is:"，后面紧跟 sum 的值。

问题探究 3

1. 求数列 $1+1/2+1/3+\cdots+1/100$ 的值。
2. 假定在银行中存款额为 10 000 元，按 2.25%的年利率计算，试问过多少年后就会连本带利翻一番？
3. 个位数是 6 且能被 3 整除的 5 位数有多少个？
4. 有一条长的阶梯，若每步上 2 阶，则最后剩 1 阶；若每步上 3 阶，则剩 2 阶；若每步上 5 阶，则剩 4 阶；若每步上 6 阶，则剩 5 阶；只有每步上 7 阶最后才正好走完，1 阶不剩。问这条阶梯最少有多少阶？
5. 用递归算法编程求 Fibonacci 数列的前 10 个数。

第 4 章 数 组

数组是一种重要的数据结构，它也是 Java 语言的一种引用数据类型。前面讨论过的数据类型都是基本类型的，如 int、float 等。

本章主要内容
- 一维数组
- 二维数组

【案例分析】

冒泡排序：排序是计算机科学中被深入研究的一类算法，冒泡排序就是其中的一种。冒泡排序的基本思路是对尚未排序的一组数从头至尾依次比较相邻的两个元素是否逆序（与要排序的顺序相反），若为逆序则交换这两个元素的位置。这样，在经过几轮排序后，无序的数组将变为有序的数组。

程序如何实现冒泡排序呢？这就要用到了数组。

4.1 数组的基本概念

基本类型的变量不能同时具有两个或两个以上的值。但是，在现实问题中，经常会要求用一个变量处理一组数据。例如，对 5 名学生的成绩进行处理，需要使用 5 个变量，分别命名为 score1, score2, score3, score4, score5。若对 100 名学生的成绩进行处理，则需要定义 100 个变量，这是很不方便的，而且效率也很低。因此，就引入了数组这个概念，它属于复合数据类型。复合数据类型是由多个基本数据类型的元素组成的数据类型。

数组是由相同类型的一系列元素组成的集合。这些元素既可以是简单数据类型，又可以是其他构造数据类型，甚至是数组。元素在数组中的相对位置由索引下标来表示。数组中的每个元素通过数组名和其后的一对方括号中的下标整数值来引用，索引从 0 起始。例如，记录 100 名学生的成绩可以分别用 score[0], score[1], score[2],…, score[99]数组元素来引用，这样就方便了很多。

在 Java 语言中，Java 数组使用 new 运算符为数组分配内存空间，而对空间的收回则由垃圾自动回收机制执行。这一点与 C/C++语言不同，C/C++语言对内存的管理是由程序控制的。

在使用数组时，会涉及以下 3 个名词：

（1）数组名——数组名应该符合 Java 语言标识符的命名规则，数组名是对数组的引用，实际指向数组在内存的首地址；

（2）数组的类型——因为数组是用来存储相同类型的数据，所以数组的类型就是其所存储的元素的数据类型；

（3）数组的长度——数组的长度是指数组中可以容纳的元素的个数，而不是数组所占用的字节数。

数组作为一种特殊的数据类型，具有以下 3 个特点：
（1）一个数组中所有的元素都是同一种类型的；
（2）数组中的元素是有顺序的，内存空间是连续的；
（3）数组中的一个元素通过数组名和数组下标来唯一确定，下标从整数 0 开始。

4.2 一维数组

数组元素在数组中的相对位置由下标来指明。一维数组的特点是数组元素只有一个下标。要使用 Java 数组，一般需要经过 3 个步骤：声明数组，创建空间，数组赋值。

4.2.1 一维数组的声明

一维数组的声明格式为：

  类型[] 数组名;   //首选方法

或

  类型 数组名[];   //效果相同，但不是首选方法

其中，类型指定数组中各元素的数据类型，数组名是一个标识符。方括号"[]"表示该变量声明为数组类型变量。在 Java 中，方括号放在数组名的前面或后面都可以，放前面是 Java 的首选方法。在定义多个数组时，方括号放前面简略些。方括号放后面的风格来自 C/C++ 语言，在 Java 中采用方括号是为了让 C/C++ 程序设计人员能够快速理解 Java 语言。

例如，要声明一个整型数组，数组名为 a，声明的语句为：

  int[] a;

或

  int a[];

Java 在数组声明时并不为数组分配内存空间，因此，在方括号中不能给出数组的长度，即数组元素的个数。也就是说，不允许出现下列语句：

  int a[10]; //错误

4.2.2 一维数组内存申请

Java 语言把内存分为两种：栈内存和堆内存。在方法中定义的一些基本类型的变量和对象的引用变量在栈内存中分配内存空间。引用变量也属于普通变量，普通变量在程序运行到其作用域之外后被释放。而数组和对象本身是在堆内存中分配的，由 new 运算符创建的数组和对象在堆内存中分配，由系统的垃圾自动回收机制释放。在堆中创建一个数组或对象后，在栈中定义一个特殊的变量，让栈中的这个变量的取值等于数组或对象在堆内存中的首地址，栈中的这个变量就是数组或对象的引用变量。<u>引用变量实际上保存的是数组或对象在堆内存中的首地址，在程序中使用栈的引用变量访问堆中的数组或对象。</u>

在数组声明后，接下来就是分配数组所需的内存，这时必须用 new 运算符，例如：

  int[] a;   //声明名称为 a 的整型数组
  a=new int[10]; //a 数组包括 10 个元素，并为这 10 个元素分配空间

这里 a 为引用变量，指向的是分配在堆内存中的数组 10 个元素的首地址 0x8000，如图 4.1 所示。

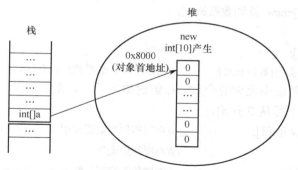

图 4.1 数组引用变量与内存分配

堆内存允许程序在运行时动态地申请某个大小的内存空间。若想释放数组内存，使任何引用变量不指向堆内存中的数组对象，则将常量 null 赋给数组即可。例如，将 null 赋给数组 a，即运行语句 a=null;即可。

4.2.3 一维数组的初始化

数组的初始化有两种方法：一种是静态初始化；另一种是动态初始化。

1. 静态初始化

格式一：直接为每个元素赋初始值，直接分配内存空间，一般在数组元素比较少时使用。形式为：

    数据类型 数组名[]={值 1，值 2，…，值 n}；

以下语句声明并初始化一个长度为 3 的整型数组：

    int a[]={1,2,3};

静态初始化的数组在等号右边产生了一个数组对象，该数组有 3 个元素，取值分别是 1、2、3。

格式二：使用 Scanner 系统类，从键盘输入数组元素值。这里不进行详细介绍，请大家查阅相关资料。

> **注意**：在 Java 程序中声明数组时，无论采用何种方式定义数组都不能指定其长度，如语句 int a[10];是非法的。同时，先声明数组，然后采用静态初始化方法来初始化数组在 Java 程序中是不允许的，例如：
>
>   int a[];
>   a={1,2,3};　//错误!

2. 动态初始化

有些时候，数组并不需要在声明时就赋初值，而是在使用时才赋值。另外，有些数组比较大，即元素非常多，这时用静态初始化方法枚举所有元素的值很不方便，这就需要使用动态初始化方法。

动态初始化需要使用 new 操作符来分配内存空间，既可以在声明时初始化，又可以在声明后初始化。

格式一：使用 new 运算符指定数组大小后进行初始化。

  类型 数组名[]=new 类型[数组长度];

或

  类型 数组名[];   //声明
  数组名=new 类型[数组长度];   //创建空间，数组初始化有默认值

其中，数组长度就是数组中元素的个数。在创建数组后，元素的值并不确定，需要为每个数组的元素进行赋值，下标从 0 开始。

  例如：int c[]=new int[3];   //声明和创建数组使用了一行语句
     int c[];   //声明数组变量
     c=new int[3];   //创建数组空间，然后一一初始化
  例如：int[ ] a=new int[3];
       a[0]=1;
       a[1]=2;
       a[2]=3;

格式二：使用 new 运算符指定数组元素的值。

使用上述方式初始化数组时，只有在为元素赋值时才能确定其值。故可以不使用格式一，而是在初始化时就确定各个元素的值。语法如下：

  type[] array=new type[]{值 1, 值 2, 值 3, 值 4,…,值 n};

  例如，int[ ] a;
     a=new int[ ]{1,2,3};

4.2.4 测定数组的长度

在 Java 程序中，数组的下标从 0 开始递增，直到下标为数组长度-1 时结束。当数组下标的值等于或大于数组长度时，程序也会编译通过，但在运行时会出现数组下标越界错误，所以在使用数组时要注意这一点。通常，Java 数组的长度可以通过 Java 数组的 length 属性来获得。

【例 4.1】 动态初始化数组并输出数组各元素。

```
class ArrayLength{
  public static void main(String[] args){
    int a[]=new int [5];          //声明并初始化数组a，长度为5
    int i;
    int len=a.length;             //获得数组的长度并赋值给变量len
    for(i=0; i<len; i++)
      a[i]=5*(i+1);               //给数组元素赋值
    //a[5]=30;若程序中出现该语句，则会发生数组下标越界
    for(i=0; i<len; i++)
    System.out.print(a[i]+" ");   //输出数组的各个元素
  }
```

```
        }
```

运行结果:

```
5 10 15 20 25
```

> 注意:正确区分"数组的第 7 个元素"和"数组元素 7"很重要。这是因为数组下标从 0 开始,"数组的第 7 个元素"的下标是 6,而"数组元素 7"的下标为 7,实际上是指数组的第 8 个元素。若混淆则会导致下标出现"差 1"的错误。

4.2.5 for each 语句与数组

在第 3 章介绍了 for 循环,自 J2SE 5.0 后,开始引进了一种新的 for 循环,它不用下标就可遍历整个数组,这种新的循环称为 for each 语句。for each 循环可以看成 for 循环的一个增强版,只需提供元素类型、用于存储连续元素的循环变量和用于检索元素的数组名称这 3 个数据。

for each 循环或者加强型循环能在不使用下标的情况下遍历数组。for each 循环使用形式为:

```
for(type element: array)   //读作"for each 数组 array 的每个元素(element)"
{
    System.out.println(element);
    …
}
```

例如:使用 for each 输出数组 myList 中的所有元素。

```java
public class TestArray {
    public static void main(String[] args) {
        double[] myList = {1.9, 2.9, 3.4, 3.5};
        // 打印所有数组元素
        for (double element: myList) {
            System.out.println(element);
        }
    }
}
```

实训 1 一维数组求和

声明一个 double 类型的数组变量 myList,长度为 5 个元素,并且把它的引用赋值给数组变量 myList,并对数组元素初始化,最后对数组元素求和。

```java
public class TestArray {
    public static void main(String[] args) {
```

```
    // 数组大小
    int size = 5;
    // 定义数组
    double[] myList = new double[size];
    myList[0] = 5.6;
    myList[1] = 4.5;
    myList[2] = 3.3;
    myList[3] = 13.2;
    myList[4] = 4.0;

    // 计算所有元素的总和
    double total = 0;
    for (int i = 0; i < size; i++) {
      total += myList[i];
    }
    System.out.println("总和为: " + total);
  }
}
```

思考题：定义一个封装方法 getAverage(double [ ])求数组元素的平均值，并在输出中调用测试。

4.3 二维数组

在 Java 语言中，一个数组的元素都是一维数组的数组就构成了二维数组。也就是说，二维数组可以视为一个特殊的一维数组，其每个元素又是一个一维数组。而三维数组就视为数组元素是二维数组的数组。

4.3.1 认识二维数组

以双下标的二维数组 a 为例，设数组 a 含有 3 行 4 列，如图 4.2 所示，则称为 3×4 形式的二维数组。

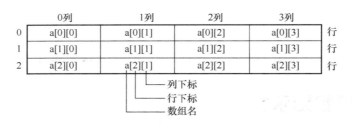

图 4.2 3×4 形式的二维数组

在图 4.2 中，数组 a 中的元素可表示为 a[i][j]，其中 a 是数组名，i 和 j 是二维数组 a 中元素的下标，它们唯一地确定了数组 a 中的每个元素。注意，下标从 0 开始。

图 4.2 中定义的二维数组可以这样描述：

```
int[][] a;           //声明整型数组
a=new int[3][];
```

这两条语句表示数组 a 有 3 个元素，每个元素都是 int[]类型的一维数组。数字 3 指定了二维数组的行数。

以图 4.2 为例，在二维数组的第一个下标定义好后，因为每行所表示的一维数组元素都是 4 个，所以紧接着可以有这样的引用语句：

```
a[0]=new int[4];
a[1]=new int[4];
a[3]=new int[4];
```

这里，new 运算符是用来创建内存空间的。在 Java 语言中，二维数组的列数可以不同。

由于 a[0]、a[1]和 a[2]都是数组引用变量，因此必须对它们赋值，使其指向真正的数组对象后，才可以引用这些数组中的元素。

4.3.2 二维数组的声明与创建

二维数组声明的一般格式为：

  类型 数组名[][];

或

  类型[][] 数组名;

其中，类型表示数组元素的数据类型，数组名可以是任意合法的标识符，例如：

```
int a[][];
double[][] b;
```

以下声明是不合法的：

```
int a[2][];      //错误!
int b[][3];      //错误!
int c[2][2];     //错误!
```

与一维数组一样，二维数组的声明也不能为数组分配内存空间。申请内存空间、创建数组需要用到 new 运算符，通过 new 运算符才可以定义二维数组的行和列的大小。

对二维数组来说，创建数组的方式有以下两种。

（1）直接为每维分配长度、大小，例如：

```
int a[][]=new int[2][3];
```

该语句创建了一个二维数组 a，其较高一维包含两个元素，而每个元素是包含 3 个元素的整型一维数组。在这个定义中，每行的数组元素都是一样的，均是 3 列。此时该数组的分布示意图如下：

a[0][0]	a[0][1]	a[0][2]
a[1][0]	a[1][1]	a[1][2]

（2）从高维的第一个下标开始，分别为每维分配空间，例如：

```
int b[][]=new int[2][];   //定义两行的二维数组，每个元素指向一个整型一维数组
b[0]=new int[3];          //数组b[0]指向的是一个长度为3的整型一维数组
b[1]=new int[5];          //数组b的第二个元素b[1]指向一个长度为5的整型一维数组
```

各行元素分布示意图如下：

b[0][0]	b[0][1]	b[0][2]		
b[1][0]	b[1][1]	b[1][2]	b[1][3]	b[1][4]

注意：与C/C++语言不同，Java语言的多维数组并不一定是规则的矩阵形式，也就是说，不要求多维数组的每维长度都相同。

例如：

```
String s[][] = new String[2][];
s[0] = new String[2];   //为高维分配引用空间
s[1] = new String[3];   //为高维分配引用空间，每行列数可以不同
s[0][0] = new String("Good");
s[0][1] = new String("Luck");
s[1][0] = new String("to");
s[1][1] = new String("you");
s[1][2] = new String("!");
```

在Java语言中，使用new运算符来分配内存时，<u>对于多维数组至少要给出高维第一个下标的维数值的大小</u>。

若在程序中出现以下语句：

```
int a2[][]=new int[][];
```

则编译器将给出以下错误提示：

```
Array dimension missing.
```

4.3.3 二维数组元素的初始化

与一维数组一样，二维数组的初始化也分为动态和静态两种方式。

（1）动态初始化：对二维数组来说，用new运算符分配内存空间，再为元素赋值。例如：

```
int a[][]=new int[2][3];   //定义2行3列的二维数组
a[0][0]=33;
```

（2）静态初始化：直接对每个元素进行赋值，在声明和定义数组的同时也为数组分配内存空间。例如：

```
int a[][]={{2,3},{1,3},{2,3}};
```

声明一个 3×2 形式的数组，并对每个元素赋值。这种初始化形式，不必指出数组每维的大小，系统会根据初始化时给出的初始值的个数自动计算出数组每维的大小。该数组各个元素的值为：

```
a[0][0]=2, a[0][1]=3,
a[1][0]=1, a[1][1]=3,
a[2][0]=2, a[2][1]=3
```

> 注意：与一维数组一样，在声明二维数组并初始化时不能指定其长度，否则会出错。例如，语句 int[2][3]={{3,4,5},{7,8,9}};在编译时将会出错。

4.3.4 二维数组的引用

由于二维数组是数组元素为一维数组的数组，因此二维数组的引用与一维数组类似，只要注意每个行元素本身是一个一维数组即可。

与一维数组一样，也可以用.length 成员方法测定二维数组的长度，即数组元素的个数。只不过使用"数组名.length"形式测定的是数组的行数，而使用"数组名[i].length"形式测定的是该行的列数。例如，若有如下的初始化语句：

```
int[][] arr={{3,9},{4,5,3},{12,2,3,1}};
```

则 arr.length 的返回值是 3，表示数组 arr 由 3 行或 3 个元素为一维数组的元素组成。而 arr[0].length 的长度是 2，表示 arr[0]是包含 2 个元素的一维数组；arr[1].length 的长度是 3，表示 arr[1]是包含 3 个元素的一维数组；arr[2].length 的返回值是 4，表示 arr[2]的长度是 4，即包含 4 个元素。

【例 4.2】 在程序中测定数组的长度。

```java
class testArrayLength{
  public static void main(String[] args){
    int ia1[];              //声明数组 ia1
    int[] ia2;              //声明数组 ia2
    int ia3[]={1,3,5,7,9};  //创建并初始化一维数组 ia3
    int ia4[]=new int[7];   //创建一个长度为 7 的数组 ia4
    System.out.println("ia3 的长度="+ia3.length);     //length 测定数组长度
    System.out.println("ia4 的长度="+ia4.length);
    int[][] ia5={{1,2},{3,4,5,6},{7,8,9}};           //创建二维数组,每行长度不一
    System.out.println("ia5 的长度="+ia5.length);    //ia5 是 3 行，各列长度不同
    System.out.println("ia5[0]的长度="+ia5[0].length);//第一个（行）元素的长度
    System.out.println("ia5[1]的长度="+ia5[1].length);//第二个（行）元素的长度
    System.out.println("ia5[2]的长度="+ia5[2].length);//第三个（行）元素的长度
  }
}
```

运行结果：

```
ia3 的长度=5
```

```
ia4 的长度=7
ia5 的长度=3
ia5[0]的长度=2
ia5[1]的长度=4
ia5[2]的长度=3
```

实训 2 教室座位编号

一个教室有 8 排，每排有 10 个座位，请用二维数组给座位编号。

```java
public class TestArray4 {
    public static void main(String[] args) {
        String [][]students = new String[8][10];
        for(int i=0;i<students.length;i++){
            for(int j=0;j<students[i].length;j++){
                students[i][j]="一号楼 201# "+wrap(i*10+j+1);
                System.out.print(
                        "第"+wrap(i+1)+"排"+wrap(j+1)+"位: "
                        +students[i][j]+" ");
            }
            System.out.println();
        }
    }
    public static String wrap(int number){
        return number <= 9 ?  "0"+number : number+"";
    }
}
```

实训 3 图形化输出二维数组

查阅 Applet 相关方法，对二维数组赋值并图形化输出二维数组的各个元素。

```
1    import java.applet.*;
2    import java.awt.*;
3    public class ArrDemo extends Applet
4    {
5      public void paint(Graphics g)
6      {
7        int arr1[][]=new int[3][4];
8        int arr2[][]=new int[3][];
9        int arr3[][]={{0,1,2},{3,4,5},{6,7,8}};
10       int i,j,k=0;
11       for(i=0;i<3;i++)          //数组 arr1 的第 0～2 行，共 3 行
12         for(j=0;j<4;j++)        //数组 arr1 的第 0～3 列，共 4 列
13           arr1[i][j]=k++;       //给数组动态赋值
14       for(i=0;i<3;i++)          //数组 arr2 的第 0～2 行，共 3 行
```

```
15          arr2[i]=new int[i+3];
            /*动态申请每行的列数,第1行arr2[0]是0+3=3列,第2行是1+3=4列,第3行是
            2+3=5列*/
16          for(i=0;i<3;i++)
17            for(j=0;j<arr2[i].length;j++)
              //二维数组arr2[i]是二维数组的高维行索引
18              arr2[i][j]=k++;                //给每行数组元素赋值
19          g.drawString("arr1:",20,20);       //20,20为arr1字符串屏幕左上角的坐标
20          for(i=0;i<3;i++)
21            for(j=0;j<4;j++)
22              g.drawString(" "+arr1[i][j],20+20*j,40+20*i);
23          g.drawString(" arr2:",115,20);
24          for(i=0;i<3;i++)
25            for(j=0;j<arr2[i].length;j++)
26              g.drawString(" "+arr2[i][j],115+20*j,40+20*i);
27          g.drawString(" arr3:",230,20);
28          for(i=0;i<3;i++)
29            for(j=0;j<3;j++)
30              g.drawString(" "+arr3[i][j],230+20*j,40+20*i);
31        }
32      }
```

运行结果如图 4.3 所示。

图 4.3 实训 3 的运行结果

程序分析：将 Java 的二维数组理解为一维数组的数组更为灵活。用高维（第一个下标索引值）表示数组的行数，第二个下标索引值表示每行的元素个数。也就是说，高维的下标和数组名称可以理解为一个新的数组引用，它的每个元素都是一个一维数组。

第 7～9 行分别定义了 3 个数组：第 7 行定义了一个 3×4 形式的二维数组，给出了数组的行和列的大小；第 8 行只定义了 3 行引用的数组，每行具体值未定，说明每个引用的初值为 null；第 9 行定义了静态初始化的 3×3 形式的二维数组。

第 11～13 行是 arr1 动态赋值，第 16～18 行为数组 arr2 每行中的元素赋值，第 20～22 行输出数组 arr1 各元素的值，第 24～26 行输出二维数组 arr2 各元素的值，第 28～30 行输出二维数组 arr3 各元素的值。

drawString 是 Applet 中常用的输出方法，后面两个参数是前面要输出的内容在屏幕上的显示位置的左上角坐标。

4.4 案例实现

1．问题回顾

冒泡排序既可以实现升序的排序又可以实现降序的排序，这里我们来实现升序的排序。对尚未排序的数组从头到尾依次比较相邻的两个元素是否升序，若不是则交换两个元素的位置。这样经过一轮比较交换后，便可以把最后一个位置排好。

2．问题分析

假设我们现在按升序排列数组，数组 intArray 中包括元素的值为{21,18,20,17,19}。

解决冒泡排序的问题，需要考虑以下 3 个问题：

第一个问题，要考虑的是每轮确定一个数的位置，总共需要比较多少轮呢？需要用一个循环次数的变量来表示。

第二个问题是每轮又需要比较多少次呢？这样，就需要内循环和外循环两重循环，一个循环控制问题的一个层面。

外循环的次数变量用 i 表示，内循环的两两比较的次数用 j 表示。数组 intArray 的长度或者说数组 intArray 的元素的个数用 len 表示，语句 len=intArray.length; 其中 length 是求数组大小的一个系统固有属性，直接使用即可。

如图 4.4 所示，在 i=1 的第一轮比较中，首先进行两两比较的数是 21 和 18，因为 21 大于 18，所以要进行交换。下一个两两比较的数就是 21 和 20，因为它们是逆序的，也就是说 21 大于 20，所以继续进行交换，以此类推，5 个数经过 4 次两两比较，最大的数 21 确定下来。为了在程序中表示数组，我们把第一次两两比较计数为 j=0，可直接对应数组的第一个元素 a[0]，便于程序两两比较时的数组表达。

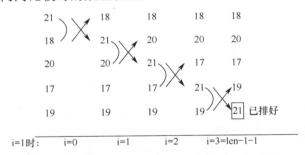

图 4.4 第一轮遍历数组两两比较与逆序交换的情况

在 21 这个最大数确定下来后，我们就剩下 4 个数还未排序，它们是 18、20、17、19，开始第二轮遍历。如图 4.5 所示，我们看一下在第二轮遍历中，剩下 4 个数的两两比较。

在 j=2 的第二轮遍历中，18 和 20 首先进行两两比较，因为它们是升序的，所以不进行交换，平移过去。下一个两两交换的是 20 和 17，因为它们是逆序的，所以要进行交换。以此类推，第二轮交换，两两比较的次数为 3，实际上，正巧等于数组的长度减去轮数，再减 1，即 j=len-2-1。从 0 起算，所以 j 的比较次数计数为 0、1 和 2，共 3 次。

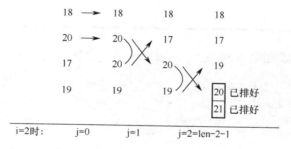

图 4.5 第二轮遍历数组两两比较与逆序交换的情况

那么，我们可以概括为内循环的比较次数 j=len-i-1，其中，i 为遍历的次数，j 为两两比较的次数。在编程中，我们规定 i 是外循环的计数器，j 是内循环的计数器。

第三个问题是若数据逆序，则如何实现交换？比如酱油和醋，分别装在 2 个瓶子中，这个时候如何交换呢？不借助第 3 个瓶子行吗？这个问题涉及临时变量的定义，空瓶子就是我们假设的临时变量，如图 4.6 所示。

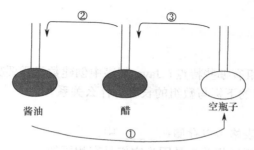

图 4.6 数据交换和临时变量

3. 代码实现

```java
public class BubbleSort
{
    public static void main(String[] args)
    {
        int i,j;
        int intArray[ ]={21,18,20,17,19};
        int len=intArray.length;
        for(i=1;i<len;i++)                        //两两比较的遍历轮数
            for(j=0;j<=len-i-1;j++)               //每轮两两比较的次数
                if(intArray[j]>intArray[j+1])     //判断两两比较是否逆序，若逆序则进行交换
                {
                    int t=intArray[j];            //t 为临时变量，如同空瓶子
                    intArray[j]=intArray[j+1];
                    intArray[j+1]=t;
                }

        for(i=0;i<len;i++)
            System.out.println(intArray[i]+" "); //输出比较后的数组
    }
```

```
20        }
```

运行结果：
```
17
18
19
20
21
```

4．思考题

若把第 8 行和第 9 行双重循环书写为：

```
for(i=1; i<=len-1; i++)
    for(j=0; j<len-1; j++)
```

则与案例中的源程序比较，效率上有什么不同？是否存在排好的元素重复参加比较的情况？

习题 4

1．什么是数组？数组有哪些特点？Java 程序中创建数组需要哪些步骤？如何访问数组中的一个元素？数组元素的下标与数组的长度有什么关系？

2．回答下列问题。

（1）值的列表和表格可以存储在_____中。

（2）数组元素之所以相关，是因为它们具有相同的_____和_____。

（3）用于指出数组中某个元素的数字称为_____。

（4）把数组中元素按某种顺序排列的过程称为数组_____。

（5）使用两个下标的数组被称为_____数组。

3．判断下面的说法是否正确，若错误，则说明原因。

（1）一个数组可以存放许多不同类型的值。（　）

（2）数组索引通常是 float 类型的。（　）

（3）若将单个数组元素传递给方法，并在方法中对其修改，则在被调用方法结束运行时，该元素中存储的是修改后的值。（　）

4．设有一个名为 table 的数组，试运行下列各任务：

（1）声明并创建该数组为 3 行 3 列的整数数组。假设已经声明常量 ARRAY_SIZE 并初始化为 3。

（2）该数组包含多少个元素？

（3）用 for 语句将数组的每个元素都初始化为各自索引的和。假设整数变量 x 和 y 声明为控制变量。

5．找出并改正下列各程序中的错误。

（1）设 int b[]=new int[10];

```
for(int i=0; i<=b.length; i++)
    b[i]=1;
```

（2）设 int a[][]={{1,2}{3,4}}
   a[1,1]=5;
（3）public int searchAccount(int[25] number)
   {number=new int[15];
     for(int I=0;I<number.length;I++)
   number[I]=number[I-1]+number[I+1];
   return number;
   }

SCJP 试题：Which expressions are correct to declare an array of 10 String objects?
A）char str[]   B）char str[][]   C）String str[]   D）String str[10]

问题探究 4

1. 某人有 4 张 3 分钱和 3 张 5 分钱的邮票。编写一个邮票组合 Java 程序，计算由这些邮票中的一张或者若干张构成的不同邮资可以有多少种？

2. 请大家讨论，试对冒泡排序算法进行优化。

3. 编写一个 HTML 文件，运行并分析下面的程序，讨论把数组和数组元素传递给方法的不同。

```java
import java.awt.Container;
import javax.swing.*;
public class PassArray extends JApplet{
  JTextArea outputArea;
  String output;
  public void init(){
    outputArea=new JTextArea();
    Container c=getContentPane();
    c.add(outputArea);
    int a[]={1,2,3,4,5};
    output="Effects of passing entire"+"array call-by-reference:\n"+
        "The values of the original array are:\n";
    for(int i=0;i<a.length;i++)
      output+=" "+a[i];
    modifyArray(a);
    output+="\n\nThe values of the modified array are:\n";
    for(int i=0;i<a.length;i++)
      output+=" "+a[i];
    output+="\n\nEffects fo passing array"+"element call-by-value:\n"+
        "a[3] before modifyElement:"+a[3];
    modifyElement(a[3]);
    output+="\na[3] after modifyElement:"+a[3];
    outputArea.setText(output);
  }
  public void modifyArray(int b[]){
    for(int j=0;j<b.length;j++)
```

```
      b[j]*=2;
  }
  public void modifyElement(int e){
    e*=2;
  }
}
```

运行结果如图 4.7 所示。

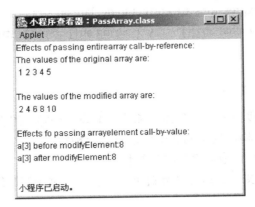

图 4.7　问题探究 4 的运行结果

第 5 章　Java 类和对象

面向对象程序设计（Object-Oriented Programming，OOP）是当今最完善的程序设计方法，其思想是将事物抽象为对象，对象具有自己的属性和行为，通过对象之间消息的传递来完成一定的设计任务。

本章主要内容
- 面向对象技术的编程特点
- 类的描述
- 对象创建与使用
- 构造方法
- static 变量与 static 方法
- 对象初始化过程
- 成员方法
- 复杂程序解决方案与方法

【案例分析】

学生类和借书卡类的设计和应用。为了使类的层次结构清晰，我们准备设计学生类、借书卡类及应用测试类 3 个类。在学生类中，设计成员变量包括学生姓名和电子邮件，成员方法包括学生姓名和电子邮件的设置和返回。在借书卡类中，设计卡主人的标记和已经借出的书的数量，成员方法包括针对两个成员变量的设置和返回及显示卡中记录的所有相关信息。

Java 只能通过类自身的方法访问私有成员变量，类外的对象可以访问公有数据，如图 5.1 所示。

本案例涉及成员变量访问控制符、对象的创建、成员方法定义和使用，以及多类之间的协调。

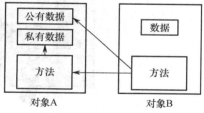

图 5.1　成员变量访问

5.1　面向对象编程

开发一个软件是为了解决某些问题，这些问题所涉及的业务范围称为该软件的问题域。面向对象编程语言与以往各种编程语言的根本不同点在于，它的设计出发点是能更直接地描述客观世界中存在的事物（即对象）及它们之间的关系，使程序比较直接地反映问题域的本来面目。

软件对象是数据和方法的封装体，同一类对象通过抽象找出共同的属性（静态特征）和行为（动态特征），进而形成类。通过类的继承和多态实现代码重用，缩短软件开发周期，并使软件风格统一。

OOP提出了一种全新的程序设计风格,即以数据为核心,其编程单元是类,对象最终由类实例化,其系统实现的机制是消息发送。对象被认为是迄今为止最接近真实事物的数据抽象。相对于OOP而言,以C语言为代表的面向过程程序设计(Procedure-Oriented Programming,POP),它以过程为中心,过程的设计基于算法。面向过程编程的单元是函数,函数调用是系统实现的基本机制。

面向对象技术具有3个重要特征:封装(Encapsulation)性、继承(Inheritance)性和多态(Polymorphism)性。

1. 封装性

程序中的对象是数据和方法的封装,其中的数据也称为属性,方法也称为服务、操作或行为。封装是面向对象的一个重要原则,所谓封装就是把对象的属性和服务结合成一个独立的系统单位,并尽可能隐蔽对象的内部细节。

如图5.2所示,左边假定为现实中的"售报亭"对象,右边为现实中售报亭对象的提炼和描述。售报亭的属性是亭内的各种报刊和钱箱(存放交易额),它提供两种服务,包括报刊零售和货款清点。封装意味着这些属性和服务结合成一个不可分割的整体——售报亭对象。它对外有一道边界,即亭子的隔板,并留一个接口,即售报窗口,用来提供报刊零售服务。顾客只能从这个窗口要求提供服务,不能自己伸手到亭内拿报纸和找零钱。货款清点是一个内部服务,不向顾客开放。

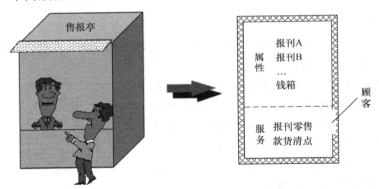

图5.2 售报亭的对象封装

在面向对象的程序开发中,每个类中都封装了相关的数据和操作。<u>类是具有相同属性和行为的一组对象的抽象和一般描述,是对封装的软件实现。</u>抽象是事物的泛化,抽象的目的是提取重要的特征而忽略不重要的细节。

<u>对象是类的实例</u>,由类创建对象。例如:

做趣味饼干的模子————>饼干。

做零件的图样————>零件。

类(Class)————>对象(Object)。

封装有两个含义,第一个含义是把对象的全部属性和全部行为结合在一起,形成一个不可分割的独立单位(对象);第二个含义是对象具有信息隐蔽(Information Hiding)的性质。即尽可能隐蔽对象的内部细节,对外形成一个边界(或者形成一道屏障),只保留有限的对外接口使其与外部发生联系。这主要是指对象的外部不能直接存取对象的属性,只能通过几个允许外部使用的方法与对象发生联系。如图 5.3 所示，variables 表示成员变量，methods 表示成员方法。类的封装以数据为中心，方法起到保护数据的作用。

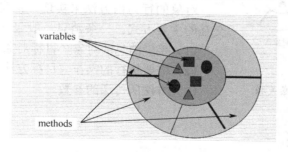

图 5.3　以数据为中心的封装

封装使模块之间的耦合和交叉大大减少，降低了开发过程的复杂性。类的封装性使类的重用性大为提高，这样的特点适合构建大型标准化的应用软件系统，可以大幅度地提高生产效率。

2．继承性

面向对象程序设计中的类是一个层次化的组织结构。继承是一种由已有类创建新类的机制，是面向对象程序设计的基石之一。继承是存在于面向对象程序的两个或多个类之间的一种关系。被继承的类称为<u>父类、基类或超类</u>，属于子类的上层类。继承了父类或基类的类称为<u>子类</u>，子类继承父类的非私有属性和方法，还可以添加新的属性和方法，重构父类的方法。

表 5.1 列出了 3 种父类和子类的继承例子。

表 5.1　父类和子类的继承例子

父类	子类
学生	研究生、本科生
形状	圆形、三角形、矩形
借贷	汽车借贷、住房按揭贷款、抵押贷款

在面向对象的继承中，有单继承和多继承两种。单继承是指一个子类只有单一的一个父类；多继承是指一个子类有一个以上的父类。Java 只支持单继承，C++支持单继承和多继承。

继承使相似的对象可以共享一些程序的代码，大大减少程序中的冗余信息，子类可以在父类的基础上增加新的内容。

3．多态性

多态性是面向对象程序设计的又一个重要特征，通过方法重载、方法重构及抽象类等技术实现。所谓多态就是指多种形式。

多态性为开发者带来不少方便。例如，在一般类"几何图形"中定义一个服务为"绘图"，一般类不能确定执行时到底画出一个什么图形。特殊类"椭圆"和"多边形"都继承几何图形类的绘图服务，但其功能却不同，一个是画出一个椭圆，另一个是画出一个多边形。而椭圆、多边形等类的对象根据接收消息的不同而执行不同的绘图算法。

4．消息

单独的对象是没有什么用的，多个对象联系在一起才会有完整的功能。对象之间是通过消

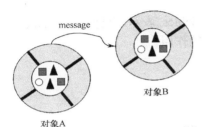

图 5.4 对象之间的消息关联

息相互联系和相互作用的。如图 5.4 所示，其中 message 表示消息，消息是对象 A 与对象 B 之间的关联。

对象的行为由方法来实现，消息传递是对象之间进行交互的主要方式。一条消息一般包括：

（1）接受消息的对象（目标对象）；
（2）需要执行的操作（目标方法）；
（3）方法所传递的参数。

5.2 类的描述

Java 程序由类组成，或者说没有超出类的代码。Java 类库中已经存在丰富的类，类库就是 Java API（Applications Programming Interface，应用程序接口）。学习 Java 语言实际上包括两个方面：一方面是学习用 Java 语言编写自己所需的类；另一方面是学习如何利用 Java 类库中的类和方法。

定义一个类，就是指定该类所包含的数据和针对数据进行操作的方法代码。一些简单的类可以仅包含数据或方法。一般情况下，一个类中既包含数据又包含方法代码。

> JDK 6.0 API 的最新下载网址为：
> http://download.oracle.com/javase/6/docs/api/

5.2.1 类的定义

前面章节已经使用了类的概念。类的定义可简要归纳如下：

```
class 类名{            //class 是类定义的关键字
    [成员变量;]
    [成员方法;]        //方括号表示可选的含义
}
```

其中，成员变量和成员方法构成了类体。

例如，定义一个兔子类：

```
class Rabit{
    final char EyeColor='R';     //所有兔子的眼睛都是红色的
    int age;                     //兔子的年龄
    char sex;                    //兔子的性别
    char furcolor ;              //兔子皮毛的颜色
    int speed;                   //兔子奔跑的速度
}
```

再如：

```
public class Myclass{
    public static void main(String args[]){
        System.out.println("I Love China")
    }
}
```

　　　　}

> **注意**：在类的定义过程中，必须严格遵循的规则是类的成员变量必须放在类体中，但又不能包含在某个方法中。

关键词 class 前面可以放置类的修饰符，类定义的一般式可以书写为：
　　　　[public] [abstract/final] class 类名{
　　　　　　类体
　　　　}

其中，class 关键字表明类的定义。class 前面的关键字称为类的修饰符，类的修饰符是指可能出现的项目，它是可选的，并非一定要同时出现。

1. class 类名

class 关键字告诉编译器这是一个类的定义，class 后面紧跟着类名，类名必须是合法的自定义标识符。一般首字母要大写。

2. 类的修饰符

（1）public 公共类

在没有任何修饰符的默认情况下，类只能被同一个源程序文件或同一个包中的其他类使用。加上 public 公共类修饰符后，类可以被任何包中的类使用，即本类是开放的。一般情况下，把包含主方法的类定义为 public 公共类，并以 public 公共类的名称作为源文件的文件名。

在同一个源程序文件中不能出现两个以上的 public 公共类，否则编译器会提示需要将第二个 public 公共类放在另一个文件中。即同一个文件中定义多于一个的 public 公共类是语法错误。

（2）abstract 抽象类

abstract 关键字标识的类为抽象类，抽象类不能实例化一个对象，它只能被继承。例如，在系统 java.lang 包中的系统类 Number 代表"数"这个抽象概念，用它可以在程序中产生一个数的子类，如 Interger 或 Float，但从 Number 中生成对象是没有意义的。

（3）final 最终类

将一个类声明为 final 最终类，表示它不能被其他类所继承。一个类被说明为最终类有两点理由：一是，为了提高系统的安全性和出于对一个完美类的偏好；二是，黑客常用的一个攻击技术是设计一个子类，然后用它替换原来的父类。为防止这样的事情发生，我们可以把类声明为最终类，不让黑客有机可乘。此外，程序设计人员也会把一些无懈可击的类声明为最终类，避免别人把这些类改得面目全非。

> **注意**：Java 不关心修饰词出现的次序。将一个类声明为 public final 和将其声明为 final public 没有区别。但是 final 和 abstract 不能同时修饰一个类，这样的类是没有意义的。

3. 类体

自定义类实际上是 Java 根类 Object 的子类，编程中一般会省略。Object 类很少有具体功能。因此，自定义类必须添加状态和行为代码，使类具有某种功能。

类体包含在一对花括号内。在类体中定义的变量和方法称为成员变量和成员方法。成员变量可以是任何数据类型，也可以是另外一个类的对象。

5.2.2 成员变量的访问控制符

在定义的类中，一般包括成员变量和成员方法两大部分。在一个类中，对象的状态是以变量数据的形式定义的。成员变量描述了类和对象的状态，成员变量也称为属性、数据、域（Field）。对成员变量的操作实际上就是改变对象的状态，使其能满足程序的需要。与类相似，成员变量也有修饰符，用来控制对成员变量的访问。

成员变量的声明必须放在类体中，通常是在成员方法之前。在方法中声明的变量不是成员变量，而是方法的局部变量，二者是有区别的。

一个成员变量可以是简单变量，也可以是对象、数组等结构的数据。成员变量的格式为：

[访问控制符] 变量类型 变量名[=初值];

其中，方括号"[ ]"中的访问控制符是可选项。访问控制符包括 public、private、protected 和未加访问控制符的默认权限。访问范围包括一个类中、同一个包中、不同包中的一般类或子类。包是一组相关类的类似文件夹的一种组织。

成员变量的访问权限见表 5.2。

表 5.2 成员变量的访问权限

修饰符	被本类访问	被子类访问	被同一个包中的其他类访问	不同包之间的访问
public	√	√	√	√
private	√	×	×	×
protected	√	√	√	×
默认访问控制	√	×	√	×

注：×表示不允许，√表示允许。

1. public 修饰符

public 修饰的成员变量可以被任何类访问，它是开放度最高的成员变量，不具有数据保护功能，不推荐使用，它一般用来声明一个类的对外方法。

例如：

```
class A
{
    public int x;
}
public class B
{
    public static void main(String[ ] args)
    {
        A aa=new A( );
        aa.x=90;   //访问公有变量 x，合法
    }
}
```

在这段程序中，类 A 说明了一个公有变量 x，而在另一个类 B 中可以利用对象直接访问

该变量，此处执行给变量赋值的操作。

2. private 修饰符

private 拥有最严格的访问限制，被它修饰的成员变量只能被这个类自有的方法访问。private 私有变量不能被继承。

例如：

```
class ClassA
{
   private int y;   //定义私有成员变量
   }
public class ClassB
{
   public static void main(String[ ] args)
   {
    ClassA cc=new ClassA ();
    cc.y=90;        //非法操作
    }
}
```

3. protected 修饰符

访问权限介于 public 和 private 之间，protected 修饰的成员变量可以被本类、类的子类（可以在不同包下）和同一个包的其他类访问，其他范围的类不允许访问这些类成员。

4. 默认访问权限

未加任何访问控制权限的成员变量拥有一种默认的访问权限 friendly，这个成员可以被类本身和同一个包内的类访问，通常也称包访问权限。

5.2.3 成员方法

在类体中，除成员变量外，另一个重要成员就是成员方法。成员方法用来实现类的行为或操作。方法在传统的计算机语言中经常被称为函数。除各种各样成员变量的定义外，方法才是真正要编写的程序。一个 Java 程序的执行过程就是一个个方法的调用。在传统的计算机语言中，函数或过程是独立存在的。但是，在面向对象的程序设计语言中，一个方法总是和它所处理的数据封装在一个类中。

方法是类的一个成员，由方法的头部和方法体两大部分构成。方法的一般格式为：

```
[方法修饰符]  方法返回值类型  方法名([形式参数表]) {
    [局部变量列表;]       //方括号表示可选项
    [语句块;]
}
```

格式说明：

（1）**方法修饰符**为方法访问权限，是可选的语法部分。方法的访问权限与类成员变量的访问权限修饰符含义类似，不再赘述。

视频

（2）**方法返回值类型**用来说明方法返回值的数据类型，它可以是 Java 允许的任何一种数据类型，包括基本数据类型和引用数据类型。若方法有返回值，则在方法体中要用到带表达式的 return 语句指明方法的返回值；若方法没有返回值，则返回类型为 void，在方法体中不必用到返回语句，方法中的右花括号就起到跳转返回的作用。return 语句的功能是将返回值交给方法的调用程序，并将程序的执行点转移到调用程序。

（3）**方法名**是任何 Java 合法的用户定义标识符，一般以小写英文字母开头。在一个类中，多个方法可以使用相同的名字，但是参数个数或参数类型必须不同，这种情况称为**方法重载**。

（4）**形式参数表**说明方法被调用时应向它传递的数据。当方法有多个参数时，参数间需用逗号","隔开；也可以是无参的方法。之所以称为形式参数，是因为方法定义时还不知道所传递的数据具体是什么，只知道它的类型，这好像在写剧本时，只知道是什么角色，而不知道演员是谁。相对而言，方法调用语句中使用的参数称为实际参数。

（5）**方法体**是完成类功能的语句块，用左右花括号括起来。实际上，方法体内部也可分为变量和语句两部分。方法体内部定义的变量只供本方法使用，属于**局部变量**。在声明局部变量时需注意两点：一是在变量类型前不能加修饰符；二是在声明时若未对变量赋值，则该局部变量没有默认值。Java 要求局部变量在引用前必须明确赋值。

【例 5.1】 设计一个矩形类，封装它的状态和行为，定义数据变量和方法，并计算矩形的面积。

```
   // 左边数字为程序的行号，不是程序本身的内容
1     class Rectangle{
2       double width,height;
3       Rectangle(double w,double h){          //类的构造方法
4           width=w;  height=h;
5       }
6       double area( ){                         //求矩形面积的方法
7           return width*height;
8       }
9     }
10
11    class RectangleTest{
12      public static void main(String args[])
13      {
14        double s;
15        Rectangle  myRect=new Rectangle(20, 30);    // 创建对象 myRect
16        s=myRect.area();                             // 调用对象方法 area 求矩形面积
17        System.out.println("Rectangle 的面积是: "+s); // 输出面积
18      }
19    }
```

运行结果：

```
Rectangle 的面积是: 600.0
```

程序分析：程序的第 1~9 行是矩形类 Rectangle 的定义，第 11~19 行是主类，也称测试类，是生成具体的某对象。<u>主类是包含主方法的类</u>，main 方法是 Java 的系统保留方法，它的参数和修饰符都是必需的，大家可以照写。main 方法是 Java 程序执行的入口方法，main 方法的第 1 行程序代表了系统将要执行的第 1 行程序，然后依次执行其他代码。

5.2.4 成员变量和局部变量

由类和方法的定义可知，在类和方法中均可定义属于自己的变量。类中定义的变量是成员变量，而方法中定义的变量和方法参数称为局部变量。类的成员变量与方法中的局部变量是有一定区别的。

（1）从语法形式上看，成员变量是属于类的，而局部变量是在方法中定义的变量或是方法的参数。成员变量可以被 public、private 和 static 等修饰符所修饰，而局部变量的作用域只在这个方法内，不能被访问控制修饰符及 static 所修饰。成员变量和局部变量都可以被 final 所修饰而成为常量。

（2）从变量在内存中的存储方式上看，成员变量是对象的一部分，对象是存在于堆内存的，而局部变量是存在于栈内存的。

（3）从变量在内存中的生存时间上看，成员变量是对象的一部分，它随着对象的创建而存在；而局部变量随着方法的调用而产生，随着方法调用的结束而自动消失。

（4）成员变量若没有被赋初值，则会自动以对应类型的默认值赋值；而局部变量则不会自动赋值，必须显式地赋值后才能使用。

变量作用域如图 5.5 所示，以 MyClass 类为例。其中，member variable declarations 表示成员变量声明，Member Variable Scope 表示成员变量的有效作用范围，Method Parameter Scope 表示方法参数 method parameters 的有效作用域，Local Variable Scope 表示声明的局部变量作用域，若有异常处理语句，则 Exception-handler Parameter Scope 表示异常处理参数的有效作用范围。

成员变量在整个类中都有效，局部变量只在定义它的方法内有效。例如以下代码段：

```
class A{
    int x;        //声明成员变量 x
    int f( )
    { int a=5;    //定义局部变量 a,并赋初值
        x=a;      //合法，x 在整个类内有效
    }
    int g( )
    { int y;      //声明方法内局部变量 y
     y=a;         // 非法，a 已失效，方法 g 内没有定义变量 a
    }
}
```

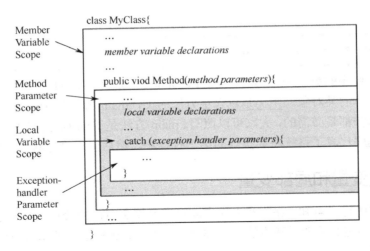

图 5.5 变量作用域

5.2.5 final 变量

由 final 修饰的成员变量实际是一个常量,它的值在程序运行中不能被改变。例如:

```
final double PI=3.14159;
```

该语句声明一个常量 PI,若程序后面的语句试图重新对它修改,则将产生编译错误。另外,常量名一般使用大写字母。

注意:final 实例变量必须显式地赋值,而且赋值只能在变量声明的时候进行,赋值后,它就是只读变量,若企图对它修改则是语法错误。

5.3 对象的创建与使用

对象是在程序运行中生成的,一个对象所占的空间是在程序运行中动态分配的。当一个对象完成它的使命后,Java 的垃圾自动回收机制就会自动收回这个对象所占的空间。在 Java 中,对象的创建、使用和释放称为对象的生命周期。一个典型的 Java 程序会创建很多对象,它们通过消息传递共同完成程序的功能。

5.3.1 对象的创建

在 Java 中,对象通过类来创建,对象是类的实例。类是某一类对象的共同特征(属性、行为)的描述,一个类可以创建很多对象,不同对象的同一种属性的值可能不同。如图 5.6 所示,定义一个类 Circle,用简易 UML 图形化符号表示,Circle 类包含一个属性 radius 和一个内部方法 findArea,用于求圆的面积。Circle 类利用 new 运算符调用了类的构造方法创建了两个对象:Circle1 和 Circle2,两个圆的半径取值不同,分别为 2 和 5。通常由一个类所创建的一个对象称为这个类的一个实例(Instance)。

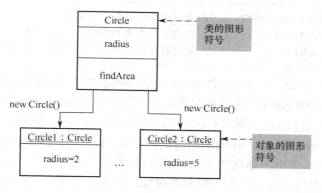

图 5.6 类和对象的关系

<u>创建对象包括 3 个组成部分：对象声明、对象实例化和对象初始化。</u>
通常格式为：

  类名 对象名=new 构造方法;

例如：

```
Circle circle1=new Circle(2);
Circle circle2=new Circle(5);
```

对象声明：由类名和对象名组成，如上例等号左边部分。

对象实例化：只有给一个对象分配相应的内存空间，才能使用它。在声明一个对象时，并没有给该对象分配存储空间。对象实例化可以完成对象的空间分配，对象实例化由 new 运算符完成。

对象初始化：对象初始化工作由构造方法完成。一方面，构造方法使用类名，由 new 运算符根据类名决定为新建对象分配多大的内存；另一方面，构造方法的调用将新建对象初始化，确定对象的初始状态，主要包括为对象的成员变量赋初值。当类的定义中没有构造方法时，Java 使用系统默认的构造方法。

<u>new 运算符返回一个引用（Reference，对象所在的内存地址），并将它赋给对象名。对象引用实际上是一个引用变量指向对象所在内存的首地址。</u>

关于对象的引用，我们看如下的例子。如：
```
Rabbit rabbit;                //甲
rabbit=new Rabbit( );         //乙
rabbit=new Rabbit( );         //丙
```
从赋值对象角度看，当程序执行到甲时，Rabbit 类声明了一个 rabbit 对象，是对 Rabbit 类的一个空引用。当程序执行到乙时，用 new 运算符给 rabbit 对象分配一个内存空间（地址），将对象首地址赋给 rabbit 对象。当程序执行到丙时，另一个对象引用重写了 rabbit 引用，前一个引用就断开了。

假定 Rabbit 类声明两只兔子 rabbit 和 rabbit2 对象。先分配 rabbit 对象的内存空间，再把 rabbit 引用赋给 rabbit2 对象，即对单一对象也可以有两种引用方式。即

```
Rabbit rabbit,rabbit2;    // 声明两个空引用对象变量
rabbit=new Rabbit( );     // 创建引用变量rabbit，指向对象在堆内存的首地址
rabbit2=rabbit;           // 创建引用变量rabbit2，和rabbit指向同一个对象的首地址
```

关于**变量赋值**，如图5.7所示，Primitive type assignment指的是基本数据类型变量之间的赋值，Object type assignment指的是对象之间的赋值。语句i=j;是指把j的值赋给i，i原来的初值为1，经过把j的值2赋给i后，i的值变为2，j的初值还是2。使用类Circle创建两个对象c1和c2，现在把对象c2的引用值赋给对象c1，c1对象原来的半径radius为5，经过赋值之后，c1和c2的引用都指向了c2对象在堆内存中的首地址，radius的值就变为9。c1对象没有引用变量指向它，就变为废弃的对象，由Java的垃圾自动回收机制回收。

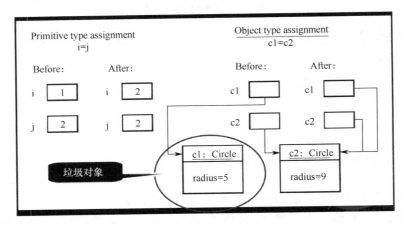

图5.7 变量赋值

5.3.2 对象的比较

对象也可以称之为"类类型的变量"，它属于非基本类型的变量。实际上，对象是一种引用型变量，引用型变量保存的值实际是对象在堆内存的首地址。通过对象的比较，更进一步理解对象的深刻内涵。

【**例5.2**】 以圆柱体类Cylinder的对象为参数进行方法调用，说明对象的比较。

```
1   class Cylinder
2   {
3       private static double pi=3.14;
4       private double radius;
5       private int height;
6       public Cylinder(double r, int h)//有参构造方法，初始化成员变量
7       {
8           radius=r;
9           height=h;
10      }
11      public void compare(Cylinder v)  //实现对象比较的成员方法，参数为对象
12      {
13          if(this==v)           //判断this和v是否指向同一个对象
```

```java
14          System.out.println("这两个对象相等");
15        else
16          System.out.println("这两个对象不相等");
17      }
18   }
19
20   public class ObjectCom     //主类，创建对象
21   {
22      public static void main(String[]args)
23      {
24        Cylinder v1=new Cylinder(2.0,3);
25        Cylinder v2=new Cylinder( 2.0,3);
26        Cylinder v3=v1;         //v1 和 v3 指向内存中的同一个对象
27        v1.compare(v2);         //调用 compare()方法，比较 v1 和 v2
28        v1.compare(v3);         //调用 compare()方法，比较 v1 和 v3
29      }
30   }
```

运行结果：

　　这两个对象不相等
　　这两个对象相等

程序说明：该程序第 13 行的 this 表示调用该方法的对象。从主类的第 24 行和第 25 行可以看出，程序用 new 运算符创建了对象 v1 和 v2，从表面上看，两次调用构造方法的两个实参都一样，好像两个对象也应该一样。实际上，对象 v1 和 v2 是内存中两个独立的对象，因为是分别创建的，所以在内存中就有两个不同的首地址，首地址不同意味着对象 v1 和 v2 的值也是不同的，故对象 v1 和 v2 是不相等的。而对象 v1 和 v3 不同，它们两个指向同一个对象在内存中的首地址，并且拥有相等的值，所以它们是相等的两个对象。

5.3.3 对象的使用

在创建对象后，就可以使用对象了。对象的使用包括：引用对象的成员变量和调用对象的成员方法、对象作为方法的参数、作为方法的返回值、作为数组元素及作为类的成员变量。在此主要讨论对象成员变量的引用和对象成员方法的调用、对象作为数组元素及对象作为类的成员变量。对象作为方法的参数参考 5.7.1 节。

1．对象的一般使用

通过英文实心点"."运算符可以实现对对象成员变量的访问和对对象成员方法的调用。变量和方法也可以通过一定的访问权限允许或禁止其他对象对它的访问。

（1）通过对象引用对象的成员变量，通用格式：<u>对象名.变量;</u>
（2）通过对象调用对象的成员方法，通用格式：<u>对象名.方法名（[参数列表]）;</u>

对象名如同我们进公园参观的门票，拿着门票就可以参观公园内的风景，公园内的风景就是对象内的成员变量和成员方法。

例如，假定已经定义一个包含年龄、奔跑速度和皮毛颜色的 Rabbit 类，则

```
Rabbit rabbit=new Rabbit( );
rabbit.age=3;              //兔子3岁
rabbit.speed=100;          //奔跑的速度是每秒100m
rabbit.furcolor= 'w';      //兔子的毛色是白色的
```

运算符 new 分配一块内存空间给 rabbit 对象，rabbit 是堆内存中对象的引用变量。rabbit 对象有 3 个成员变量 age 、speed 和 furcolor。

【例5.3】 关于对象的创建和使用，用 Person 类刻画人的主要特征，主类 StudentDemo 描述了一个具体的人。

```
class Person{
  String name;
  String sex;
  int   age;
  Person(String n,String s,int a)      //构造方法的定义
  {
   name=n;                             //在类内直接使用成员的名称 name
   sex=s;                              //在类内直接使用成员的名称 sex
   age=a;                              //在类内直接使用成员的名称 age

  }
  }
public class StudentDemo                //主类
{
   public static void main(String args[])
   {
   Person ya=new Person("yang","female",20); //构造方法的使用，创建了对象ya

   System.out.println("name="+ya.name);     //成员变量的引用
   System.out.println("sex="+ya.sex);       //成员变量的引用
   System.out.println("age="+ya.age);       //成员变量的引用
   }
```

运行结果：

```
name=yang
sex=female
age=20
```

总而言之，在类外用到成员名称时，如在 Person 类外的主类 StudentDemo 中使用 Person 类中的数据成员或方法，必须通过对象名的引用指明是哪个对象变量或方法；相反，若在类内部使用类自己的成员，则不必指出成员名称前的对象名称。

2. 对象作为数组元素

数组可以存放各种类型的数据，当然对象也可以作为数组元素，当对象作为数组元素时，其数组称为对象数组。在创建对象数组时，需要首先声明数组并用 new 运算符给数组分配内

存空间，然后再对数组的每个对象元素初始化。

【例5.4】 对象作为数组元素的应用。在 main 主方法中，语句 Node x[ ]=new Node[3]; 用来创建对象数组 x。通过语句 x[i]=new Node( );用于对数组 x 的元素初始化。

```java
class Node                //节点类的定义
{
    private int data;
    private Node next;              //对象本身就是一个地址的概念
    void setData(int x)
    {
        data=x;
    }
    int getData()
    {
        return data;
    }
    Node getNext()
    {
        return next;
    }
    void setNext(Node x)
    {
        next=x;
    }
}
public class ObjArray    // 主类
{
  public static void main(String args[ ])
  {
    Node x[ ]=new Node[3];            //创建3个节点对象,对象作为数组
                                       元素
    int i;
    for(i=0; i<x.length; i++)         //初始化对象数组元素,给节点的
                                       data 赋值,并组成链表
       x[i]=new Node();               //分别创建对象元素
    for(i=0; i<x.length; i++){
       x[i].setData(i);
       if(i<x.length-1) x[i].setNext(x[i+1]);
    }

    Node start=new Node( );
    start=x[0];                       //利用 start 依次输出链表中点的值
                                      //指向链表的第1个节点 x[0]
    System.out.println(start.getData());  //输出 x[0].data
    while(start.getNext()!=null)
    {
        start=start.getNext();            //指向下一个节点
        System.out.println(start.getData()); //输出 x[i].data
    }
  }
}
```

```
        }
```

运行结果:

```
C:\Java-code>java   ObjArray
0
1
2
```

提醒：创建数组是一次性地开辟一整块连续内存空间。创建链表可以先只创建一个链表头，其他链表中的元素（称为节点）可以在需要的时候再动态地逐个创建并加入到链表中。链表中的数据在内存中不是连续存放的，每个节点除保存数据外，还有一个专门的属性用来指向链表的下一个节点（称为链表的指针），所有的链表节点通过指针相连，访问它们时需要从链表头开始顺序进行。

3. 对象作为类的成员变量

类成员既可以是基本数据类型，又可以是构造数据类型。类成员包含其他类的对象，可以扩展此类的功能。

【例 5.5】 定义一个 Man 类，内含成员变量 id 和 jt，它们分别代表职工的编号和参加工作的日期。id 是基本数据类型，jt 是 sDate 的对象。类 sDate 的作用是对职工参加工作的日期进行合法性检验。

代码如下:

```java
class Man{
    private int id;
    private sDate  jt;
    Man(int ia, int ya,int ma,int da){//构造方法的参数包括了sDate类的3个属性
        id=ia;
        jt=new sDate(ya,ma,da);
    }
    void disp(){
        System.out.println("编号: "+id);
        System.out.print("工作日期: ");
        jt.outdate();
    }
}
class sDate{
    private int year;
    private int month;
    private int day;
    sDate(int y,int m,int d){
        year=y;
        if(m>0&&m<13) month=m;   /*在构造方法中确定月份的值，m是整型，取值范围为
        1~12 月，若月份的值不满足条件表达式，则设月份的默认值为1*/
            else month=1;
        day=vDay(d);
    }
```

```java
        private int vDay(int v){
        int[] dM={0,31,28,31,30,31,30,31,31,30,31,30,31};
        /*每个月的天数,增加元素0,原因是数组元素的下标从0开始,使数组下标和月
        份值正好吻合,以便紧接着下句的条件表达式中dM[month]下标的月份值与数组dM
        中的元素值一一对应*/

            if(v>0&&v<=dM[month]) return v;
            else return 1;
        }
        void outdate(){
        System.out.println(year+","+month+","+day);
        }
    }
    class ObjMember{    //主类
      public static void main(String args[]){
      Man m=new Man(123,1997,3,21);
      m.disp();
       }
    }
```

运行结果:

```
C:\Java-code>java ObjMember
编号: 123
工作日期: 1997,3,21
```

5.3.4 释放对象

释放对象就是把对象从内存中清除。当一个对象不再为程序所利用时,应该将其释放并收回内存空间,以便被其他新对象使用。

为了清除一个对象,许多其他面向对象程序设计语言要求另外编写程序来收回其内存空间,用这种方式写出的内存管理程序既麻烦又容易出错。而在 Java 语言中,只需要程序设计人员创建对象,至于释放对象的工作则由系统自动完成,此项工作由 Java 虚拟机承担。Java 虚拟机能自动地判断出对象是否还在使用,并在对象不再使用时释放掉该对象所占的资源,这便是 Java 的<u>垃圾自动回收机制</u>。由于 Java 的垃圾自动回收操作以较低的优先级运行,因此比较费时,一般它在系统空闲时才执行。Java 的垃圾自动回收机制也可以在程序中调用方法 System.gc ( )且在任意时间请求执行。

5.3.5 Java 变量内存分配

Java 把内存分配分为两种:一种是栈(Stack)内存;另一种是堆(Heap)内存。堆是一种运行时的数据结构,它是一个大的存储区域,用于支持动态的内存管理。

在方法中定义的一些基本类型的变量及对象的引用变量存放在栈内存中。当越过该变量的作用域后,Java 会自动释放掉为该变量所分配的内存空间。

堆内存用来存放由 new 运算符创建的对象或数组，在堆中分配的内存，由 Java 虚拟机的垃圾自动回收机制来管理。Java 的对象在堆中分配内存，对象的引用是在栈中分配内存。在栈中的这个特殊引用变量的取值等于数组或对象在堆内存中的首地址。以后就可以在程序中使用栈中的引用变量来访问堆中的数组或对象，引用变量就相当于是对数组或对象的一个标号或指引，就像老家村口的一个指引标记。引用变量是普通变量，定义时在栈中分配内存，引用变量在程序运行到其作用域之外后被释放。而数组和对象本身在堆中分配内存，即使程序运行到使用 new 运算符产生数组和对象的语句所在的代码块之外，数组和对象本身占据的内存不会被释放掉，数组和对象在没有引用变量指向它时，才会变为垃圾，但仍然占据内存空间，在随后一个不确定的时间点被垃圾自动回收机制回收释放，这也是比较占内存的原因。

例如：Person p=new Person( );

以类 Person 作为变量类型定义了一个对象引用变量 p，用来指向等号右边 new 运算符创建的一个 Person 对象在堆内存的首地址，变量 p 就是堆内存中对象的引用。这条语句执行后的内存状态如图 5.8 所示。

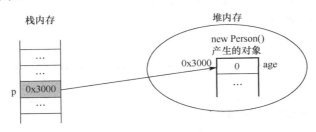

图 5.8　内存分配

注意：假定类 Person 中定义了一个整型的成员变量 age，图 5.8 中的 0 表示 age 成员变量的默认初始值为 0。

当程序创建多个对象时，各个对象在堆内存中是独立的，是占据不同内存空间的不同对象。在调用某个对象的方法时，该方法内部所访问的成员变量是自身的成员变量。每个创建的对象都有自己的生命周期，对象只能在其有效的生命周期内被使用，当没有引用变量指向某个对象时，这个对象就会变成垃圾，内存在某个时间点被收回，如图 5.9 所示。

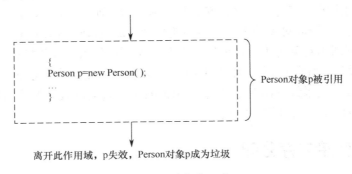

图 5.9　对象作用域

5.3.6　匿名对象

当一个对象被创建后，在调用该对象的成员方法时，也可以不定义对象的名称，而直接调用这个对象的方法，这样的对象称为匿名对象。例如：

```
Person p1=new Person( );
  p=new Person( );
  p.speak( );
```

改写成：

```
new Person( ).speak( );
```

改写后的这条语句没有产生任何对象名称，而是直接用 new 运算符创建了 Person 类的对象并直接调用它的 speak( )方法，得出的结果与改写之前是一样的。这个方法执行完毕后，这个匿名对象也就变成了垃圾。

使用匿名对象有以下两种情况：

（1）若对一个对象只需要一次方法调用，则可以使用匿名对象；

（2）将匿名对象作为实参传递给一个方法调用，如程序中有一个 getSomeOne 方法，要接受一个 Person 类对象作为参数，函数定义如下：

```
public   void   getSomeOne(Person p)
{
  …
}
```

可以用下面的语句调用这个方法：

```
getSomeOne(new Person( ));
```

5.4 类的构造方法

5.4.1 构造方法的作用和定义

视频

构造方法是一种特殊的方法，它是在对象创建时初始化对象成员的方法。构造方法的名称必须与它所在类的类名完全相同（包括英文字母的大小写），<u>并且没有返回值，void 也不能用，这是因为一个类的构造方法的返回值的类型就是该类的对象。</u>

- 构造方法不能由程序设计人员直接调用，只能由 new 运算符调用。
- 类的构造方法是不能被继承的，但子类可以调用父类的构造方法。
- 不允许构造函数指定返回类型或返回值，void 也不能使用。
- 构造方法可以重载，以提供多种不同参数形式的构造方法。

为类提供构造方法，用以保证对每个对象都用有效的值进行初始化。若类中没有定义构造方法，则编译器会自动创建一个不带参数的默认构造方法，也称无参构造方法（No-argument Constructor）。默认构造方法自动地把对象的所有成员变量初始化为默认的初始值。程序设计人员也可以提供一个无参数的构造方法，则 Java 就不会为该类创建默认的构造方法了。

默认的构造方法没有参数，在其方法体中也没有任何代码，即什么也不做。系统提供的默认构造方法往往不能满足需求，所以用户需要自己定义构造方法。一旦用户自己定义了构造方法，系统就不再提供默认的构造方法。

构造方法用于确定对象的初始状态。类的实例变量初始默认值见表 5.3。

表 5.3 类的实例变量初始默认值

类　　型	初　始　值
布尔型（boolean）	false
字符型（char）	'\u0000'
整型（integer）	0
浮点型（float）	0.0
引用（reference）	null

注：表中字符值 '\u0000' 代表 Unicode 值为 0 的字符，这个字符也称空字符。引用值 null 是一个特殊的值，它表示这个引用还没有指向任何对象。

> **注意**：只有在类中没有提供任何构造方法时，系统才启动默认的无参构造方法，这时 new 运算符才能调用无参构造方法。一旦用户为类定义了构造方法，即使是无参构造方法，系统也不再提供默认的构造方法。

【例 5.6】 创建一个简单的类，说明类的初步应用（见表 5.4）。

```java
class Car                                   // 定义 Car 类
{
    private String Brand;
    int gas;
    Car(String vBrand, int vGas)            //定义 Car 类的构造方法，完成类的
                                            //   初始化工作
    {
        Brand=vBrand;
        gas=vGas;
    }
    void Disp()
    {
        System.out.println("品牌: "+Brand+" 油量: "+gas);    }
}

public class TestClass
{
    public static void main(String args[])  //主方法 main 是程序运行的起点
    {
        Car MyCar=new Car("Audi",10);       //创建对象 MyCar
        MyCar.Disp();                       //调用 Car 类中的方法 Disp
    }
}
```

运行结果：

品牌：Audi   油量：10

表5.4 定义一个Car类

类声明开始	class Car{	
类体	private String Brand; int gas;	成员变量

类体	Car(String vBrand, int vGas){
	  Brand=vBrand;
	  gas=vGas;
	  }
		构造方法 Car

	void Disp(){
	    System.out.println("品牌："+Brand+"油量："+gas);
	  }
		成员方法 Disp

类声明结束	}	

5.4.2 this 引用

this 是 Java 中一个特殊的对象引用，泛指对 this 所在类的对象自身的引用，通常在构造方法的定义中。为了方便，构造方法的参数名称和类的成员变量名相同，这时要用到 this 来指明成员变量。

1. 用 this 指代成员变量

【例5.7】 在构造方法中使用 this，this 代表当前类的对象的引用。

```
class Demo{
  double x,y;
  Demo(double x,double y){this.x=x; this.y=y;}
  double ave( ){return (x+y)/2;}
}
class TestThis1{
  public static void main(String args[]){
    Demo s=new Demo(3,4);
    System.out.println(s.ave( ));
  }
}
```

运行结果：

3.5

程序说明：在一般情况下，在本类中引用本类的成员变量和方法完全可以不使用 this。但是若方法的形参和类的成员变量同名，则方法的局部变量和类成员变量同名，分不清哪个是成员变量，哪个是方法的变量，故在方法体中可以借助 this 来明确类的成员变量的引用。

在例5.7中，若构造方法改为 Demo(double i, double j){this.x=i; this.y=j;}，其作用和 Demo (double x,double y){this.x=x; this.y=y;}是一样的。

> **注意**：在一个方法中，若有方法参数与某个类的成员变量同名，则当访问该类成员变量时，应显式地使用 this，避免产生指代不明确的问题。

2. 在构造方法中用 this 调用一般方法

【例 5.8】 在构造方法中使用 this 调用本类的 sort( )方法。

```
class Demo{
  int x,y;
  Demo(int a,int b)
  {x=a;
   y=b;
   this.sort(a,b);    //这里不用 this 也可以
  }
  void sort(int a,int b)
  {int t;
   if(x<y){t=x; x=y; y=t;}
  }
}
class TestThis2{
  public static void main(String args[]){
    Demo m1=new Demo(10,20);
    System.out.println(m1.x+" "+m1.y);
  }
}
```

运行结果：

```
20 10
```

在该例中，若构造方法是一个普通的方法，则 this 的应用也是类似的，在类定义的内部，方法与方法之间也可以相互调用。如将以下程序：

```
Demo(int a, int b)
{x=a;y=b;
 this.sort(a,b);}
```

替换为普通方法：

```
void change(int i, int j)
{x=i;y=j;
 this.sort(a,b);
}
```

3. 在一个构造方法中调用另一个构造方法

在一个构造方法中调用另一个构造方法时，必须使用 this 关键字来调用，否则编译时会

出现错误，这是因为构造方法不能在程序中显式地直接调用，只能在创建对象时，通过 new 运算符调用。this 关键字必须写在构造方法的第 1 行。

【例5.9】 在圆柱体类 Cylinder 里，用一个构造方法调用另一个构造方法。

```
1    class Cylinder
2    {
3      private double radius;
4      private int height;
5      private double pi=3.14;
6      String color;
7      public Cylinder()
8      {
9        this(2.5,5,"橙色");     //调用另一个构造方法，this 调用需放第1行
10       System.out.println("无参构造方法被调用了");
11     }
12     public Cylinder(double r,int h, String str)
13     {
14      System.out.println("有参构造方法被调用了");
15       radius=r;
16       height=h;
17       color=str;
18     }
19     public void show()
20     {
21       System.out.println("圆柱底半径为:"+radius);
22       System.out.println("圆柱体的高为:"+height);
23       System.out.println("圆柱的颜色为:"+color);
24     }
25     double area()
26     {
27       return pi* radius* radius;
28     }
29     double volume()
30     {
31       return area()*height;
32     }
33   }
34   public class TestThis3
35   {
36     public static void main(String[]args)
37     {
38      Cylinder c=new Cylinder();
39      System.out.println("圆柱底面积="+c.area());
40      System.out.println("圆柱体体积="+c.volume());
41      c.show();
42     }
```

43   }

运行结果：

```
有参构造方法被调用了
无参构造方法被调用了
圆柱底面积=19.625
圆柱体体积=98.125
圆柱底半径为:2.5
圆柱体的高为:5
圆柱的颜色为:橙色
```

程序分析：第 9 行 this 调用了本类的有参构造方法 "Cylinder(double r,int h, String str)"，并且在书写中，this 关键字语句必须写在本类构造方法 "public Cylinder()" 的第 1 行。

思考：第 9 行 this 语句能不能直接替换成 Cylinder(2.5, 5, "橙色")？

答：不能，因为程序设计人员不能直接调用构造方法，只能通过 new 运算符调用。

实训 1　构造方法和普通方法的应用

阅读以下各段程序的代码，注意程序构造方法和普通成员方法之间的关系。在空白处写出程序的输出结果。注意：请先勿在计算机上执行这些程序。

问题（1）～（3）使用如下 Time 类的声明。

```java
// Time 类定义
import java.text.DecimalFormat;    // 引入用来处理数值的格式类

public class Time extends Object {
    private int hour;              // 0~23
    private int minute;            // 0~59
    private int second;            // 0~59

    // Time 构造方法初始化实例变量为 0
    //确保 Time 对象从一个统一的状态起算
    public Time()
    {
        this(0,0,0);               //调用 3 个参数的 Time 构造函数
    }

    //Time 构造函数 1: 提供实例变量 hour 的值，minute 和 second 设默认值为 0
    public Time(int h)
    {
        this(h,0,0);               //调用 3 个参数的 Time 构造函数
    }

    //Time 构造函数 2: 提供 hour 和 minute ，second 被默认为 0
```

```java
public Time(int h,int m)
{
   this(h,m,0); //调用3个参数的Time构造函数
}
//Time 构造函数3: 提供hour、minute、second这3个参数
public Time(int h,int m,int s)
{
   setTime(h,m,s);
}
//Time 构造函数4: 参数为Time类的一个对象
 public Time(Time time)
  {
     //调用3个参数的Time构造函数
     this(time.getHour(),time.getMinute(),time.getSecond());
  }

//set 设置方法

public void setTime(int h,int m,int s)
{
   setHour(h);      // 设置hour的值
   setMinute(m);    // 设置minute的值
   setSecond(s);    // 设置second的值
}
//设置一个新的时间值, 检查后的无效数据置0
public void setHour(int h)
{
    hour=((h>=0&&h<24)? h:0);
}
public void setMinuter(int m)
{
    minute=((m>=0&&m<60)? m:0);
}
public void setSecond(int s)
{
  second=((s>=0&&s<60)? s:0);
}

 //get 方法
 //获取hour的值
public int getHour()
{
   return hour;
 }
//获取minute的值
 public int getMinute()
{
```

```java
        return minute;
    }

    //获取 second 的值
    public int getSecond()
    {
        return second;
    }

    // Convert to String in universal-time format
    public String toUniversalString()
    {
    DecimalFormat twoDigits = new DecimalFormat( "00" );

        return twoDigits.format( getHour() ) + ":" +
            twoDigits.format( getMinute() ) + ":" +
            twoDigits.format( getSecond() );
    }

    // Convert to String in standard-time format
    public String toStandardString()
    {
        DecimalFormat twoDigits = new DecimalFormat( "00" );

        return ( (getHour() == 12 || getHour() == 0) ? 12 : getHour() % 12 ) +
            ":" + twoDigits.format( getMinute() ) +
            ":" + twoDigits.format( getSecond() ) +
            ( getHour() < 12 ? " AM" : " PM" );
    }
}
```

假如以下代码段都位于测试 Time 类的测试程序的 main 方法中。

（1）如下代码段的输出结果是什么？

```java
Time t1=new Time(5);
System.out.println("The time is"+t1.toStandardString( ));
```

答案：

（2）如下代码段的输出结果是什么？

```java
Time t1=new Time(13,59,60);
System.out.println("The time is"+t1.toStandardString( ));
```

答案：

（3）如下代码段的输出结果是什么？

```
Time t1=new Time(0,30,0);
Time t2=new Time(t1);
System.out.println("The time is"+t2.toUniversalString( ));
```

答案:

5.5 static 变量及 static 方法

使用 static 修饰的成员变量称为类的<u>静态变量</u>，不把它视为实例对象的成员变量。静态变量是类所有，和实例变量的不同之处是静态变量直接通过类名引用。而实例变量只有在生成实例对象后才存在，才可以被引用。基于这样的事实，也把静态变量称为<u>类变量</u>，非静态变量称为实例变量。相应地，static 修饰的静态方法称为类方法，非静态方法称为实例方法。

5.5.1 static 变量

静态变量属于类的变量，而不属于任何一个类的具体对象。也就是说，对于该类的任何一个具体对象而言，静态变量是一个公共的存储单元，不保存在某个对象实例的内存空间中，而是保存在类的内存空间的公共存储单元中。换句话说，对于类的任何一个具体对象而言，静态变量是一个公共的存储单元，当任何一个类的对象访问它时，取得的都是相同的数值。同样，当任何一个类的对象去修改它时，也都是在对同一个内存单元进行操作。

静态变量使用格式有如下两种：

类名.静态变量名；

对象名.静态变量名；

其中，推荐使用"类名.静态变量名；"的形式，"对象名.静态变量名；"的形式语法也是正确的。

类中若含有静态变量，则静态变量必须独立于成员方法之外，就像其他高级语言在声明全局变量时必须在函数外一样。

【例 5.10】 将圆柱体类 Cylinder 中的变量 pi 和 num 设为共享的静态变量，求圆柱体的体积。

```
1    class Cylinder
2    {
3      private static int num=0;
4      private static double pi=3.14;
5      private double radius;
6      private int height;
7      public Cylinder(double r,int h)    //定义有两个参数的构造方法
8      {
9        radius=r;
10       height=h;
11       num++;
12     }
```

```java
13      public void count()
14      {
15       System.out.print("创建了"+num+"个对象:");
16      }
17       double area()
18       {
19        return pi*radius*radius;
20       }
21        double volume()
22         {
23          return area()*height;
24         }
25      }
26      public class StaticApp           //测试与应用
27      {
28         public static void main(String[]args)
29          {
30           Cylinder volu1=new Cylinder(3.5,7);
31           volu1.count();
32           System.out.println("圆柱1的体积="+volu1.volume());
33           Cylinder volu2=new Cylinder(2.0,3);
34            volu1.count();            //与使用volu2调用一样,因为num是全局静态变量
35             System.out.println("圆柱2的体积="+volu2.volume());
36          }
37      }
```

运行结果:

创建了1个对象:圆柱1的体积=269.255
创建了2个对象:圆柱2的体积=37.68

程序分析:第3行和第4行分别通过static定义了静态变量num和pi,意味着这两个变量是所有主类StaticApp中创建的对象的共享变量。因为计算不同圆柱体对象的体积都要用到pi,所以把pi设为static共享变量是很合理的。同时通过num变量统计Cylinder类创建对象的个数,各个对象之间要连续计算,所以将其设为共享变量是很灵巧的。每个对象的num变量均指向内存中的同一个地址。

第11行语句num++;是构造方法中的一行语句,在每次调用构造方法创建对象时,都会被调用一次,所以就达到了统计对象个数的作用。第13行的count方法是输出num的值,显示对象的个数。第17~20行计算圆柱体的底面积,第21~24行计算圆柱体的体积。通过主类中不同对象的调用,最终计算并输出圆柱体各个对象的体积。

由于静态变量是所有对象的公共存储空间,因此使用静态变量的另一个优点是可以节省大量的内存空间,尤其是在大量创建对象时。

5.5.2 static方法

与静态变量类似,用static修饰的方法是属于类的静态方法,又称类方法。静态方法实

质上是属于整个类的方法，而不加 static 修饰符的方法，是属于某个具体对象的方法，称为实例方法。实例方法不能用类名来调用，只能用对象名来调用。

调用静态方法的格式为：

  类名.静态方法名( );
  对象名.静态方法名( );

推荐使用"类名.静态方法名( );"的形式。

将一个方法声明为 static 静态方法有以下 3 重含义：

（1）非静态方法是属于某个对象的方法，在这个对象创建时，对象的方法在内存中拥有属于自己专用的代码段。而 static 方法是属于整个类的，它在内存中的代码段将被本类创建的所有对象共用，而不是被任何一个对象专用；

（2）由于 static 方法是属于整个类的，因此它不能操纵和处理某个对象的成员，而只能处理属于整个类的成员，也就是说 static 方法只能访问 static 成员变量或调用 static 成员方法。或者说，在静态方法中不能访问实例变量和实例方法；

（3）在静态方法中不能使用 this 或 super。因为它们都代表对象的概念，this 代表本类的对象，super 代表上层父类的概念。

【例 5.11】 修改例 5.10 中的程序，增加 static 方法。

```
1   class Cylinder
2   {
3     private static int num=0;
4     private static double pi=3.14;
5     private double radius;
6     private int height;
7     public Cylinder(double r,int h)
8     {
9       radius=r;
10      height=h;
11      num++;
12    }
13    public static void count()    //把 count 方法声明为 static 方法
14    {
15      System.out.println("创建了"+num+"个对象:");
16    }
17    double area()
18    {
19      return pi*radius*radius;
20    }
21    double volume()
22    {
23      return area()*height;
24    }
25  }
26  public class StaticApp2
27  {
```

```
28      public static void main(String[]args)
29      {
30        Cylinder.count();         //用类名调用static方法count，可以不用创建具体对象
31        Cylinder volu1=new Cylinder(3.5,7);
32        volu1.count();
33        System.out.println("圆柱1的体积="+volu1.volume());
34        Cylinder volu2=new Cylinder(2.0,3);
35        Cylinder.count();         //volu2调用也可以
36        System.out.println("圆柱2的体积="+volu2.volume());
37      }
38    }
```

运行结果：

```
创建了0个对象：
创建了1个对象：
圆柱1的体积=269.255
创建了2个对象：
圆柱2的体积=37.68
```

程序分析：在程序的第13行给count方法增加了static修饰符，对统计对象的静态变量num的值进行输出。程序最终通过创建对象、传递参数，计算出两个圆柱体对象的体积。

【例5.12】 静态变量和静态方法的使用。

```
1    class StaticDemo{
2       static int x;                     //定义静态变量x
3       int y;                            //定义实例变量y
4
5       static public int getX( ){        //定义静态方法getX
6         return x;
7       }
8       static public void setX(int newX ){  //定义静态方法setX
9         x=newX;
10      }
11     public int getY( ){                //定义实例方法getY
12      return y;
13      }
14     public void setY(int newY){        //定义实例方法setY
15       y=newY;
16      }
17    }
18
19    public class ShowDemo{
20     public static void main(String args[]){
21       System.out.println(" 静态变量x= "+StaticDemo.getX());   //静态方法的引用使
                                                                    用类名
22       //System.out.println("实例变量y="+StaticDemo.getY()); 非法，编译时将出错
```

```
23        StaticDemo a=new StaticDemo( );
24        StaticDemo b=new StaticDemo( );
25
26        a.setX(1);
27        a.setY(2);
28        b.setX(3);      //对象a 和b 中的x 共享同一个存储区域,在同一时刻x值是一样的
29        b.setY(4);      //对象a 和b 中变量y有着不同的存储区域,可以有不同的值
30
31        System.out.println("静态变量a.x="+a.getX());
32        System.out.println("实例变量a.y="+a.getY());
33        System.out.println("静态变量b.x="+b.getX());
34        System.out.println("实例变量b.y="+b.getY());
35    }
36 }
```

运行结果：

```
静态变量x=0
静态变量a.x=3
实例变量a.y=2
静态变量b.x=3
实例变量b.y=4
```

程序分析：在本例中，第 22 行语句 System.out.println("实例变量 y="+StaticDemo.getY());,若没有注释，则例 5.11 程序编译将出错，这是因为实例方法和实例变量只能在创建对象后使用对象，这样才能引用或调用。

从输出结果中可以得出如下结论：

（1）类的静态方法和静态变量可以通过类名直接引用。静态方法只能操作静态变量，不能访问实例变量；

（2）类的静态变量是共享变量，所有的实例对象指向的是同一个内存空间。例如，在本例程序中第 26 行先用 a.setX(1) 将 1 赋给 a.x，第 28 行使用实例对象 b.setX(3) 将 3 赋给 b.x 成员变量，因为它们使用的是同一个静态变量 x，所以在程序后面的输出语句中，a.getX( ) 和 b.getY( ) 输出的都是最新值 3；

（3）在实例化对象后，每个对象的实例变量的值各自独立，互不影响。例如，在本例程序中，第 27 行用 a.setY(2) 将 2 赋给 a.y，紧接着第 29 行用 b.setY(4) 将 4 赋给 b.y，由于它们操作的是实例变量，因此 a.getY( ) 和 b.getY( ) 的返回值依次为 2 和 4。

注意：利用 static 方法调用实例方法或访问实例变量属于语法错误。

5.6 对象初始化过程

前面学习了对象的创建和使用，下面介绍对象创建的具体过程，特别是当包含静态代码

和对象引用成员变量时，程序初始化的次序。

【例5.13】 对象初始化执行过程演示。

```java
class Animal{
    Bird b1=new Bird("HL");
    static Bird b2=new Bird("static HL");   //静态实例变量
    static{                                 //静态初始化器，静态代码块
        b2.feed();
    }
    public Animal()
    {
        System.out.println("Animal");
    }
    public Animal(String name)
    {
        System.out.println("Animal "+name+" 2");
    }
}
public class Insects extends Animal       //Insects类继承于Animal类
{
    public Insects(String name)           //Insects的有参构造方法
    {
        super(name);                      //调用父类Animal类的有参构造方法
        System.out.println("insects "+name+" 1");
    }
    public static void main(String[]args)
    {
        Insects a1=new Insects("ant");   //new运算符调用构造方法，创建Insects
                                         //的对象a1
        Insects a2=new Insects("ant2"); //new运算符调用构造方法，创建Insects
                                        //的对象a2
    }
}
class Bird{
    public Bird(String name)
    {
        System.out.println("Bird "+ name +" 3");
    }
    void feed()
    {
        System.out.println("feed()4");
    }
}
```

运行结果：

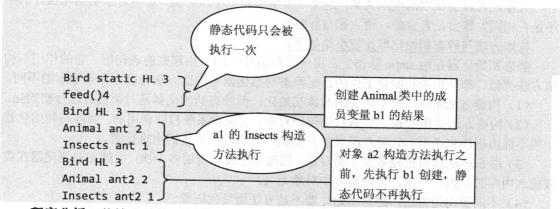

程序分析：从输出结构可以发现，创建主类 Insects 对象的过程为：首先执行的是源代码中父类 static 静态代码，包括 static 变量声明和被 static 修饰的代码块，而且对于这些静态代码只会被执行一次。从输出结果可以看出，虽然创建了两个 Insects 对象，但运行后得到一次结果如下：

```
Bird static HL 3
feed()4
```

其次是父类 Animal 中对象成员变量 b1 的创建，然后是类 Insects 的对象 a1 和 a2 构造方法的执行。

将例 5.13 程序弄清楚后，我们思考一个问题：在父类中我们定义的无参构造方法并没有被使用，那么我们能不能使用呢？如果我们将子类的程序稍加修改为：

```
public class Insects extends Animal    //Insects 类继承 Animal 类
{
    public static void main(String[]args)
    {
      Insects a1=new Insects( );    //new 运算符调用构造方法，创建 Insects 类的对象 a1
    }
}
```

注：其他代码与例 5.13 一样。

那么运行结果为：

```
Bird static HL 3
feed()4
Bird HL 3
Animal
```

从结果可以看出，子类 Insects 不仅拥有父类的属性和成员方法，而且由于它没有定义自己的构造方法，而父类 Animal 有无参数的构造方法，因此子类 Insects 也默认拥有一个无参数的构造方法。在创建 Insects 对象时，同样先执行 static 代码，然后执行成员变量的创建和继承父类的无参数的构造方法。

大家还可以尝试取消继承关系,定义一个主类和一个服务类,思考对象初始化执行的顺序是否相同?答案是肯定的,请大家自行尝试。

<u>构造方法与静态初始化器比较小结如下。</u>

静态初始化器是由 static 修饰的,由一对花括号"{}"括起来的语句组。它的作用与构造方法类似,都是用来初始化工作的,但静态初始化器与构造方法有以下 4 点根本的不同。

(1)构造方法是对每个新创建的对象初始化;而静态初始化器是对类自身进行初始化。

(2)构造方法是在用 new 运算符创建新对象,它是由系统自动调用的;而静态初始化器一般不能由程序来调用,它是在所属的类被载入内存时由系统调用执行的。

(3)用 new 运算符创建多少个新对象,构造方法就被调用多少次;但静态初始化器在类被载入内存时只执行一次,与创建多少对象无关。

(4)不同于构造方法,静态初始化器不是方法而是代码段。

5.7 成员方法

5.7.1 方法调用与参数传递方式

1. 方法调用

方法调用就是用实际参数向形式参数传递数据,把程序流程转移到被调用方法的入口处。一个对象和外部交换信息主要靠方法的参数传递。在方法定义时,声明的参数列表是形参,重在说明参数的类型。<u>在方法调用时,提供的参数是实参,实参与形参在个数、顺序和类型上要保持一致</u>,若实际参数与形式参数的类型不一致,则应符合类型转换规则。方法调用的结果就是被调用方法的执行结果,调用对象中的成员方法也称向对象发送消息。对象名、成员方法名和实际参数列表构成了消息的基本要素。参数可以分为基本类型的参数和地址引用型参数。

Java 语言的参数传递和其他程序设计语言类似,分为以下两种:

(1)基本数据类型的参数传递——传值调用;

(2)引用类型的参数传递——传地址引用调用。

当方法的参数是类类型时,方法的实参字面上是一个对象名,实际是对象的引用,这就是对象等引用作为方法参数的情形。在<u>基本数据类型</u>的变量作为方法参数的情形下,进行方法调用时的语义动作,是将实参的一个拷贝值传递给方法相应的形参,称为<u>传值调用</u>。在传值调用时,无论方法体对形参如何操作,在方法执行结束后,实参本身的原值不受影响,通常称为参数传递的"单向性";而在对象/数组引用作为方法参数的情形下,参数传递以"传址"赋值的方式进行,在方法调用时,是将对象/数组的内存地址引用传递给形参,形参和实参共同指向相同内存地址引用,对形参的修改就是对实参的修改,常常称为参数传递的"双向性"。

2. 方法调用的形式

调用对象成员方法的一般形式为:<u>对象名.方法名([实际参数列表])</u>;,静态方法属于类方法,调用的一般形式为:<u>类名.方法名([实际参数列表])</u>;。

【例 5.14】 定义一个类 ValueTransfer，在类中定义 3 个接受不同参数类型的 modify 方法，参数分别为基本的整型 int、引用类型的数组和引用类型的对象。

```
1   class ValueTransfer{
2     void modify(int i){i++;}                    //方法参数为普通变量i
3     void modify(int[] arr){                     //参数为数组地址引用类型
4       for(int i=0;i<arr.length;i++)  arr[i]=1;
5     }
6
7     void modify(SimpleClass s){ s.field=1;}     //参数为对象地址引用类型
8
9     public static void main(String[] args){
10      ValueTransfer v=new ValueTransfer( );     //创建对象
11
12      int i=0;
13      v.modify(int i);                          //普通类型方法调用
14      System.out.println("i="+ i);              //方法调用结束之后，i的值还是原值0
15
16
17      int[] intArr=new int[1];                  //创建一个元素的数组
18      intArr[0]=100;
19      v.modify(intArr);                         //引用调用
20      System.out.println("intArr[0]=" + intArr[0]);//该元素值方法调用结束，值为1
21
22
23      SimpleClass s=new SimpleClass( );
24      v.modify(s);
25      System.out.println("s.field= " +s.field); //同理，该处对象属性值修改为1
26    }
27  }
28
29  class SimpleClass{                            //服务类定义
30    int field;                                  //此处field默认值为0
31  }
```

运行结果：

```
i=0
intArr[0]=1
s.field= 1
```

程序分析：第 2 行语句实现参数变量值加 1，第 4 行语句实现把参数数组每个元素的值都设为 1，第 7 行语句实现把 SimpleClass 服务类的对象的成员变量 field 值赋值为 1。在 main 方法中，分别调用了 3 个不同参数类型的重载方法。在 main 方法中，第 12 行语句声明 int 变量 i，赋初值为 0，第 13 行语句把 i 作为普通类型参数调用 modify(int i)方法，第 14 行语句输出 i 的值，这里参数是基本数据类型的整型，modify 方法主体的 i++操作的实际是变量 i

的拷贝值,而不是针对内存中变量 i 本身进行操作,因此方法执行结束后,变量 i 的初值没有改变,仍为 0。这样体现传值调用的有限性和单向性。

第 17 行语句声明数组变量 intArr,在创建数组后给第一个元素赋初值 100,将数组引用变量 intArr 作为参数调用 modify(int Arr)方法。由于数组是引用数据类型变量,因此 intArr 引用实际值是数组在内存中的首地址,方法主体操作的就是这个地址指向的数组元素,故 intArr[0]的值修改为 1。这样的参数传递,一般称为传地址调用。

同理,对象引用也是传地址的调用,第 7 行语句的方法主体对对象 s 的成员变量 s.field 的值就修改为 1。

【例 5.15】 参数传递应用——数组作为参数传递。

```
class methodDemo
{
    float findMax(float arr[])        //形式参数 arr[]是数组
    {
        int i;
        float temp;
        temp=arr[0];
        for(i=1;i<arr.length;i++)
        if(arr[i]>temp) temp=arr[i];   //求最大值
return temp;
}
}

public class MethodCallDemo
{
    public static void main(String args[])
    {
        float max;
        float x[]={1, 2, 3, 4, 5};     //数值带小数点就要在数组后加 f 表示单精度,
                                       //这里类型会转换
        methodDemo y=new methodDemo();
        max=y.findMax(x);              //实参 x 是数组,数组调用的返回值为 5.0
        System.out.println(max);
    }
}
```

运行结果:

```
C:\Java-code>java MethodCallDemo
5.0
```

程序分析:在 Java 中,数组是作为对象来处理的。本例中,对类 MethodCallDemo 的 findMax 方法进行调用,findMax 方法的参数是数组。方法 findMax 的功能是找到数组 arr 的最大值并返回;调用语句 y.findMax(x) 将数组的应用传送给形参 arr。

【例 5.16】 参数传递应用——对象作为方法的参数。

编写一个直角坐标系平移的程序,设点在平移前 Q' 的坐标为 (x',y'),平移后的点 Q 的坐标为 (x,y),直角坐标系平移可以用如下关系描述:

$$\begin{cases} x = x' + h \\ y = y' + k \end{cases}$$

程序代码如下:

```
class Spot{                              //建立第一个类 Spot
  private int x,y;                       //建立私有成员变量 x, y
  Spot(int u,int v){ x=u; y=v;}          //构造方法初始化类的变量 x, y
  void setX(int x1){x=x1;}               //修改成员变量 x
  void setY(int y1){y=y1;}               //修改成员变量 y
  int getX(){return x;}                  //读取成员变量 x
  int getY(){return y;}                  //读取成员变量 y
}

class Trans{   //建立第二个类 Trans
  void move(Spot p,int h,int k){         //对象 p 作为函数的形参
    p.setX(p.getX()+h);                  //getX 读取对象 p 的 x 值
    p.setY(p.getY()+k);                  //getY 读取对象 p 的 y 值
  }
}

class MethodCall1{                       //建立主类 MethodCall1
  public static void main(String[] args){
    Spot Q=new Spot(3,2);                //创建对象 Q 并初始化其变量
    System.out.println("Q点的坐标: "+Q.getX()+","+Q.getY());
    Trans ts=new Trans();                //创建对象 ts
    ts.move(Q,5,4);                      //建立用对象 Q 作为实参之一的函数调用
    System.out.println("移动后的坐标: "+Q.getX()+","+Q.getY());
  }
}
```

运行结果:

```
Q点的坐标: 3, 2
移动后的坐标: 8, 6
```

程序分析:把对象设为方法 move 的参数,用来修改 Q 对象的成员变量 x 和 y。学习把成员变量设计为私有成员变量,提高程序的封装性和安全性。

实训 2 绘制方法调用内存流程图

求数组元素最小值,绘制方法执行过程内存变化流程图。

```
class ArrayPass{
```

```java
  public   int searchMin(double[] number)    /*方法还没有工作。使用方括号表示
number 是一个数组,方括号也可放参数后边*/
    {
       int indexOfMin=0;
       for(int i=1;i<number.length;i++){
         if(number[i]<number[indexOfMin])   //寻找较小的元素
            indexOfMin=i;
       }
       return indexOfMin;
    }
}

public class ArrayPassTest{
  public static void main(String args[]){
  ArrayPass a=new ArrayPass();
  double [] arrayOne={3.3,7.5,9.2,10.3,19.3};
  int minOne=a.searchMin(arrayOne);//通过引用调用,得到数组中最小值的索引下标值
  System.out.println("数组 arrayOne 的最小值是"+arrayOne[minOne]);
   }
}
```

方法执行流程图及说明如图 5.10 和图 5.11 所示。

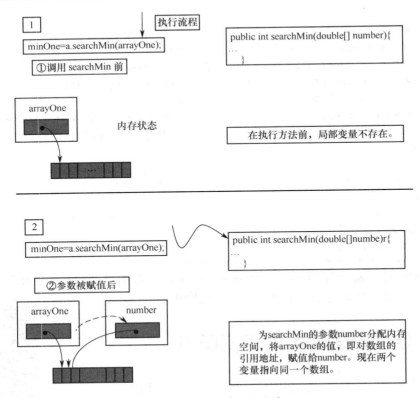

图 5.10 方法传递数组的过程

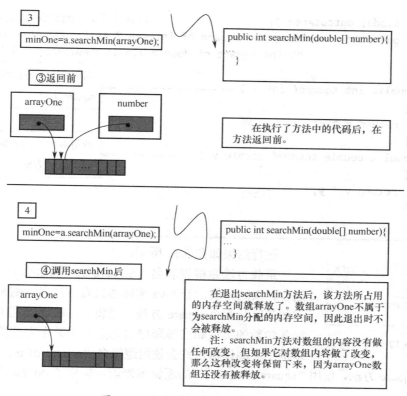

图 5.11 方法调用过程中内存变化状态

5.7.2 方法重载

Java 可以在一个类中定义几个同名的方法,只要这些方法具有不同的参数集合(参数的个数、类型和次序),这称为方法重载(Method Overload)。当调用一个重载的方法时,Java 编译器通过检查调用语句中参数的个数、类型及次序就可以选择匹配的方法。方法重载一般用作创建对不同类型的数据进行的类似操作。重载执行密切相关的任务,可以使程序更易于理解。

> **注意**:以相同的参数和不同的返回值类型来重载方法会产生语法错误。方法不能以返回值类型来区分重载方法,可以有相同的返回值类型,但一定要有不同的参数表。

【例 5.17】 利用重载的方法 square 计算一个整型数和一个双精度数的平方。

```
1    //文件名:MethodOverload.java
2    //方法重载的使用
3    import java.awt.Container;
4    import javax.swing.*;
5    public class MethodOverload extends JApplet {    //定义类 MethodOverload
6      public void init()
7      {
8        JTextArea  outputArea=new JTextArea( 2, 20 ); //创建组件对象 outputArea
9        Container c=getContentPane();                  //创建一个容器对象 c
```

```
10          c.add( outputArea );                    //组件对象outputArea放入容器c中
11          outputArea.setText("The square of integer 7 is "+square( 7 )+
12                     "\nThe square of double 7.5 is "+square( 7.5 ) );
13        }
14        public int square( int x )          ⎯⎯⎯  调用参数为 int 类型的 square 方法
15        {
16          return x * x;
17        }
18        public double square( double y )    ⎯⎯⎯  调用参数为 double 类型的 square 方法
19        {
20          return y * y;
21        }
22      }
```

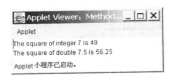

图 5.12 例 5.17 的运行结果

运行结果如图 5.12 所示。

重载方法是根据署名（Signature，方法名及其参数类型的组合）来区分的。若 Java 编译器只看方法名，则编译器将不知该如何区分两个 square 方法。逻辑上，编译器利用方法名、方法各参数的类型和准确顺序来确定类中某个方法的唯一性。在本例中，编译器也许会使用逻辑名"square of int"来表示指定 int 参数的 square 方法，使用"square of double"的逻辑名来表示指定了 double 参数的 square 方法。

再比如，若方法 fa 的定义首行方法头如下：

```
                void fa(int a,float b)
```

则编译器也许会使用逻辑名"fa of int and float"来表示它。若参数定义成：

```
                void fa(float a, int b)
```

则编译器也许会使用逻辑名"fa of float and int"来表示它。注意：参数的顺序对编译器来说很重要。

【例 5.18】 方法重载的应用。

```
        class OverLoadDemo{
            void overload( ){                    //无参的重载方法
              System.out.println("第一次重载！");
            }
            void overload(String str)            //一个参数的重载方法
            {
              System.out.println("第二次重载！"+str);
            }
            void overload(String str1,String str2)   //两个参数的重载方法
            {
```

```
        System.out.println("第三次重载: "+str1+str2);
    }
    public static void main(String args[])
    {
      OverLoadDemo strdemo=new OverLoadDemo();
       //重载方法的三次调用
      strdemo.overload();
      strdemo.overload("Java");
      strdemo.overload("Love","China");
    }
}
```

运行结果：

```
第一次重载!
第二次重载: Java
第三次重载: Love China
```

5.7.3　final 最终方法和 abstract 抽象方法

1．final 最终方法

在方法被声明为最终方法后，将不能被子类覆盖，即最终方法 final 能被子类方法继承和使用，但不能在子类中修改或重新定义它。这种修饰可以保护一些重要的方法不被修改，尤其是那些对类的状态和行为有关键作用的方法，被保护后，可以避免未知情况的发生。

在 OOP 中，子类可以把父类的方法重新定义，使其具有新功能但又和父类的方法同名、同参数、同返回值，这种情况称为方法覆盖（Override）。

2．abstract 抽象方法

所谓抽象方法是指没有方法体，即没有实现的方法，含有抽象方法的类称为抽象类。后绪章节将详细讲解。

5.8　复杂程序解决方案和方法

随着要求编程解决的问题复杂程度的增加，面向对象程序设计应运而生。面向对象程序设计方法首先是使用"分而治之"的方法，使得程序的开发更好管理；其次，利用程序的重用性，可以将已有的程序作为构件创建新的程序，提高程序的可靠性，提高软件开发的效率。

1．类的方法成员

Java 是纯面向对象程序设计语言，方法是类的成员之一。类的方法和 C 语言的函数十分相似，但方法的定义和调用都遵循面向对象的规则。

方法的定义分为方法声明部分和方法体两部分。方法声明是方法调用的协议，它给出方

法控制访问的权限、方法返回数据的类型、方法名和方法的形参表等信息；方法体是实现该方法功能的程序段，若方法的返回类型不是 void，则方法体中必须包含"return 表达式;"语句。方法声明的最后加英文分号";"构成的语句，称为方法的原型，它代表该方法无实现部分，只是一个方法的协议。

2. 方法的调用

按方法的定义可将方法分为：实例方法、静态（类）方法和主类方法。

实例方法是类的成员方法，必须在实例化后才能调用，并由类的实例（对象）冠名调用，这个过程称给对象发消息。实例方法能对该类中的实例变量进行操作，也可以对类变量进行操作。

Java 应用程序主类的方法 main 用 static 声明，而程序文件名与主类的类名一致，由于静态方法无须用特定的对象操作，因此可以被 Java 解释器执行，而无须将主类实例化。静态方法只能引用静态的变量成员，不能引用实例变量成员，否则编译出错。因此方法 main 也只能访问静态的成员变量或在方法 main 中定义局部变量、调用静态成员。

3. 结构化程序设计解决方案

在结构化程序设计（Structured Programming，SP）中，对复杂问题求解采用"分而治之"，功能模块分解的方法。即将应用程序分解为一系列功能相对独立的模块，主程序调用处理模块解决复杂问题。C 语言采用函数作为模块设计工具，而 Java 采用方法作为模块设计工具。

Java 是纯面向对象程序设计语言，但 Java 也可以将应用程序主类分解成一系列静态方法组成的模块，由方法 main 调用处理模块解决问题。这种解决方案提高了程序的可读性和可靠性。该方案的缺点是模块不能被其他程序共享，处理模块只局限于本应用。另外，由于方法 main 为静态方法，因此只有静态方法组成的模块才允许被方法 main 调用，否则编译出错。

【例 5.19】 求两个正整数的最大公约数，演示结构化程序设计解决方案。

```java
class LoopTest5
{public static void main(String args[])
   {int a=48,b=27,g;
        g=result(a,b);
        if(g==-1)System.out.println(""+a+"和"+b+"无最大公约数!");
        else     System.out.println(""+a+"和"+b+"的最大公约数为: "+g);
    }
    static int result(int a,int b)      //辗转相除求最大公约数模块
    {   int u,v,r;
        u=a; v=b; r=u%v;
        while(r!=0)
        {   System.out.println(" u="+u+",v="+v+",r="+r);
            u=v;    v=r; r=u%v;
        }
        if(v==1) return-1;
        else        return v;
    }
}
```

运行结果：

```
u=48, v=27, r=21
u=27, v=21, r=6
u=21, v=6, r=3
48 和 27 的最大公约数为：3
```

在本例中，方法 main 与 result 都是应用程序主类的静态方法，方法 result 是实现辗转相除法求最大公约数的功能模块，方法 main 调用方法 result 完成应用程序的任务。

【例 5.20】 已知将 a 与 b 定义为应用程序主类的变量成员，改写例 5.19，并演示方法重载。

```java
class LoopTest53
{   static protected int a,b;        //必须是 static 成员
    public static void main(String args[])
    {   a=18;b=27;
        int k=0,g;
        g=result(); System.out.print("调用 result() 结果: ");
        if(g==-1)   System.out.println(a+"和"+b+"无最大公约数!");
        else        System.out.println(a+"和"+b+"的最大公约数为: "+g);
        g=result(k); System.out.print("调用 result(k)结果: ");
        if(g==-1)   System.out.println(a+"和"+b+"无最大公约数!");
        else        System.out.println(a+"和"+b+"的最大公约数为: "+g);
    }
    static int result(int k)
    {   if(a>b)     {   int temp=a; a=b; b=temp; }
        for(k=a;k>=2;k--)
            if(a%k==0 && b%k==0) return k;
        return -1;
    }
    static int result()
    {   int u,v,r;
        u=a; v=b;
        r=u%v;
        while(r!=0)
        {   u=v; v=r; r=u%v;        }
        if(v==1) return-1;
        else        return v;
    }
}
```

运行结果：

```
调用 result() 结果: 17 和 27 无最大公约数!
调用 result(k)结果: 17 和 27 无最大公约数!
```

在本例中，将 a、b 两个整数作为主类的变量成员定义，a、b 可视为应用程序的全程变

量，在主类的所有方法中有效，因此在方法 result 中使用，无须用参数传递。本例有两个同名 result 的成员方法，在方法 main 中依赖有无参数指明不同的调用，得出相同的结果。若企图在同一个类中定义多个同名和相同形参表的成员方法，则将导致编译出错。

4．内部类（Internal Class）解决方案

在类中定义的类称内部类或称被包含类，当内部类与包含类处于同一个程序文件中时，它能共享包含类的成员，结构清晰、紧凑。若包含类是应用程序的主类，则内部类必须是静态（Static）类；否则编译出错。

将例 5.21 用内部静态类改写为例 5.19，类必须用 new 操作符实例化，方法 main 通过给实例对象发消息的方法来调用内部类的方法成员，得出相同的运行结果。

【例 5.21】 演示内部静态类共享包含类的变量成员。

```
class LoopTest5nc
{   static int a=48,b=27;
    public static void main(String args[])
    {   Zdgys s=new Zdgys();
        System.out.println(" "+a+"和"+b+"的最大公约数为:"+s.result());
    }
    static class Zdgys
    {   public int result()
        {   int u,v,r;
            u=a;    v=b;    r=u%v;
            while(r!=0)
            {   u=v;    v=r;    r=u%v;    }
            return v;
        }
    }
}
```

运行结果：

48 和 27 的最大公约数为:3

5．外部类解决方案

【例 5.22】 演示独立的外部服务类解决方案。

设计外部类 RResult 为主类 LoopTest5c 服务的解决方案。该方案因为外部类 RRresult 和主类 LoopTest5c 同在一个程序文件中，所以外部类仍然不便被重用。为使用户定义的类能被重用，需要解决两个问题：一是必须为服务类 RRresult 建成独立的程序文件；二是外部类的独立程序文件只有被 java 的运行环境确认（置于系统 classpath 中）才能被共享、重用。

```
class RResult                         //求两个整数的最大公约数的外部服务类
{   private int a,b;
    public RResult()              {   set(0,0);       }
    public RResult(int m,int n)   {   set(m,n);       }
```

```
            private void set(int m,int n) {    a=m; b=n;                }
            public int geta()                  {    return a;             }
            public int getb()                  {    return b;             }
            public int getg()
            {    int u,v,r;
                 u=a; v=b; r=u%v;
                 while(r!=0)
                 {    u=v;       v=r;       r=u%v;}
                 return v;
            }
            public void gDisplay()
            {    System.out.println(" "+a+"和"+b+"的最大公约数为:"+getg());}
}
public class LoopTest5c        //应用程序主类
{    public static void main(String args[])
     {    RResult x=new RResult(48,27);       //服务类RResult实例化x
          RResult y=new RResult(48,28);       //服务类RResult实例化y
          x.getg();    x.gDisplay();          //给实例x发消息
          y.getg();    y.gDisplay();          //给实例y发消息
     }
}
```

运行结果:

48 和 27 的最大公约数为: 3
48 和 28 的最大公约数为: 4

5.9 案例实现

1. 问题回顾

利用面向对象的封装性，定义成员变量和相关方法，设计学生类和借书卡类。

视频

2. 代码实现

```
1      class Student{
2         //数据成员
3         private String name;
4         private String email;
5
6         //定义构造方法
7         public Student(){
8            name="Unassigned";
9            email="Unassigned";
10        }
```

```
11
12       //返回学生的E-mail
13       public String getEmail(){
14         return email;
15       }
16
17       //返回学生的姓名
18       public String getName(){
19         return name;
20       }
21
22       //给出学生的E-mail
23       public void setEmail(String address){
24         email=address;
25       }
26
27       //给出学生的姓名
28       public void setName(String studentName){
29         name=studentName;
30       }
31     }
32
33     class LibraryCard{
34       //定义数据成员
35       private Student owner;   //谁的借书卡
36       private int borrowCnt;   //已借出的书的数量
37
38       //定义构造方法
39       public LibraryCard(){
40         owner=null;
41         borrowCnt=0;
42       }
43
44       //登记借出的书的数量
45       public void checkOut(int numOfBooks){
46         borrowCnt=borrowCnt+numOfBooks;
47       }
48
49       //返回已经借出的书的数量
50       public int getNumberOfBooks(){
51         return borrowCnt;
52       }
53
54       //返回这张卡的主人的名字
55       public String getOwnerName(){
56         return owner.getName();
57       }
```

```
58
59            //设置学生借书卡的学生名字
60            public void setOwner(Student stu){
61              owner=stu;
62            }
63
64            //返回借书卡包含的信息
65            public String toString(){
66              return "Owner Name:"+owner.getName()+"\n"+
67                  "Email:"+owner.getEmail()+"\n"+
68                  "Books Borrowed: "+borrowCnt;
69            }
70          }
71
72
73          public class Librarian{
74            public static void main(String[] args){
75              Student student;
76              LibraryCard card;
77              student=new Student();
78              student.setName("夏明升");
79              student.setEmail("xms@163.com");
80
81              card=new LibraryCard();
82              card.setOwner(student);
83              card.checkOut(9);
84
85              System.out.println("Card Info:");
86              System.out.println(card.toString()+"\n");
87            }
88          }
```

程序分析：在第 40 行的借书卡构造方法中，把数据成员 owner 初始化为空（null），null 的意思是不指向任何对象。第 60~62 行定义方法 setOwner，给 owner 属性赋一个对象 Student，该方法接收对象 Student 作为参数，最终使对象 owner 指向对象 Student。第 65~69 行用到的方法 toString 是一个系统提供的方法，返回表示一个对象的可打印的字符串信息，这是因为对象可以具有嵌套的结构，如某个对象的一个数据成员指向另一个类的实例等。有了 toString 这个方法，直接调用某个对象就可以得到想要显示的信息；否则程序设计人员还需要自己编写代码来获取这些信息。

注意：第 82 行语句 card.setOwner(student);将对象传递给方法，传递的是对象的引用，而并不是对象的拷贝。

在该程序中还可以定义学生更多的信息，如学号等。为了显示更多图书信息，也可以定义一个图书类，这里不再展开。

3. 运行结果

该程序运行结果如图 5.13 所示。

图 5.13 运行结果

习题 5

1. 选择题

(1) 下列说法中哪个是正确的？
    A. 不需定义类，就能创建对象
    B. 属性可以是简单变量，也可以是一个对象
    C. 属性必须是简单变量
    D. 对象中必有属性和方法

(2) 下列说法中哪个是正确的？
    A. 一个源文件中可以有一个以上的公共类
    B. 一个源文件只能供一个程序使用
    C. 一个源文件只能有一个方法
    D. 一个程序可以包含多个源文件

(3) 构造函数何时被调用？
    A. 类定义时
    B. 使用对象的属性时
    C. 使用对象的方法时
    D. 对象被创建时

(4) 被声明为 private、protected 及 public 的类成员，对于在类的外部，以下说法中哪个是正确的？
    A. 都不能访问
    B. 都可以访问
    C. 只能访问声明为 public 的成员
    D. 只能访问声明为 protected 和 public 的成员

(5) 下列说法中哪个是正确的？
    A. 子类不能定义和父类同名同参数的方法
    B. 子类只能重载父类的方法，而不能覆盖
    C. 重载就是一个类中有多个同名但有不同形参和方法体的方法
    D. 子类只能覆盖父类的方法，而不能重载

(6) 下列关于继承的说法中哪个是正确的？
    A. 子类只继承父类的 public 方法和属性
    B. 子类继承父类的非私有属性和方法
    C. 子类只继承父类的方法，而不继承父类的属性
    D. 子类将继承父类的所有属性和方法

(7) 下列关于抽象类的说法中哪个是正确的？
    A. 若某个抽象类的父类是抽象类，则这个子类必须重写父类的所有抽象方法

B. 抽象类不可以被继承
C. 抽象类不能用 new 运算符创建对象
D. 抽象类中不可以有非抽象方法

（8）下列说法中哪个是正确的？
A. 在一个类中引用其他自定义类，必须将两个类定义放在一个.java 文件中
B. 要引用同目录下的其他.class 文件，必须在 classpath 变量中设置该路径
C. 引用不同目录下的类，只要在 classpath 变量中设置好该路径即可
D. 只要.class 文件放在同一目录下，引用其他类就不需要做任何说明

2. 判断题
（1）方法的形参只能是简单变量。
（2）同一个类的对象使用不同的内存段，但静态成员共享相同的内存空间。
（3）抽象类中的抽象方法必须在该类的子类中具体实现。
（4）最终类不能派生子类，最终方法不能被覆盖。
（5）引用一个类的一般属性或调用其一般方法时，必须以这个类的对象为前缀。

3. 根据提示，将程序补充完整。

```
public class AppArgs
{
   public static void main(String[] args)
   {
      int[] a={8,3,7,88,9,23};
      _____(1)_____              //定义一个LeastNumb类的对象
      _____(2)_____              //将一维数组 a 传入 least()方法
   }
}
   class LeastNumb
   {
      public void least(int[] array)
      {
         int temp=array[ 0 ];
         for(int i=1;i< _____(3)_____ ; i++)//使用 length 求数组长度
            if(temp>array[i])
               _____(4)_____           //较小的值赋给临时变量 temp
               _____(5)_____           //输出最小值
      }
   }
```

4. 测试下面程序，分析传递整个数组和传递一个数组元素的区别。

```
import java.awt.Container;
import javax.swing.*;
public class PassArray extends JApplet
{
   JTextArea outputArea;
   String output;
```

```java
      public void init()
      {
        outputArea=new JTextArea();
        Container c=getContentPane();
        c.add(outputArea);
        int a[]={1,2,3,4,5};
        output="Effects of passing entire"+"array call-by-reference:\n"+"The values of the original array are:\n";
        for(int i=0;i<a.length;i++)
        output+=" "+a[i];
        modifyArray(a);           //实参a是引用型的数组形式,通过该方法修改数组元素
        output+="\n\nThe values of the modified array are:\n";   //斜杠n表示转移字符的换行
        for(int i=0;i<a.length;i++)
        output+=" "+a[i];
        output+="\n\nEffects fo passing array"+"element call-by-value:\n"+"a[3] before modifyElement:"+a[3];
        modifyElement(a[3]);   //实参a[3]是普通的传值方式,调用的结果a[3]还是原来的值
        output+="\na[3] after modifyElement:"+a[3];
        outputArea.setText(output);
      }
    public void modifyArray(int b[])
    {
        for(int j=0;j<b.length;j++)
        b[j]*=2;
    }
    public void modifyElement(int e)
    {
        e*=2;                     //传值方式修改后的值只保留在方法参数的局部变量中
    }
}
```

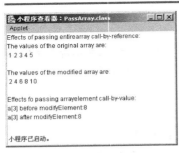

图 5.14 第 4 题的行结果

该程序的运行结果如图 5.14 所示。

5. 编写一个程序来定义一个学生类 Student，包括成员变量"学号""班级""姓名""性别""年龄"，以及成员方法"获得学号""获得班号""获得性别""获得姓名""获得年龄""修改年龄"。

6. 有时需要把 static 和 final 连起来使用，达到定义常量的目的。分析并判断下面程序中涉及 final 变量的加波浪线语句的正误，并说明理由。

```java
class FinalExample{
    static final int i=1;
    static final int j;
    public static final int TOTAL=10;
```

```
    public static void main(String[] args){
      FinalExample example=new FinalExample(1);
      example.i=10;
      example.j=1;
    }
  }
```

7. 在第 4 题的基础上编写 Java Application 主类测试程序并创建 Student 类的对象。

8. 简述构造方法的功能和特点。下面程序段是某位学生为 Student 类编写的构造函数，指出其中的错误。

```
  void Student(int sno, String sname)
  {
    studentNo=sno;
    studentName=aname;
    return sno;
  }
```

9. 设计并测试一个表示图书的 Book 类，它包含图书的书名、作者、月销售量等属性，另外还有两个构造方法（一个不带参数，另一个带参数）和两个成员方法 setBook()（用于输出书名、作者、月销售量等数据）。

问题探究 5

1.在源文件 Test.java 中，判断下面哪个类的定义代码是正确的。

A）
```
  public class test{
    public int x=0;
    public test(int x){
      this.x=x;
    }
  }
```

B）
```
  public class Test{
    public int x=0;
    public Test(int x){
      this.x=x;
    }
  }
```

C）
```
  public class Test extends T1,T2{
    public int x=0;
    public Test(int x){
      this.x=x;
    }
  }
```

D）
```
  public class Test extends T1
    public int x=0;
    public Test(int x){
      this.x=x;
    }
  }
```

E）
```
  protected class Test extends T2{
    public int x=0;
    public Test(int x){
      this.x=x;
    }
```

}

2. 指出以下代码中的错误，并讨论成员变量和局部变量的区别。

（1）
```
class A{
  int x;
  int f(){
    int a=5;
    x=a;
  }
  int g(){
    int y;
    y=a;
  }
}
```

（2）
```
class Tom{
  int x=98, y;
  void f()
  { int x=3;
    y=x;
  }
}
```

3. 指出以下代码中的错误，并讨论变量的作用域和生命周期。

```
class ValueUse{
static int i;                                   //取消 static 行吗
public static void main(String args[])          //取消 static 行吗
{
int j;
…
{
int k=10;
}
System.out.println("i="+i+"j="+j+"k="+k);
}
}
```

4. 为以下程序补充完整代码。

```
public class StringA{
  public static void main(String[] args){
  String str1="Hello";
  String str2="Hello";
  String str3=new String("Hello");
  String str4=new String("Hello");
  System.out.println("运算符==");
  <代码1>  /*用运算符 "==" 比较 tr1 和 str2，若相等，则显示 "tr1 和 str2 相等"；否则
            显示 "tr1 和 str2 不相等" */
  <代码2>  /*用运算符 "==" 比较 tr3 和 str4，若相等，则显示 "tr3 和 str4 相等"；否则
            显示 "tr3 和 str4 不相等" */
  <代码3>  /*用运算符 "==" 比较 tr2 和 str3，若相等，则显示 "tr2 和 str3 相等"；否则
            显示 "tr2 和 str3 不相等" */
  System.out.println("equals 方法");
  <代码4>  /*用 equals 方法比较 tr1 和 str2，若相等，则显示 "tr1 和 str2 相等"；否则
            显示 "tr1 和 str2 不相等" */
```

<代码5>　/*用 equals 方法比较 tr3 和 str4，若相等，则显示"tr3 和 str4 相等"；否则显示"tr3 和 str4 不相等"*/

<代码6>　/*用 equals 方法比较 tr2 和 str3，若相等，则显示"tr2 和 str3 相等"；否则显示"tr2 和 str3 不相等"*/
　　　}
　}

5. 查阅资料了解静态初始化器，并与构造方法进行比较。
6. 分析下面程序的运行结果并进行讨论，进一步熟悉静态变量的概念。

```
class A{ static int data_a=3; }
class B extends A { static int data_a=5; }
class C extends B{
  void print_out(){
    System.out.println("data_a="+data_a);
    System.out.println("A.data_a="+A.data_a);
    System.out.println("B.data_a="+B.data_a);
  }
}
class demo{
  public static void main(String args[]){
    C c=new C();   c.print_out();
  }
}
```

7. 使用 OOP 概念对图书馆的书籍借阅情况进行 OOA 分析，正确整理书籍类和学生类应具有的数据和方法，写出描述文档。
8. 通过从冰箱中取出杯牛奶的过程描述，说明面向过程和面向对象的区别。

第 6 章 类的继承和接口

继承是面向对象程序设计的重要特征，用来实现代码的复用。接口是常量和抽象方法的集合，利用接口可以设计没有具体实现的类。接口虽然与抽象类相似，但它具有多继承能力。Java 语言规定一个子类只能从一个父类中派生，但一个类可以实现一个或多个接口。

本章主要内容
- 类的继承
- 接口

【案例分析】

继承及多态在工资系统中的应用。公司中不同的员工有不同的工资计算方法，抽象所有员工的属性，定义一个员工 Employee 超类，超类的子类有 Boss 和 PieceWorker。Boss 子类（老板）每星期发放固定工资，而不记他们的工作小时数；PieceWorker（计件工人）按其产生的产品数发放工资。Employee 的每个子类都声明为 final，这是因为不需要再继承它们生成子类。

这里，要利用抽象类、继承及多态完成工资计算的程序。为了完成这个程序的开发，先从基础概念学起，最终完成工资计算系统。

6.1 类的继承

继承体现了客观世界中事物层层分类的层次关系，理解继承有助于我们描述客观事物，进而理解 Java 的多态特性。

6.1.1 继承的概念

继承是软件复用的一种形式，是面向对象程序设计（OOP）的关键技术之一。软件复用可缩短软件开发的时间，复用那些已证实并经过调试的高质量的软件，可以提高系统性能，减少系统在使用过程中出现的问题。

现在看一个简单的具有继承层次结构的例子。在一所大学里，有员工和学生，员工包括行政人员和教师；学生包括专科生、本科生或研究生，本科生可以是一年级、二年级、三年级和四年级学生。层次结构中的箭头表示"是一个"的关系，例如，一个老师是一个员工，如图 6.1 所示。

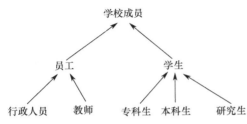

图 6.1 大学成员继承层次

当用户建立一个新类时，不必写出所有的实例变量和实例方法，只需要声明该类继承已定义过的"父类"（也称基类、超类）的实例变量和实例方法，这个新类就称为"子类"，每个子类也可以成为其他某个子类的父类。

子类只允许从一个父类中派生出来（通过关键字 extends 来实现），称为单一继承。也就是说，每个子类只允许有一个父类，不允许有多个父类，但一个父类可以有多个子类。Java 语言不支持多重继承。类继承并不改变成员的访问权限。

用户通常要在子类中加入自己的实例变量和实例方法，所以子类比它的父类容量要大，但更具有特殊性。继承的真正力量来自子类定义时新增加的功能，或者对从其父类继承来的某些功能的修改。

6.1.2 创建子类

要继承一个类，需要使用关键字 extends，把一个类定义为另一个类的子类的一般形式为：

[修饰符] 子类名称 extends 父类名称
{
    类体
}

其中，子类名称是新声明的子类，可以是任意合法的用户定义标识符；父类名称是已有的某个类。父类不能用 final 修饰符来修饰，这是因为 final 表示该类不能被其他类继承。子类可以从父类那里继承所有非 private 的成员作为自己的成员。

在类的定义中，若没有使用 extends，则默认该类继承 Object 类。例如：

（甲）public class MyApplet extends java.applet.Applet{…};
（乙）public class MyApplication extends Frame{…};
（丙）public class MyApp {…};

甲声明子类 MyApplet 的父类是 Applet，并指明 Applet 类的层次结构；乙声明子类 MyApplication 的父类是 Frame；丙在字面上没有 extends，但它实际上相当于 public class MyApp extends Object。Object 类是所有 Java 类的祖先，它处于 Java 开发环境中类层次树的顶端，所有其他类都是由 Object 类直接或间接派生出来的。若一个类在定义时没有包含 extends 关键字，则编译器会将其建为 Object 类的直接子类。

在程序设计中，何时使用继承？一个很好的判断方法是："B 是一个 A 吗？"若是则让 B 作为 A 的子类。常犯的错误是："A 中有一个 B 吗？"例如，让汽车轮胎成为汽车的子类就是错误的。

【例 6.1】 继承父类的方法和变量。设计一个处理汽车品牌和油量的程序，在该程序中，子类 Bus 继承父类 Car 的全部代码和变量。

```
class Car{
  String brand;              //定义车的品牌，修饰符是默认的
  void setB(String s) { brand=s; }
  void showB(){ System.out.println(brand); }
}
class Bus extends Car{
  int gas;                   //记录车的油量
  void setG(int g){ gas=g; }
  void showG(){ System.out.println(gas); }
```

```
    }
class ExtendsApp2{
  public static void main(String args[]){
    Bus b=new Bus();          //创建 Bus 类的实例对象b
    b.setB("Audi");           //调用父类的方法,设置b的车号
    b.setG(100);              //设置b的油量
    b.showB();                //调用父类的方法,显示b的车号
    b.showG();                //显示b的油量
  }
}
```

运行结果:

```
Audi
100
```

小结:继承实现了软件的复用,这样不仅节省了开发时间,而且鼓励人们使用已经验证无误和调试过的高质量的软件。在子类中通常要加入它自己的实例变量和方法,故子类要比它的超类大。另一方面,子类比超类更具体。

6.1.3 关于父类的构造方法

1. 父类中的无参构造方法

程序设计人员可以自己定义无参构造方法,同时,在没有其他构造方法的情况下,系统也可以提供默认的无参构造方法。

【例 6.2】 创建个人类 Person,把其姓名和年龄定义为私有的属性,再以该类为父类创建一个学生子类 Student。

```
1    class Person                      //Person 类是 java.lang.Object 类的子类
2    {
3      private String name;             //name 表示姓名
4      private int age;                 //age 表示年龄
5      public Person()                  //定义无参构造方法
6      {
7        System.out.println("调用了个人构造方法 Person");
8      }
9
10
11     public void SetNameAge(String name, int age)
12     {
13       this.name=name;                //为本类私有成员 name 赋值
14       this.age=age;                  //为本类私有成员 age 赋值
15     }
16
17     public void show()
18     {
```

```
19          System.out.println("姓名: "+name+"  年龄: "+age);
20        }
21      }
22      class Student extends Person        //定义 Student 类，继承自 Person 类
23      {
24        private String department;
25        public Student()                   //Student 的构造方法
26        {
27        System.out.println("调用了学生构造方法 Student");
28        }
29
30          public void SetDepartment(String dep)
31          {
32            department=dep;                //在成员方法中为私有成员 department 赋值
33            System.out.println("我是"+department+"的学生");
34          }
35      }
36      public class ExtendsApp              //定义主类
37      {
38        public static void main(String args[ ])
39        {
40          Student st=new Student();        //创建 Student 对象
41          st.SetNameAge("张文秀",20);      //调用父类的 SetNameAge 方法
42          st.show();                       //调用父类的 show 方法
43          st.SetDepartment("信息工程系");  //调用子类的 SetDepartment 方法
44        }
45      }
```

运行结果：

调用了个人构造方法 Person
调用了学生构造方法 Student
姓名：张文秀 年龄: 20
我是信息工程系的学生

程序分析：私有成员只有在所在类中可以直接访问，一般需要通过方法访问，如第 13 行、14 行和 32 行。在该类外，只能通过该类的对象引用该类的相应方法才可访问，如第 41 行和 43 行。在第 40 行创建学生类对象时，new 运算符依次调用了父类的无参构造方法 Person 和子类无参构造方法 Student。

在本例程序中，无参构造方法的定义是可以省略的，这是因为<u>在程序中没有其他构造方法的情况下，系统会为各类提供一个默认无参构造方法</u>。程序设计人员在没有 Person 和 Student 构造方法定义的情况下，也可以成功创建 st 对象。

2. super 在构造方法中的使用

前面提到，在类中没有其他显式定义的构造方法的情况下，系统会为程序提供一个默认的无参构造方法。那么，假如程序有一个显式定义的有参构造方法，再用 new 运算符调用无

参构造方法，而程序中不另行定义无参构造方法，这样行不行呢？

【例6.3】 对例6.2程序稍做修改，把Set系列的方法替换为有参的构造方法，并使用super调用父类特定的有参构造方法。Student类是Person类的子类。

```
1    class Person                        //Person 类是 java.lang.Object 类的子类
2    {
3      private String name;              //name 表示姓名
4      private int age;                  //age 表示年龄
5      public Person()                   //定义无参构造方法
6      {
7        System.out.println("调用了个人构造方法Person()");
8      }
9      public Person(String name,int age)
10     {
11       System.out.println("调用了Person类的有参构造方法");
12       this.name=name;
13       this.age=age;
14     }
15     public void show()
16     {
17       System.out.println("姓名: "+name+"  年龄: "+age);
18     }
19   }
20   class Student extends Person //定义Student类，继承自Person类
21   {
22     private String department;
23     public Student()                   //Student 的构造方法
24     {
25       System.out.println("调用了学生构造方法Student()");
26     }
27
28     public Student(String name,int age,String dep)
29     {
30       super(name, age); //通过super调用第9行构造方法，本句须放在此构造方法第1行
31       department=dep;
32       System.out.println("我是"+department+"的学生");
33       System.out.println("调用了学生类的有参构造方法Student(String dep)");
34     }
35   }
36
37   public class ExtendsApp3        //定义主类
38   {
39     public static void main(String args[ ])
40     {
41       Student st=new Student();//创建Student对象st，依次调用父类、子类的无参构造方法
42       Student st2=new Student("张文秀",20, "信息系");
```

```
43        st.show();                        //调用父类的show()方法
44        st2.show();
45    }
46 }
```

运行结果：

> 调用了个人构造方法 Person()
> 调用了学生构造方法 Student()
> 调用了 Person 类的有参构造方法
> 我是信息系的学生
> 调用了学生类的有参构造方法 Student(String dep)
> 姓名：null   年龄：0
> 姓名：张文秀   年龄：20

程序分析：该程序在创建 st 对象时，new 运算符调用 Student 的无参构造方法 Student，与此同时，new 运算符还会上溯到父类 Person 中寻找 Person 的无参构造方法，进行初始化工作。此时，若没有无参的构造方法，则会出现编译错误，这是为什么呢？因为在父类中，已经定义了一个有参构造方法，在第 9~14 行。若程序中出现有参构造方法，则系统将不再产生默认构造方法。这一点，在上机时可以验证。

> **注意**：Java 程序在运行子类的构造方法前，先调用父类的构造方法。父类中若提供了有参构造方法，没有提供无参构造方法，在主类中调用子类的无参构造方法创建对象时，则会产生语法错误。解决办法是在父类中添加一个形式上的无参构造方法即可，如 public Person(){}。

6.2 成员变量的隐藏和成员方法的重构

子类可以在不定义任何成员变量的情况下，拥有父类所有非 private 的成员变量。在子类中，若定义了与父类同名的成员变量，则只有子类的成员变量有效，而父类中的成员变量无效，意味着子类隐藏了父类同名的成员变量；若子类声明了一个与父类同名的成员方法，则子类的成员方法就重构（或覆盖）与父类对应的成员方法。

1. 成员变量的隐藏

当子类隐藏了父类的同名成员变量后，实际上子类就有了两个同名的成员变量。子类若要引用父类中的同名成员变量，则可以采用如下方法：

    super.成员变量名;
    父类名.成员变量名;   //仅适用于 static 变量

【例 6.4】 成员变量的隐藏。

```
class A{
  int i=256,j=64;
  static int k=32;
  final float e=2.718f;
```

```
}
class B extends A{
  public char j='x';
  final double k=5;
  static int e=321;
  void show(){System.out.println(i+"  "+j+"  "+k+"  "+e); }
  void showA(){System.out.println(super.j+"  "+A.k+"  "+super.e); }
}
class Exam6_19{
  public static void main(String args[]){
    B sb=new B();
    System.out.println("子类中可以直接引用的成员变量:");
    sb.show();
    System.out.println("被隐藏的父类成员变量:");
    sb.showA();
  }
}
```

运行结果:

```
子类中可以直接引用的成员变量:
256  x  5.0  321
被隐藏的父类成员变量:
64  32  2.718
```

2. 成员方法的覆盖

方法覆盖和方法重载是完全不同的两个概念。重载是指在同一个类中有若干同名而参数不同的方法，使用不同的参数个数和类型可以分别调用同名方法的不同版本；方法覆盖是指在子类中用与父类中相同的方法名、返回类型和参数，重新构造父类的某个成员方法，也称方法重写。

消息的形式相同，对象的响应不同，这是一种多态的表现形式。多态性的含义是：为方法赋予一个名称，多个类可以共享这个名称，这些类均有自身唯一的实现。

父类的非 private 方法会被子类自动继承，具体实现和功能却不尽一致，是子类对父类方法扩展的一种形式。如下面的代码段：

```
class Aball {
    Aball() {
    }
    public void method() {
    }
}

public class ExtendsMethod  extends  Aball {
    ExtendsMethod() {
    }
```

```java
    public void method() {       //覆盖父类的方法
      System.out.println("Hello!");
    }
    public int method(int i) {   //重载父类中的方法
      i++;
      return i;
    }
}
```

子类实现对父类方法的覆盖，必须满足以下3个条件：
（1）完全相同的方法名；
（2）完全相同的参数列表；
（3）完全相同类型的返回值。

注意：上述3个条件必须同时满足，同时还必须保证访问权限不能缩小，抛出的例外要相同。其中一个条件不满足，就不是方法覆盖而是子类自己定义的方法，与父类方法无关，而父类的方法仍然存在。

当子类重构了父类的方法后，子类就不能直接引用父类的同名方法。子类若要引用父类中的同名实例方法，则应当使用"super.方法名"的形式；子类若要引用父类中的同名静态方法，则应当使用"父类名.方法名"的形式。

那么，当一个子类对象收到消息要求运行一个方法时，应该运行哪个方法呢？

实际上，<u>Java解释器会沿着继承链查找，选择正确的方法绑定到当前对象上，并产生不同的响应结果</u>。Java语言规定，首先在对象所属的类中检查，是否有与要运行的方法同名、同参数的方法，即是否有可匹配的方法，若有则调用该方法；否则就到父类中查找能匹配的方法。若在父类中查找到匹配的方法则调用该方法；否则就继续沿着继承链向上查找，直到找到能匹配的方法为止。若在整个继承链中都找不到匹配的方法，则产生编译错误。

6.3 抽象类

当把类理解成一个类型时，总是假设可以实例化该类型的对象。然而，有时定义一个永远不需要实例化对象的类也是有用的，这样的类称为抽象类。从继承性的角度看，它们被作为超类使用，故也称其为抽象超类。抽象超类不能实例化对象，能被实例化的类称为具体类。软件工程的观点是创建较少的类，程序设计人员寻找相关类的共性，提取并组成所需的抽象超类，从抽象超类派生的所有类都继承超类的功能，并要求实现超类的抽象方法。

由于抽象超类太具有一般性，以致于无法用于定义实际的对象，因此需要更确切、更具体一些才能实例化对象。例如，抽象超类TwoDimensionalObject和由它派生的Square、Circle、Triangle等具体类，抽象超类ThreeDimentionalObject和由它派生的Cube、Sphere、Cylinder等具体类。例如，如果有人让你"画出形状"，那么你该画什么形状呢？具体类提供一些特殊的性质，使实例化的对象有意义。

由关键字abstract说明的类为抽象类，通常抽象类包含抽象方法。所谓的抽象方法是指有访问修饰词、返回值类型、方法名和参数列表，而无方法体且无包含方法体的花括号的方法。抽象方法前必须冠以修饰词abstract。方法的返回类型、方法名和参数列表构成了方法的方法头。

抽象类不能被实例化，子类在继承抽象类时，必须重写其父类的抽象方法，给出具体的定义。

Java 语言规定，构造方法、静态方法和私有方法不能成为抽象方法。不能用 new 运算符创建抽象类的实例，抽象类只能用于父类派生子类。当子类继承抽象类时，若没有实现父类所有的抽象方法，则这个子类仍为抽象类。子类在实现抽象类中的抽象方法时，不能改变抽象方法的返回类型和参数列表。

【例6.5】 抽象类的应用。

```java
abstract class Graphics{
  abstract void parameter();      //参数处理
  abstract void area();           //面积处理
}
class Rectangle extends Graphics{
  double h,w;
  Rectangle(double u,double v){h=u;w=v; }
  void parameter(){
    System.out.println("矩形高度为:"+h+", 矩形宽度为:"+w);
  }
  void area(){
    System.out.println("矩形面积为:"+(h*w));
  }
}
class Circle extends Graphics{
  double r;
  String c;
  Circle(double u,String v){r=u;c=v; }
  void parameter(){
    System.out.println("圆半径为:"+r+", 圆颜色为:"+c);
  }
  void area(){
    System.out.println("圆面积为:"+(Math.PI*r*r));
  }
}
class Exam7_6{
  public static void main(String args[]){
    Rectangle rec=new Rectangle(2.0,3.0);
    Circle cir=new Circle(4.0,"Red");
    Graphics[]g={rec,cir};
    for(int i=0;i<g.length;i++){
      g[i].parameter();    //根据对象类型的不同启动不同的parameter方法
      g[i].area();         //根据对象类型的不同启动不同的area方法
    }
  }
}
```

运行结果：

```
矩形高度为:2.0，矩形宽度为:3.0
矩形面积为:6.0
圆半径为:4.0，圆颜色为:Red
圆面积为:50.26548245743669
```

程序分析：本例的抽象类 Graphics 定义了子类的公共操作，即显示对象的参数和显示对象的面积。所声明的方法都是抽象方法。若要求子类继承抽象类后能产生对象，则这些子类必须实现这些抽象方法（写出方法体），因此这些子类都具有形式上（返回类型、方法名和参数列表）一致的方法。对于这样统一的形式，不同的类中这些方法的实现（方法体）是不同的。

抽象类中除声明抽象方法外，也可以声明具体成员方法和成员变量。抽象类用于规定其子类必须具有的一组方法的方法头。利用抽象类和抽象方法可以使方法头的设计和方法的实现分开，有利于控制程序的复杂性，并且有利于子类的扩充。当添加一个子类时，首先继承抽象类，在子类声明中实现抽象类的抽象方法，然后声明子类特有的成员变量和成员方法。同一个界面的多种实现方式是实现程序多态性的一种手段。

6.4 接口

在 C++语言中定义一个类时，可以继承多个父类，这就是 C++语言中所谓类的多继承。多继承对内存开销较大，给系统的维护、移植带来极大的不便。考虑到语言的安全性和稳定性，Java 语言不支持多继承，即 Java 语言中定义的类只能继承一个父类，称为单继承机制。但考虑到在实际应用中，也存在一个类从不同的父类中继承相似的操作等情况，Java 语言为了弥补这个缺点，引入了接口（Interface）的概念。Java 语言支持一个类可以实现一个或多个接口。

6.4.1 接口概述

接口与类存在着本质上的差别，类有它的成员变量和成员方法；而接口只有常量和方法协议。从概念上来讲，接口是一组抽象方法和常量的集合，可以认为接口是一种只有常量和抽象方法的特殊抽象类。接口定义了一组抽象方法是要实现的功能协议，又称方法原型。在定义一个实现接口的类时，一定要实现接口中协议规定的所有那些方法。接口的引入可以灵活地同时继承一些共同的特性，从而达到和 C++语言中类似的多继承的目的。但由于接口中的方法没有实现，解决了因多继承所带来的开销过大的问题，也避免了可能继承同一个方法的不同实现的危险性。通过实现同一个接口的类，描述类要实现的功能框架，可以使不相关的类具有相同的行为。

所谓方法协议是指只有方法名和参数、方法返回类型，而没有方法体的一种说明格式，也就是抽象方法。它只体现方法的说明，但不指定方法体，<u>真正的方法体是由实现接口的类来实现的，关键字使用 implements</u>。抽象类的抽象方法的方法体是由子类实现的，使用的关键字是 extends。

接口为程序提供了许多强有力的手段，接口更易于理解。接口的作用与抽象类有些类似，但功能比抽象类强，使用也更方便，这些优点在下面的 GUI 后续应用中就可以体会到。

接口在方法协议与方法实现之间起到一种称为界面的作用，这种界面限定了方法实现中的方法名、参数类型、参数个数及方法返回类型一定要与方法协议中所规定的保持一致。因此，在使用接口时，<u>类与接口之间并不存在子类与父类的那种继承关系</u>。在实现接口所规定的某些操作时，只存在类中的方法与接口中的方法协议保持一致的关系，而且一个类可以和多个接口保持这种关系，<u>即一个类可以实现多个接口</u>。

视频

6.4.2　接口的定义

接口定义包括接口的声明和接口体两部分，其语法格式为：

```
[public] interface 接口名 [extends 父接口列表]   ———— 接口的声明
{
  [public static final] 类型 常量名=值;
  [public abstract] 返回类型 接口方法名(形参表);    } 接口体
  …
}
```

（1）接口的声明：interface 为接口定义的关键字，接口的声明表明接口可以定义为 public 公有属性或包访问属性（默认），同时接口支持多继承性定义。在定义继承接口时，若子接口中定义的常量和方法与父接口中定义的常量和方法同名，则子接口覆盖父接口中定义的常量和方法。

（2）接口体：在接口体的定义中，接口的方法默认为 public abstract 属性。即使方法没有显式地声明为 public abstract，但访问控制属性也一定是 public abstract。接口的方法只定义方法的框架，没有具体的实现代码，并且一定是以英文分号"；"结束的方法原型，同样接口的变量成员默认为 public static final 属性。由于接口的变量成员实际上是常量，因此必须初始化，并且在程序运行过程中不允许修改。

6.4.3　实现接口的类定义

实现接口的类定义为：

```
[类访问控制修饰词] class 类名 [extends 父类名] implements 接口列表
{类体}
```

实现接口的类必须实现接口中的每个方法，包括接口的父接口中定义的方法。方法的参数和返回类型应与接口中定义的相同。若有一个接口方法未实现，则该类必须声明为抽象类；否则编译出错。类中除一定要实现接口中定义的方法外，还可以加入其他方法。

【例 6.6】　演示接口定义和实现接口的类定义。

```
import javax.swing.JOptionPane;
import java.text.DecimalFormat;
interface Shape                              //声明接口 Shape
{
```

```java
    public abstract double area();
}
class Circle implements Shape                    //Circle 实现接口 Shape
{
  protected double radius;
  public Circle(){ setRadius(0); }
  public Circle(double r) { setRadius(r); }
  public void setRadius(double r){ radius=(r>=0 ?  r : 0); }
  public double getRadius(){ return radius; }
  //实现接口 Shape 的 area 方法
  public double area(){return Math.PI*radius*radius; }
}
class Triangle implements Shape                  //Triangle 实现接口 Shape
{
  protected double x,y;
  public Triangle(){ setxy(0,0); }
  public Triangle(double a,double b){ setxy(a,b); }
  public void setxy(double x,double y){ this.x=x; this.y=y; }
  public double getx(){ return x; }
  public double gety(){ return y; }
  //实现接口 Shape 的 area 方法
  public double area(){ return x*y/2; }
}
public class shapeTest
{
  public static void main(String args[])
  {
    Circle c=new Circle(7);                      //创建半径为 7 的圆
    Triangle t=new Triangle(3,4);                //创建底为 3,高为 4 的三角形
    String output="";
    DecimalFormat p2=new DecimalFormat("0.00");
    //在对话框中输出实例圆和三角形的面积
    output+="\n 半径为"+c.getRadius()+"圆的面积: "+p2.format(c.area());
    output+="\n 底为"+t.getx()+",高为"+t.gety()+"三角形面积:
    "+p2.format(t.area());
    JOptionPane.showMessageDialog(null,output,"接口实现和使用演示",
    JOptionPane.INFORMATION_MESSAGE);
    System.exit(0);
  }
}
```

运行结果如图 6.2 所示。

图 6.2　例 6.6 的运行结果

接口具有多继承的能力，通过继承可以产生新接口，也允许定义实现多接口的类。类实现多接口的结构比多继承更容易理解、更方便。

实训　演示实现多接口的类定义

```java
import javax.swing.JOptionPane;
import java.text.DecimalFormat;
interface Shape                            //声明接口1-Shape
{
  public abstract double area();
}
interface Shape1                           //声明接口2-Shape1
{
  public abstract String getName();
}
class Circle implements Shape,Shape1       //Circle实现接口Shape, Shape1
{
  protected double radius;
  public Circle(){ setRadius(0); }
  public Circle(double r) { setRadius(r); }
  public void setRadius(double r){ radius=(r>=0 ?  r : 0); }
  public double getRadius(){ return radius; }
  //实现接口Shape的area方法，接口Shape1的getName方法
  public double area(){ return Math.PI*radius*radius; }
  public String getName(){ return "圆　形: "; }
}
class Triangle implements Shape,Shape1     //Triangle实现接口Shape, Shape1
{
  protected double x,y;
  public Triangle(){ setxy(0,0); }
  public Triangle(double a,double b){ setxy(a,b); }
  public void setxy(double x,double y){ this.x=x; this.y=y; }
  public double getx(){ return x; }
  public double gety(){ return y; }
  //实现接口Shape的area方法，接口Shape1的getName方法
  public double area(){ return x*y/2; }
  public String getName(){ return "三角形: "; }
}
public class shapeTest1
{
  public static void main(String args[])
  {
    Circle c=new Circle(7);                //创建半径为7的圆
```

```
            Triangle t=new Triangle(3,4);        //创建底为3,高为4的三角形
            String output="";
            DecimalFormat p2=new DecimalFormat("0.00");
            //在对话框中输出实例圆和三角形的面积
            output+="\n"+c.getName()+"半径为"+c.getRadius()+"圆的面积:
            "+p2.format(c.area());
            output+="\n"+t.getName()+"底为"+t.getx()+",高为"+t.gety()+"三角形面积:
            "+p2.format(t.area());
            JOptionPane.showMessageDialog(null,output,"多接口实现和使用演示",
            JOptionPane.INFORMATION_MESSAGE);
            System.exit(0);
        }
    }
```

运行结果如图 6.3 所示。

程序分析：java.awt 包中的 JOptionPane 类用于创建基本对话框，其中 showMessageDialog 静态方法用于创建消息对话框，仅显示输出字符串或结果；showInputDialog 静态方法用于创建输入数据的人机对话框，显示提示信息和一个输入文本框；showConfirmDialog 静态方法用于创建

图 6.3 实训的运行结果

确认对话框，向用户提示简单"yes or no"的问题，并要求用户的确认。这些静态方法一般有 4 个参数：① 对话框的父组件，若没有父组件则设成 null，此时，对话框将显示在屏幕中间；② 对话框显示的信息；③ 对话框的标题；④ 对话框的消息类型，消息类型由 JOptionPane 类的以下 5 个常量指明：

（1）JOptionPane.ERROR_MESSAGE 显示错误消息，图标为"–"；

（2）JOptionPane.INFORMATION_MESSAGE 显示信息，图标为"i"；

（3）JOptionPane.WARNING_MESSAGE 显示警告消息，图标为"!"；

（4）JOptionPane.QUESTION_MESSAGE 显示问题消息，图标为"？"；

（5）JOptionPane.PLAIN_MESSAGE 显示标准消息，没有图标。

6.4.4 接口的多态性

在面向对象程序设计中，继承性和多态性是降低软件复杂性的有效技术。类的继承是软件重用的一种形式，通过包含现有类的属性和行为创建新类，并通过新类的属性和行为扩充现有类的功能。软件重用节省了程序开发时间，重用经过证明和调试的高质量软件，能够减少系统投入运行后带来的问题。多态性允许使用统一风格处理已存在的类和在程序开发阶段尚未定义的相关类，通过向系统中增加新功能来简化。通过使用多态，使系统更容易扩充。

改进软件开发的关键是软件重用，通过继承基本类和可用类库，带来软件重用的最大效益。但继承会带来不必要的类激增，给管理带来麻烦。

【例 6.7】 演示实现接口的各相关类的多态性。Shape 提供达到图形面积 area 协议的接口，类 Circle、Triangle 和 Rectangle 依据各自情况，实现接口 Shape 的 area 方法，因此不同

对象的达到图形面积形式各异，形成多态性。

尽管不能实例化接口，但是能够声明对接口的引用。接口的引用可以用实现接口的具体类的实例对象替代，即接口的引用可以用实现接口的类的对象赋值，或者说以接口的引用作为方法的形参，用实现接口的类对象作为实参。据此，在本例中设计了一个多态管理的内部类 Out，它有一个静态方法 put 是以接口的引用 Shape 作为形参的，它让程序动态地（在运行时）判断作为实参的具体实现接口类对象，返回该对象的面积计算值。显然，多态性赋予程序设计人员更好的表达能力，同时可以看到，通过一个多态管理的内部类，可以很容易地向系统添加新类型的对象。

代码如下：

```java
import javax.swing.JOptionPane;
import java.text.DecimalFormat;
interface Shape                          //声明接口 Shape
{
  public abstract double area();
}
class Circle implements Shape            //Circle 实现接口 Shape
{
  protected double radius;
  public Circle(){ setRadius(0); }
  public Circle(double r) { setRadius(r); }
  public void setRadius(double r){ radius=(r>=0 ?  r : 0); }
  public double getRadius(){ return radius; }
  //实现接口 Shape 的 area 方法
  public double area(){ return Math.PI*radius*radius; }
}
class Triangle implements Shape          //Triangle 实现接口 Shape
{
  protected double x,y;
  public Triangle(){ setxy(0,0); }
  public Triangle(double a,double b){ setxy(a,b); }
  public void setxy(double x,double y){ this.x=x; this.y=y; }
  public double getx(){ return x; }
  public double gety(){ return y; }
  //实现接口 Shape 的 area 方法
  public double area(){ return x*y/2; }
}
class Rectangle implements Shape         //Rectangle 实现接口 Shape
{
  protected double x,y;
  public Rectangle(){ setxy(0,0); }
  public Rectangle(double a,double b){ setxy(a,b); }
  public void setxy(double x,double y){ this.x=x; this.y=y; }
  public double getx(){ return x; }
```

```
    public double gety(){ return y; }
    //实现接口 Shape 的 area 方法
    public double area(){ return x*y; }
}
class Out
{
    public static double put(Shape s){ return s.area(); }
}
public class shapeTest2
{
    public static void main(String args[])
    {
        Circle c=new Circle(7);              //创建半径为7的圆
        Triangle t=new Triangle(3,4);        //创建底为3,高为4的三角形
        Rectangle r=new Rectangle(3,4);
        String output="";
        DecimalFormat p2=new DecimalFormat("0.00");
        //在对话框中输出实例圆和三角形的面积
        output+="\n 半径为"+c.getRadius()+"圆的面积: "+p2.format(Out.put(c));
        output+="\n 底为"+t.getx()+",高为"+t.gety()+"三角形面积: "+p2.format(Out.put(t));
        output+="\n 长为"+r.getx()+",高为"+r.gety()+"矩形面积: "+p2.format(Out.put(r));
        JOptionPane.showMessageDialog(null,output,"接口多态性演示",
        JOptionPane.INFORMATION_MESSAGE);
        System.exit(0);
    }
}
```

运行结果如图6.4所示。

6.4.5 Java 8 接口扩展方法

Java 8 允许给接口添加一个非抽象的方法，其实现只需要使用 default 关键字即可，这个特征又称扩展方法，示例如下：

图 6.4　例 6.7 的运行结果

```
interface Formula {
    double calculate(int a);
default double sqrt(int a) {
        return Math.sqrt(a);
    }
}
```

Formula 接口除拥有 calculate 方法外，同时还定义了 sqrt 方法，实现 Formula 接口的子类只需要实现一个 calculate 方法，默认方法 sqrt 将在子类上直接使用。

6.5 泛型

泛型（Generic Structure）的好处是可以在编译时检查类型安全，并且所有的强制转换都是自动和隐式的，提高了代码的重用率。

在 Java SE 1.5 前，没有泛型的情况下，通过对类型 Object 的引用来实现参数的"任意化"。"任意化"带来的缺点是要进行显式的强制类型转换，而这种转换要求开发者在对实际参数类型可以预知的情况下进行。对于强制类型转换错误的情况，编译器可能不提示出错，而在运行时会出现异常，这是一个安全隐患。

6.5.1 泛型的概念和泛型类的声明

泛型是 Java SE 1.5 的新特性，泛型的本质是参数化类型，也就是说，所操作的数据类型被指定为一个参数。这种参数类型可以用在类、接口和方法的创建中，分别称为泛型类、泛型接口和泛型方法。Java 语言引入泛型的好处是安全、简单。

泛型类的声明如下：

```
class 名称<泛型类型变量>
```

泛型类型变量由尖括号界定，放在类或接口名的后面。这里，泛型类型变量扮演的角色就如同一个参数，它为编译器提供用于类型检查的信息。泛型的类型参数只能是类类型（包括自定义类），不能是简单类型。

泛型类的类体和普通类的类体完全类似，由成员变量和成员方法构成。例如，设计一个锥体，只关心它的底面积是多少，并不关心底的具体形状。因此，锥体可以用泛型 T 作为自己的底，Yuanzhui.java 的代码如下：

```java
class Yuanzhui<T>{
  double height;
  T bottom;
  public Yuanzhui(T y){
    bottom=y;
  }
}
```

与普通的类相比，在泛型类声明和创建对象时，类名后多了一对尖括号"<>"，而且必须要用具体的类型替换尖括号中的泛型。例如：

```java
Yuanzhui<Circle> yz;
yz=new Yuanzhui<Circle>(new Circle());
```

6.5.2 泛型应用

先看看下面使用了泛型的程序。

【例 6.8】 泛型使用举例。

```java
1   class Gen<T>{
2     private T ob;                    //定义泛型成员变量
3     public Gen(T ob)                 //参数使用泛型成员变量
4     {
5       this.ob=ob;
6     }
7     public T getOb()                 //返回类型为泛型类型
8     {
9       return ob;
10    }
11    public void setOb(T ob)
12    {
13      this.ob=ob;
14    }
15    public void showType()
16    {
17      System.out.println("T 的实际类型是:"+ob.getClass().getName());
        //使用系统方法
18    }
19  }
20  public class GenDemo{
21    public static void main(String[] args){ //定义泛型类 Gen 的一个 Integer 版本
22      Gen<Integer> intOb=new Gen<Integer>(88);
23      intOb.showType();          //使用泛型类中的方法
24      int i=intOb.getOb();       //使用泛型类中的方法
25      System.out.println("value="+i);
26      System.out.println("--------------------------------");
        //定义泛型类 Gen 的一个 String 版本
27      Gen<String> strOb=new Gen<String>("Hello Gen!");
28      strOb.showType();
29      String s=strOb.getOb();
30      System.out.println("value="+s);
31    }
32  }
```

控制台的输出结果:

```
T 的实际类型是:
java.lang.Integer
value=88
--------------------------------
T 的实际类型是: java.lang.String
value=Hello Gen!
Process finished with exit code 0
```

为了帮助理解例 6.6 与例 6.7 不使用泛型,将两者进行比较,程序输出结果是一样的。

【例 6.9】 若不使用泛型，则与例 6.8 相对应的程序结构如下。

```
class Gen2 {
 private Object ob;                  //定义一个通用类型成员
  public Gen2(Object ob) {
    this.ob=ob;
  }
  public Object getOb() {
    return ob;
  }
  public void setOb(Object ob) {
      this.ob=ob;
  }
  public void showTyep() {
    System.out.println("T 的实际类型是:"+ob.getClass().getName());
  }
}
public class GenDemo2 {
  public static void main(String[] args) {
    //定义类 Gen2 的一个 Integer 版本
    Gen2 intOb=new Gen2(new Integer(88));
    intOb.showTyep();
    int i=(Integer) intOb.getOb();
    System.out.println("value="+i);
    System.out.println("-------------------------------");
    //定义类 Gen2 的一个 String 版本
    Gen2 strOb=new Gen2("Hello Gen!");
    strOb.showTyep();
    String s=(String) strOb.getOb();
    System.out.println("value="+s);
  }
}
```

控制台输出结果与例 6.8 的结果一样。

6.6 案例实现

视频

1. 问题回顾

通过抽象类和继承实现公司员工的工资计算。

2. 代码实现

```
1    import javax.swing.JOptionPane;        //加载类 JOptionPane
2    import java.text.*;
3
4
```

```java
5      //Employee 类定义为 Abstract 抽象类
6      abstract class Employee
7      {
8        private String firstName,lastName;
9        //超类构造方法
10       public Employee(String first, String last)
11       {
12         firstName=first;
13         lastName=last;
14       }
15       //返回名字的姓
16       public String getFirstName()
17       {
18         return firstName;
19       }
20       //返回名字
21       public String getLastName()
22       {
23         return lastName;
24       }
25       public String toString()
26       {
27         return firstName+' '+lastName;
28       }
29       public abstract double earnings();
30
31     }
32
33     //Boss 类是 Employee 的子类
34     final class Boss extends Employee
35     {
36       private double weeklySalary;
37       //Boss 类的构造方法
38       public Boss(String first, String last, double s)
39       {
40         super(first,last);
41         setWeeklySalary(s);
42       }
43       //设置 the Boss's salary
44       public void setWeeklySalary(double s)
45       {
46         weeklySalary=(s>0? s:0);
47       }
48       //返回老板的周工资
49       public double earnings()
50       {
51         return weeklySalary;
52       }
```

```java
53        //输出老板的姓名
54        public String toString()
55        {
56          return "Boss: "+super.toString();
57        }
58      }
59
60      //PieceWorker 类是Employee 的子类
61      final class PieceWorker extends Employee
62      {
63        private double wagePerPiece;   //wage per piece output
64        private int quantity;          //output for week
65
66        //PieceWorker 类的构造方法
67        public PieceWorker(String first, String last,double w, int q)
68        {
69          super(first,last);
70          setWage(w);
71          setQuantity(q);
72        }
73
74        //设置wage
75        public void setWage(double w)
76        {
77          wagePerPiece=(w>0? w:0);
78        }
79
80        //设置the number of items output
81        public void setQuantity(int q)
82        {
83          quantity=(q>0? q:0);
84        }
85
86        //计算计件工人的收入
87        public double earnings()
88        {
89          return quantity * wagePerPiece;
90        }
91        public String toString()
92        {
93          return "Piece worker: "+super.toString();
94        }
95      }
96
97      class SalaryTest
98      {
99        public static void main(String args[])
100       {
```

```java
101        String output="",z,firstname,lastname;
102        int q,n;
103        double a,w;
104
105        JOptionPane.showMessageDialog(null,"Welcome to use this program!","
           Welcome!", JOptionPane.INFORMATION_MESSAGE);
106
107        do{
108          z=JOptionPane.showInputDialog("Please choosing your position.\n1.BOSS\n
                                2.PieceWorker \n 3.Exit of theprogram.");
109          n=Integer.parseInt(z);
110          if (n==3) { break; }
111
112          firstname=JOptionPane.showInputDialog(" Please enter your firstname:\n");
113
114          lastname=JOptionPane.showInputDialog(" Please enter your lastname:\n");
115
116          switch(n)
117          {
118            case 1:{
119              z=JOptionPane.showInputDialog("please enter your weeklySalary:\n");
120              a=Double.parseDouble(z);
121              output=BOSS_Method(firstname,lastname,a);
122            }break;
123            case 2:{
124              z=JOptionPane.showInputDialog("please enter wage:\n");
125              w=Double.parseDouble(z);
126              z=JOptionPane.showInputDialog("please enter quantity:\n");
127              q=Integer.parseInt(z);
128              output=PieceWorker_Method(firstname, lastname, w, q);
129            }break;
130          }
131
132          JOptionPane.showMessageDialog(null, output,"Result:",
                                    JOptionPane.INFORMATION_ MESSAGE);
133        }while(n!=3);
134        System.exit(0);
135      }
136
137      static String BOSS_Method(String fn,String ln,double s)
138      {
139        String output="";
140        DecimalFormat precision2=new DecimalFormat("0.00");
141        Employee ref;   //ref 为超类的引用
142        Boss b=new Boss(fn,ln,s);
143        ref=b;
144        output+=ref.toString()+"earned $"+precision2.format(ref.earnings())+"\n"+
                b.toString()+" earned $"+precision2.format(b.earnings())+"\n";
```

```
145              return output;
146          }
147
148      static String PieceWorker_Method(String fn,String ln,double w,int q)
149      {
150          String output="";
151          DecimalFormat precision2=new DecimalFormat("0.00");
152          Employee ref;   //超类引用
153          PieceWorker p=new PieceWorker(fn,ln,w,q);
154          ref=p;
155          output+=ref.toString()+" earned $"+precision2.format(ref.earnings())+"\n"+
                    p.toString()+" earned $"+precision2.format(p.earnings())+"\n";
156          return output;
157      }
158  }
```

程序分析：这里用 JOptionPane 类实现交互界面。对所有员工类型都使用 earnings 方法，但是每个人得到的工资按他所属的员工类计算。因为所有员工的类都是从超类 Employee 派生出来的，所以在超类中声明 earnings 为 abstract 方法，并且对于每个子类都提供恰当的 earnings 的实现方法。

3. 运行结果

运行结果如图 6.5 至图 6.8 所示。

图 6.5　进入欢迎界面

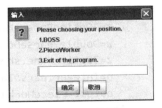

图 6.6　选择工资计算类型

图 6.7　逐个输入计算工资参数

图 6.8　显示工资收入

思考题：CommissionWorker 子类（代理人）除基本工资外还根据销售额发放浮动工资，如果在案例中增加 CommissionWorker 子类，那么如何修改代码？

习题 6

1. 什么是接口？类和接口有什么区别？
2. 接口的继承和类的继承有什么不同？

3．抽象类和接口有什么不同？

4．设计一个学生类 Student2，包含的属性有名字 name 和年龄 age。由学生类派生出本科生类 Undergraduate 和研究生类 Postgraduate，本科生类包含的属性为专业 specialty，研究生包含的属性为研究方向 studydirection。每个类都有相关数据的输出方法。

5．定义一个接口 Area，其中包含一个计算面积的抽象方法 calculateArea，然后设计 MyCircle 和 MyRectangle 两个类都实现这个接口中的方法 calculateArea，分别计算圆和矩形的面积。

SCJP 试题：The Person, Student and Teacher are class names. These classes have the following inheritance relation as shown below:

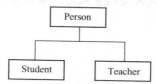

There is the following expression in a Java source file:

```
Person p=new Student();
```

Which one of the following statements are true?

A) The expression is legal
B) The expression is illegal
C) Some errors will occur when compile
D) Compile is correct but it will be wrong when running

问题探究 6

1．在编程实践中，请大家讨论并比较使用类的继承和使用接口或抽象类在代码复用方面的特征及优缺点。

2．请大家进一步探究 ArrayList 泛型数据结构及 Java 集合框架。

第 7 章　Java API 初步

API（Application Programming Interface）指的是应用程序编程接口，Java API 主要指 JDK 中可用的系统类、接口及方法等。Java 在不断扩充和更新，Java 10 也已经发布。在 Oracle 官方网站上可以看到最新的 Java 9，初学者根据自己的实际需要下载相应 Java API 版本。Java 类库呈爆炸式增长，对初学者来说需要删繁就简，从常用 API 开始学习其应用。

本章主要内容
- Java 输入/输出
- 字符串类
- 颜色类和图形处理绘制类
- 集合类

【案例分析】
实现界面交互的简易计算器。实现要点是通过键盘进行输入和输出，而键盘输入的字符串数据类型如何转换成相应的数值类型，对于这个问题系统类 JOptionPane 可以提供很有力的帮助。

运行结果如图 7.1 所示。

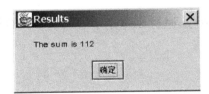

图 7.1　案例的运行结果

7.1　Java SE API 官网下载

Oracle 官网 Java API 下载地址：http://www.oracle.com/technetwork/java/api-141528.html。下载页面如图 7.2 所示。

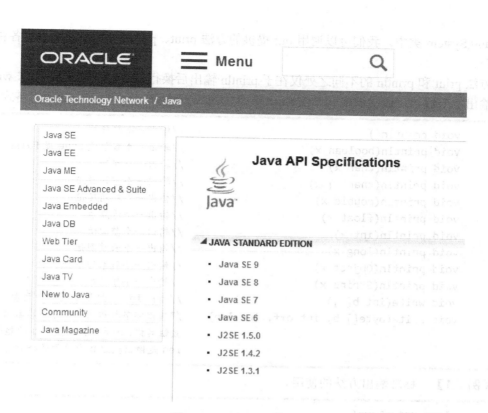

图 7.2　Java API 下载页面

7.2　Java 输入/输出

Java 系统类 System 是一个最终类，它的属性和方法都是静态的，在程序中引用直接以 System 为前缀即可。System 类的一个重要功能就是提供标准输入/输出。在一般情况下，数据标准输入的默认来源为键盘，标准输出的默认目的地为屏幕。

System.in 表示标准输入流，其 read() 方法提供了一种数据读取手段，用于读取用户在键盘上输入的字符。流（Stream）是一个抽象的概念，可以视为流动的数据缓冲区，并且由很多不同层次的类组成。

System.out 是标准输出流的代表，其中方法 println()、print() 及 write() 用于输出数据，在前面的例子中都曾使用过。

> **注意**：标准设备是指计算机启动后默认的设备。通常，键盘是标准输入设备，显示器是标准输出设备。当不需要从标准输入设备（如键盘）上获取数据或者要将数据输出至标准输出设备以外的其他地方（如磁盘）时，就要重新设置输入流或输出流的方向，Java 把这种操作称为重定向。

7.2.1　标准输出方法

Java 语言的标准输出 System.out 是打印输出流 PrintStream 类的对象，out 被定义在

java.lang.System 类中。我们可以调用 out 提供的方法 print、println 或 write 来输出各种类型的数据。

方法 print 和 println 的不同之处仅在于 println 输出后换行而 print 不换行。方法 write 常用来输出字节数组，通常需要和方法 flush 配合使用。方法 println 和 write 的使用格式如下：

```
void println()                          //输出一个换行符
void println(boolean x)                 //输出一个布尔值 true 或 false
void println(char x)                    //输出一个字符
void println(char[ ] x)                 //输出一个字符数组
void println(double x)                  //输出一个双精度值
void println(float x)                   //输出一个浮点值
void println(int x)                     //输出一个整型值
void println(long x)                    //输出一个长整型值
void println(Object x)                  //输出一个对象的字符表示
void println(String x)                  //输出一个字符串
void write(int b[ ])                    //输出 int 数组 b 中某一个元素
void write(byte[] b, int off, int len)  /*输出字节数组的一部分，参数 b 是字节
                                        数组名称，off 是输出数组 b 的起始下标，
                                        len 是输出数组 b 中元素的个数*/
```

【例 7.1】 标准输出方法的使用。

```java
class PrintDemo{
  public static void main(String args[]){
    Object o="an example";
    char c[ ]={'a','b','c','d','e'};
    byte b[ ]={'f','g','h','i','j'};
    System.out.println(true);
    System.out.println('C');
    System.out.println(100);
    System.out.println(200000L);
    System.out.println(13.6F);
    System.out.println(2346.99D);
    System.out.println("a student");
    System.out.println(o);
    System.out.println(c);
    System.out.write(b,0,2);
    System.out.println();          //输出并换行
    System.out.write(b[0]);
    System.out.flush();            //将缓冲区中的数据写到外设屏幕上，不换行
  }
}
```

运行结果如图 7.3 所示。

> **注意**：首先要进入源文件所在的目录，这里的目录是 D:\chapter3-code,其前提是在 JDK 的 Path 环境变量中已经指定。

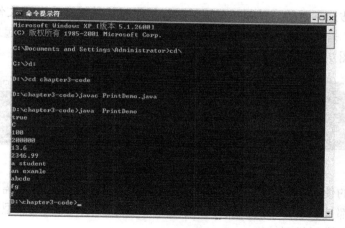

图 7.3 例 7.1 的运行结果

程序分析：该程序中使用系统鼻祖类 Object 创建了一个字符串。方法 write 在输出时不换行，因此程序调用方法 println 输出换行符。另外，方法 write 在使用时开辟了一个内存缓冲区，程序每次使用方法 write 调用数据都写到这个缓冲区中，只有在缓冲区装满数据后，系统才将这个缓冲区的内容一次集中写入外设。因为计算机访问外部设备要比访问内存慢得多，所以缓冲区可以降低对外设的读/写次数，进而提高系统效率。方法 flush 用于即使在缓冲区没有满的情况下，也将缓冲区的内容强制写入外设，这里指的是显示器，习惯上也称这个过程为刷新。

7.2.2 命令行参数输入法的应用

Java 应用程序通常是在命令行状态下运行的，允许用户在命令行中向它传递信息，所传递的信息称为命令行参数。通过命令行参数可以在运行时向程序传递数据。

Application 程序中主函数 main 的参数（String[ ] args）是一个 String 字符串类型的数组，用于接收命令行参数的输入。在主函数 main 中可以使用数组 args 中的元素，作为一种交互输入。

用户在命令行中输入若干字符串（用空格分割），也就是说，输入几个命令行参数，数组 args 就有几个元素，每个元素保存一个命令行参数供程序使用。

【例 7.2】 接收命令行参数举例。

```
public class HelloArgs{
  public static void main(String args[]){
    System.out.println(args[0]+", "+ args[1]+" Hello!");
  }
}
```

程序分析：在 System.out.println(args[0]+","+ args[1]+"　Hello!");语句中的 args[0] 和 args[1] 字符数组元素接收用户通过键盘在命令行中输入的字符串，然后通过标准输出方法 println 进行输出。通过串连接符 "+" 连接两个输入元素，也可以连接一个或更多个字符串，这要根据实际键盘输入情况确定。源程序文件暂时放在 bin 目录下。

向应用程序传递参数的方法是：在解释运行程序时将其放在字节码文件名的后面，参数之间用空格分隔，若参数中本身含有空格，则必须将此参数用双引号括起来。

运行结果如图7.4所示。

图7.4　例7.2的运行结果

命令行参数的使用大大提高了程序的灵活性，可以适应不同用户的需要。但可以看到，所有命令行参数都是以字符串的形式存在的，若希望将它们作为其他类型的数据（如整数）来使用，则还需要进行类型转换。

7.2.3　流式交互输入/输出的应用

Java中的流分为两种：一种是字节流；另一种是字符流，分别由4个抽象类来表示（每种流包括输入和输出两种故一共4个类）：InputStream、OutputStream、Reader和Writer。Java中其他多种多样变化的流均是由它们派生出来的。

下面通过例7.3说明流式交互输入/输出的简单应用。

【例7.3】　接收用户输入的多个字符（字符串）。

```
1      import java.io.*;
2      public class HelloA1{
3        public static void main(String [] args) throws IOException{
4          InputStreamReader reader=new InputStreamReader(System.in);
5          BufferedReader input=new BufferedReader(reader);
6          /* System.in 代表系统默认的标准输入（键盘），程序定义了与特定数据源相连的节点流
             类 InputStreamReader 对象 reader，reader 与代表键盘输入的 System.in 对象相连，
             然后处理流类 BufferedReader 的对象 input 将原来的字节输入变成缓冲字符输入，也就
             是 input 和 reader 相连*/
7          System.out.print("Enter your name:");
8          String name=input.readLine();
9          //readLine()方法读取用户从键盘输入的一行字符并赋值给字符串对象name
10         System.out.println("Hello,"+name+"!");     //将字符串输出到屏幕
11       }
12     }
```

编译、运行过程如图7.5所示。

图7.5　例7.3的编译、运行过程

程序分析：程序经编译生成字节码后，紧接着解释运行该程序。命令行提示：

```
Enter your name:
```

然后等待用户输入。当用户输入"杨晓燕"并按 Enter 键后，系统很快会输出：

```
Hello, 杨晓燕！
```

本例中，从键盘输入到屏幕输出，涉及 5 个对象：System.in、reader、input、name 和 System.out。其中 System.in 和 System.out 定义在系统类 System 中。

第 1 行告诉编译器到 java.io 类库中寻找程序中用到的 3 个 I/O 系统类：IOException、InputStreamReader 和 BufferedReader。第 4 行把 reader 定义为 InputStreamReader 类的一个实例对象，并与表示键盘的 System.in 相连。第 5 行定义了对象 input，对象 input 与对象 reader 相连，进行二进制位的字符封装处理。这使得对象 input 可以很方便地获取输入的字符数据，再用它的方法 readLine 按行读取从键盘输入的字符文本，返回字符串 String 类型，并把它赋给 String 型的变量 name，这一点体现在第 8 行语句 String name=input.readLine();中。该语句声明了一个 String 型的对象 name，它被初始化为 input.readLine 方法的返回值。这样做的结果是，无论用户从键盘输入什么字符，它都会保存在对象 name 中。第 10 行运行的结果为：

```
Hello, 杨晓燕！
```

这里的 name 是可以代表任何字符串的字符串变量，"Hello" 和 "!" 在程序中表示字符串常量。"杨晓燕"可换成其他的汉字或英文字符串。本例中，"Hello""name"和"!"之间的加号"+"表示串连接符，不用于计算。

方法 readLine 与方法 println 类似，语句：

```
name=input.readLine();
```

表示把从键盘输入的一行字符串赋给变量 name，而语句：

```
System.out.println(name);
```

表示把存储在变量 name 中的字符串输出到计算机的屏幕上。

7.2.4　Java I/O 基本模型

计算机程序运行的过程就是按约定的逻辑对数据进行处理的过程，其中逻辑体现在代码中，而获取数据的方式有多种，包括程序中直接给出、用户通过键盘输入、从数据文件中读取、从数据库中读取、通过网络读取，等等。

数据"流"是一串连续不断的数据的集合，就像水管中的水流。在程序中可以产生流对象，从程序表面是可以看到的，而在操作系统中产生流资源，从程序表面是看不到的。简单来讲，流也可以理解为抽象了与数据源或数据宿连接、数据流动方向，数据读/写单位及处理等在内的一系列系统封装类。

程序将数据从数据源读取到程序中的过程与现实生活中将水从水库引入到城市中的原

理十分类似。如图7.6所示为简单的城市供水系统模型。

图7.6中包含了城郊水库、引水渠、自来水净化系统和居民区4个部分，各部分功能分别对应如下：

（1）城郊水库：存放水的地方；
（2）引水渠：水流经的管道；
（3）自来水净化系统：可理解为对水进行处理的通道；
（4）居民区：使用水的地方。

与城市供水系统模型类似，若将Java数据比作水源，则Java数据流模型如图7.7所示。

图7.6 简单的城市供水系统模型　　　图7.7 Java数据流模型

在图7.7中，数据源对应供水系统的"城郊水库"，是数据存放的地方，通常是标准输入设备（键盘）或文件；节点管道对应供水系统的"引水渠"，是和特定数据源相连的管道，称为节点流，如例7.3中的InputStreamReader，还有java.io包中的系统类FileReader、FileInputStream和FileOutputStream等流类；处理管道对应供水系统的"自来水净化系统"，是对一个已存在的流的连接和封装，也就是对流经的数据进行处理的管道，称为处理流类或过滤流类，如例7.3中的BufferedReader流类，还有java.io包中的系统类BufferedWriter、DataInputStream和DataOutputStream、BufferedInputStream和BufferedOutputStream等流类，处理流并不直接连接到数据源或数据宿上；应用程序对应供水系统的"居民区"，实现数据的读/写功能，如例7.3中通过方法readLine读取数据。

"流"对应操作系统产生的一种资源，可以视为流动的数据缓冲区。"流"有两个端口：一端与数据源（当输入数据时）或数据宿（当输出数据时）相连；另一端与程序相连。根据数据流动方向，从数据源流向应用程序称为输入流，用于读取数据；从应用程序输出到数据宿称为输出流，用于程序中数据的保存和输出。输入流如图7.8所示，输出流如图7.9所示。

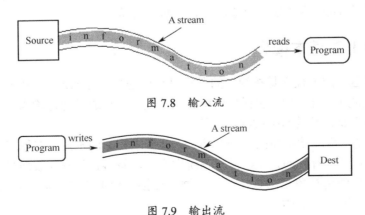

图7.8 输入流

图7.9 输出流

按照处理数据的单位类型来划分,流可分为字符流和字节流。字节流处理信息的基本单位是 8 位的字节,以二进制位的原始方式进行读/写,因此也称二进制字节流(Binary Byte Stream)或位流(Bits Stream),这种流通常用来读/写如图片、声音之类的二进制数据,也就是二进制文件;字符流以字符为单位,一次读/写 16 位二进制数,并将其作为一个字符而不是二进制位来处理,字符流的源或目标通常是纯文本文件。在 Java 中,字符使用的是 16 位 Unicode 编码,每个字符占 2 字节。

Java 采用的命名管理有助于区分字节流和字符流,凡是以 InputStream 或 OutputStream 结尾的类型均为字节流;凡是以 Reader 或 Writer 结尾的类型均为字符流。具体请参阅相关资料,进一步了解。

从整体上讲,Java 数据的输入和输出程序设计就是从 java.io 包中选取适当流类,创建适当对象,使用对象读取和处理数据的过程。

7.2.5 文件数据的读/写

在程序中,通常需要将文件中的数据读取到程序中或将数据输出保存到以后可以读取的文件中。因为 Java 流可以应用于任何数据源,所以对于一个程序设计人员来说,从键盘输入、控制台输出与从文件输入或者输出到文件,这两个过程的原理是一样的。程序通过输入流接收数据,并且通过输出流发送数据,流与文件及程序的关系如图 7.10 所示。

流类的实例都是对象,流对象具有读/写数据或其他事项的操作能力,如关闭流和计算流中的字节数等。

为了创建一个与文件相连接的字节流,需要用到 FileInputStream 或 FileOutputStream 两个类。首先要打开文件,需要创建这两个类的一个对象,然后将文件名指定为构造函数的一个参数。一旦文件被打开,就可以对其进行读取或写入操作了。下面例子实现读取已有文件中的数据。

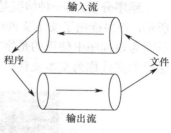

图 7.10 流与文件及程序的关系

【例 7.4】 读取 FileInput.txt 文件中的数据,并在控制台上显示出来。FileInput.txt 文件中存放的内容如图 7.11 所示,与源程序保存在同一个文件夹中。

图 7.11 FileInput.txt 文件中存放的内容

代码如下:

```
import java.io.*;
```

```
class ShowFile{
  public static void main(String args[]) throws IOException{
    int i;
    FileInputStream fin=null;              //声明并初始化输入流对象变量fin
    try{                                    //这里try-catch异常处理结构是必需的
      fin=new FileInputStream(args[0]);    //args[0]表示命令行参数,类型为String
    }catch(FileNotFoundException exe){
      System.out.println("File Not Found");
    }
    do{
      i=fin.read();
      //从输入流中按字节读取数据,返回字符整型ASCII码值,若没有数据则返回-1
      if(i!=-1) System.out.print((char)i);
      //读取的字节整型值转换为字符,当read方法返回-1时,文件读取结束
    }while(i !=-1);
    fin.close();                            //关闭输入流对象及输入流所占用的系统资源
  }
}
```

程序分析： 第一种情况是把 FileInput.txt 和源代码放到同一个文件夹中，运行过程如图 7.12 所示，程序读出了文本文件中的内容。txt 文件中保存了一段英文及随意复制的几行代码，这是因为该程序中使用的是字节流，字节流每次读/写 8 位二进制数，只包括 ASCII 文本字符，这样的文件称为文本文件。若要保存汉字，则要用到字符流。

图 7.12　例 7.4 的运行过程 1

第二种情况是把 FileInput.txt 文件放到其他盘符（如 D 盘）根目录下，在运行时，需要在命令行中给出 txt 文件的绝对目录，运行过程与图 7.11 是一样的，如图 7.13 所示。

图 7.13　例 7.4 的运行过程 2

第三种情况是把程序中的 fin=new FileInputStream(args[0]);这行语句修改为 fin=new FileInputStream("FileInput.txt");，将 FileInput.txt 文件和源代码放在同一个目录下，结果也是一样的。这样不用在命令行中给出参数，程序直接从 FileInput.txt 文件中读取数据。运行过程如下：

```
javac ShowFile.java
java ShowFile
```

【例 7.5】 通过键盘向 charead.txt 文件中写入字符文本，利用 FileOutputStream 流类实现。

代码如下：

```java
import java.io.*;
class FileExample{
  public static void main(String args[]){
    int b;
    byte buffer[]=new byte[100];
    try{                    //try-catch 为必需的异常处理
      System.out.println("输入一行文本，并存入磁盘: ");
      b=System.in.read(buffer);
      //把从键盘输入的字符存入buffer数组，同时返回所读的字节数
      FileOutputStream writefile=new FileOutputStream("charead.txt");
      //输出流和 charead.txt 文件相连
      writefile.write(buffer,0,b);
      /*从给定的字符数组buffer中，从下标0开始，写b个字符到输出流writefile中，
      输出流和文件charead.txt相连*/
    }catch(IOException e){
      System.out.println("Error");
    }
  }
}
```

运行过程如图 7.14 所示。

程序分析：因为本例使用工具 TextPad 编译运行，所以有提示语句"请按任意键继续…"。在提示语句"输入一行文本，并存入磁盘:"下面一行是通过键盘随意输入的一段字符串。再分析程序创建的文件 charead.txt，之前并没有该文件，而是通过程序创建该文件并写入字符串创建的。文件 charead.txt 和源程序放在同一个目录下，当前目录是 D:\特色教材-source\chapter3-code，用记事本打开该文件，如图 7.15 所示，可以看到通过键盘输入的字符被写入文件中。

图 7.14　例 7.5 的运行过程

图 7.15　文件内容

7.2.6　JOptionPane 对话框输入法

以上几个应用程序都是在命令行中显示输出的。目前大多数应用程序都采用图形用户界面（GUI）作为人机交互的工具。Java 2 的类 JOptionPane 使用户很容易建立一个显示信息的

对话框。

【例7.6】 使用预定义对话框显示一行字符串。

```
import javax.swing.JOptionPane;   //import 语句用于加载类库
public class Welcome6{
  public static void main(String args[]){
    JOptionPane.showMessageDialog(null,"Welcome to Java Programming!");
                    //类 JOptionPane 中的方法 showMessageDialog 的调用
    System.exit(0);        //使用预定义类 System 的静态方法，exit 结束程序
  }
}
```

利用一个称为信息提示框的预定义对话框显示与例 1.1 相同的一行字符串，如图 7.16 所示。

（a）编译、运行过程　　　　　　　　（b）信息提示框

图 7.16　例 7.6 的运行结果

程序分析：Java 的一个强大之处在于它提供了一套丰富的预定义类，程序设计人员可以直接使用它们而不必重新开发。Java 许多预定义类被成组地编进相关类目录中，这些类称为包，这些包的全体称为 Java 类库或 Java 应用程序编程接口（Java API）。所有 Java API 中的包存储在目录 java 或 javax 下，该目录又有许多子目录，包括 swing（javax 的一个子目录）。类 JOptionPane 包含在包 javax.swing 中。

类 JOptionPane 中的方法 showMessageDialog 有两个参数。当一个方法需要多个参数时，参数之间以逗号隔开。第一个参数指定对话框显示的位置，取值为 null 表示对话框显示在屏幕的中间；第二个参数是要显示的字符串。

在一个显示图形用户界面的应用程序中，若忘记调用使程序正常结束的命令 System.exit，则通常会造成无法在命令窗口中输入其他命令的错误。方法 exit 的参数值为 0 表明程序正常结束，而非 0 值通常表示程序出现了错误，该值将被传到运行程序的命令窗口中，类 System 是包 java.lang 的一部分。另外，在每个 Java 程序中，自动装载 java.lang。

7.3　字符串类

字符是构造 Java 源程序的基本元素。在 Java 中，字符常量是一个 Unicode 整数编码值，表示用一对单引号括起来的字符。例如，'Z'代表字符 Z 的整数编码值，'\n'代表换行符的整数编码值。

字符串是作为一个单元进行处理的一系列字符，由字母、数字和各种特殊字符组成，如 +、-、*、/、$等。Java 字符串常量表示为一对双引号括起来的字符序列，例如：

```
"Hello world"
"this is a java string"
"it contains a \"  "                        //此字符串中含有特殊字符\
"print me \n you will see the answer"       //此字符串中含有特殊字符\n
```

> **注意**：当双引号中只有一个字符时，如"a"，它依然是字符串，而不能称为字符，即字符与字符串的区别在于所使用的表示符号。

在 Java 语言中，字符串以类的形式定义。Java 的两个字符串类 String 和 StringBuffer 封装了字符串的全部操作。

类 String 创建的字符串对象实体是不许修改或不再改变的字符串，而类 StringBuffer 可以被添加、插入字符串序列，也就是说，该类对象实体的内存空间可以自动地改变大小，便于存放一个可变的字符串序列。例如，一个对象 StringBuffer 调用方法 append 可以追加字符串序列。

7.3.1 创建 String 对象

（1）创建类 String 的对象常用的方法如下：

```
String str1="This is a string";
```

在默认情况下，Java 将用一对双引号（" "）括起来的每个字符串都作为类 String 的一个实例，即使程序中不用运算符 new，Java 编译器也能从类 String 生成一个字符串对象 str1。也可以使用已有的字符串对象来定义新的字符串，例如：

```
String str2=str1;
```

此时，字符串对象 str1 和 str2 指的是同一个对象实例，即"This is a String"。

（2）若写成下面的形式，则意义就不一样了。

```
String str3=new String(str1);
```

这样，str3 的内容与 str1 的内容一样，但实际上 str1 和 str3 指向内存中不同的对象实体。

（3）也可以将对象声明和对象创建分为两步，例如：

```
String s;                   //声明字符串型引用变量 s，此时 s 的值为 null
s=new String("Hello");      //new 运算符申请内存空间，s 指向该字符串在内存中的首地址
```

从（1）、（2）、（3）可以总结出创建 String 对象的 3 种方法。但实际上创建 String 对象的方法有很多，类 String 的构造方法也有很多，见官方网址：http://download.oracle.com/javase/6/docs/api/java/lang/String.html。

Java 语言为类 String 定义了很多方法，其调用格式为：

  字符串变量名.方法名()；

类 String 的常用方法见表 7.1。

表 7.1 类 String 的常用方法

方 法	说 明
public int length()	返回字符串的长度
public Boolean equals（Object obj）	将给定字符串和当前字符串相比较，若两个字符串相等则返回 true；否则返回 false
public String substring(int index)	返回从 index 开始的子串，字符串的索引（index）从 0 开始
public String substring(int beginIndex, int endIndex)	返回从 beginIndex 开始到 endIndex 的子串
public char charAt(int index)	返回 index 指定位置的字符
public int indexOf(String str)	返回 str 在字符串中第一次出现的位置
public String replace(char oldChar,char newChar)	以 newChar 字符替换串中所有 oldChar 字符
public String trim()	去掉字符串的首尾空格

7.3.2 创建 StringBuffer 对象

可使用以下 3 个常用的构造方法创建类 StringBuffer 的对象：

（1）public StringBuffer()构造一个没有字符的字符串缓冲区，初始容量为 16 个字符长；

（2）public StringBuffer(int length)构造一个没有字符的字符串缓冲区，初始容量由参数 length 指定；

（3）public StringBuffer(String string)给参数 string 构造一个字符串缓冲区，初始容量为 string 长度加 16 个字符的长度。

【例 7.7】 字符串对象的创建示例。

```
1     import java.io.*;
2     import java.applet.Applet;
3     import java.awt.Graphics;
4     public class StringDemo extends Applet{
5       byte b[]={'A',' ','b','y','t','e',' ','a','r','r','a','y'};
6       char c[]={'A',' ','c','h','a','r',' ','a','r','r','a','y'};
7       String s1,s2,s3,s4,s5,s6,s7,s8,s9;
8       StringBuffer b1,b2,b3;
9       public void init(){
10        b1=new StringBuffer();           //创建一个内容为空的字符串对象 StringBuffer
11        b2=new StringBuffer(10);         //创建长度为 10 的空字符串对象 StringBuffer
12        b3=new StringBuffer("A string buffer");   //以字符串常量为参数创建 StringBuffer 对象
13        s1=new String();                 //创建一个空 String 对象
14        s2=new String("A string");       //以字符串常量为参数创建 String 对象
15        s3=new String(b3);               //以 StringBuffer 对象为参数创建 String 对象
16        s4=new String(b);    //以 b 为参数创建 String 对象，8 位字节自动转为 16 位字符
17        s5=new String(b,2,4); //从 b 的第 3 个元素开始，取 4 个元素为参数创建 String 对象
18        try{                             //若下面的字符集编码不存在则将抛出异常
19          s6=new String(b,2,10,"GBK");//同 s5，GBK 为字符集编码
20          s7=new String(b,"GBK");        //同 s4，GBK 为字符集编码
```

```
21          }catch(UnsupportedEncodingException e){}
22          s8=new String(c);        //以字符数组c为参数创建String对象
23          s9=new String(c,2,4);//从c的索引值2开始,取4个元素为参数创建String对象
24      }
25      public void paint(Graphics g) {
26          g.drawString("s1="+s1,20,20);
27          g.drawString("s2="+s2,20,35);
28          g.drawString("s3="+s3,20,50);
29          g.drawString("s4="+s4,20,65);
30          g.drawString("s5="+s5,20,80);
31          g.drawString("s6="+s6,20,95);
32          g.drawString("s7="+s7,150,20);
33          g.drawString("s8="+s8,150,35);
34          g.drawString("s9="+s9,150,50);
35          g.drawString("b1="+b1.toString(),150,65);
36          g.drawString("b2="+b2.toString(),150,80);
37          g.drawString("b3="+b3.toString(),150,95);
38      }
39  }
```

运行结果如图7.17所示。

程序分析：第5行和第6行定义了一个字节型数组b和一个字符型数组c。在方法init()中首先调用类StringBuffer的3个构造方法创建了3个对象,然后调用类String的9个构造方法创建了9个对象。第13~23行可以看出类String构造方法的参数,既可以是字符串、数组,又可以是类StringBuffer的对象。第25~38行的方法paint()用于显示这些字符串对象的内容,方法drawString()的后两个参数表示输出字符串的左上角坐标。第35~37行的方法toString()用于把类StringBuffer转化为String类型的数据,因为drawString()的原型为drawString (String str, int x, int y),其中第一个参数类型为String类型。

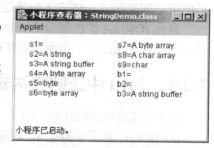

图7.17　例7.7的运行结果

7.3.3　正则表达式与模式匹配实例

正则表达式（Regular Expression）描述了一种字符串匹配的模式（Pattern），可以用来检查一个字符串是否含有某种子串,将匹配的子串替换或者从某个字符串中取出符合某个条件的子串等。

例如：runoo+b 可以匹配 runoob、runooob 和 runoooooob 等,+（加号）代表前面的字符必须至少出现一次（1次或多次）。

colou?r 可以匹配 color 或者 colour,?（问号）代表前面的字符最多只可以出现一次（0次或1次）。

一个字符串其实就是一个简单的正则表达式,如 Hello World 正则表达式匹配 "Hello World" 字符串。.（点号）也是一个正则表达式,它可以匹配任何一个字符,如"a" 或 "2"。

表 7.2 列出了一些正则表达式的实例及描述。

表 7.2 正则表达式的实例及描述

正则表达式	实例及描述
this is text	匹配字符串 "this is text"
this\s+is\s+text	注意字符串中的 \s+ 匹配单词 "this" 后面的 \s+ 可以匹配多个空格，之后匹配 is 字符串，再之后 \s+ 匹配多个空格然后再跟上 text 字符串 可以匹配的实例为 this is text
^\d+(\.\d+)?	^ 定义了以什么开始 \d+ 匹配一个或多个数字 ? 设置括号内的选项是可选的 \. 匹配 "." 可以匹配的实例包括"5"、"1.5" 和 "2.21"

在程序开发中，难免会遇到需要匹配、查找、替换、判断字符串的情况发生，而这些情况有时又比较复杂，若用纯编码方式解决，则会浪费程序设计人员的时间和精力。因此学习和使用正则表达式，便成了解决这个矛盾的主要手段。

自从 JDK 1.4 推出包 java.util.regex 以来，就为我们提供了很好的 Java 正则表达式应用平台。正则表达式是一个很庞杂的体系，这里仅作为入门概念，更多内容请参阅相关资料学习。

7.3.4 Java 中正则表达式常用的语法

（1）字符的取值范围如下：
① [abc]：表示可能是 a，可能是 b，也可能是 c；
② [^abc]：表示不是 a、b、c 中的任意一个；
③ [a-zA-Z]：表示是英文字母；
④ [0-9]：表示是数字。

（2）数量表达式如下：
① ?：表示出现 0 次或 1 次；
② +：表示出现 1 次或多次；
③ *：表示出现 0 次、1 次或多次；
④ {n}：表示出现 n 次；
⑤ {n,m}：表示出现 n 到 m 次；
⑥ {n,}：表示出现 n 次或 n 次以上。

7.3.5 模式匹配方法*

Java 中提供了两个类来支持正则表达式的操作，分别是 java.util.regex 类库中的 Pattern 类和 Matcher 类。Pattern 类的作用在于编译正则表达式后创建一个匹配模式。Matcher 类使用 Pattern 实例提供的模式信息对正则表达式进行匹配检查。

Pattern 类没有公共构造方法。Pattern 类的构造方法是私有的，使用如 Pattern p = Pattern.compile("a*b");这样的语句进行实例化。Matcher 类的实例化依赖 Pattern 类的对象（以 p 为例），如 Matcher m=p.matcher("aaaaab");。

典型方法：

（1）拆分，String[] split(String regex)：Pattern 类的方法，将字符串断开成字符串对象数组。

（2）Pattern.complie(String regex)：Pattern 类的构造方法是私有的，不可以直接创建，但可以通过 Pattern.complie(String regex)简单工厂方法创建一个正则表达式。

```
Java 代码示例：
Pattern p=Pattern.compile("\\w+");
p.pattern();  //返回 \w+
```

代码注释：pattern() 返回正则表达式的字符串形式，其实就是返回 Pattern.complile(String regex)的 regex 参数 。

（3）Pattern.matcher(String regex, CharSequence input)：是一个静态方法，用于快速匹配字符串，该方法适合用于只匹配一次且匹配全部字符串的情况。

Java 代码示例：

```
Pattern.matches("\\d+","2223");
//返回 true ，" \"将下一个字符标记为特殊字符。例如，'\n' 匹配换行符
Pattern.matches("\\d+","2223aa");
//返回 false, 需要匹配到所有字符串才能返回 true，这里 aa 不能匹配到
Pattern.matches("\\d+","22bb23");
//返回 false, 需要匹配到所有字符串才能返回 true，这里 bb 不能匹配到
```

（4）Pattern.matcher(CharSequence input)：该方法返回一个 Matcher 对象，Matcher 类的构造方法也是私有的，不能随意创建，只能通过 Pattern.matcher(CharSequence input)方法得到该类的实例。Pattern 类只能做一些简单的匹配操作，要想得到更快、更便捷的正则匹配操作，就需要将 Pattern 与 Matcher 一起配合使用，Matcher 类提供了对正则表达式的分组支持及对正则表达式的多次匹配支持。

Java 代码示例：

```
Pattern p=Pattern.compile("\\d+");    Matcher m=p.matcher("22bb23");
m.pattern();   //返回 p，也就是返回该 Matcher 对象是由 Pattern 对象创建的
```

（5）替换，String replaceAll(String replacement)：Mather 类方法将目标字符串中与模式相匹配的子串全部都替换为指定的字符串。

在实际开发中，为了方便我们很少直接使用 Pattern 类或 Matcher 类，而是使用 String 类中的有关方法，但是效率不同。

【例 7.8】 使用正则表达式 .*runoob.* 用于查找字符串中是否包含 runoob 子串。

```
import java.util.regex.*;

class RegexExample1{
  public static void main(String args[]){
```

```java
        String content = "I am noob " +
          "from runoob.com.";

        String pattern = ".*runoob.*";

        boolean isMatch = Pattern.matches(pattern, content);
        System.out.println("字符串中是否包含 'runoob' 子字符串？ " + isMatch);
    }
}
```

运行结果：

字符串中是否包含 'runoob' 子字符串？ True

实训1　登录验证

用户在注册成功后，实现登录验证。用户名为"John"，密码为"1234567"。
分析：String 类提供了 equals( )方法，比较存储在两个字符串对象的内容是否一致。
参考程序如下：

```java
public class Login {
    public static void main(String[] args) {
    Scanner input = new Scanner(System.in);
    String uname,pwd;
    System.out.print("请输入用户名： ");

    uname=input.next();
    System.out.print("请输入密码： ");
    pwd=input.next();
    if( uname.equals("John") && pwd.equals("1234567") )   //比较用户名和密
                                                            码是否正确
    {
        System.out.print("登录成功！ ");
    }else{
        System.out.print("用户名或密码不匹配，登录失败! ");
    }
    }
}
```

思考题：如果要求密码长度不能小于 6 位，那么如何修改程序，要用到 String 类的哪个方法？

7.4　颜色类与图形绘制类

7.4.1　图形的颜色控制

目前，大多数计算机都采用彩色屏幕，屏幕上的彩色图形是一系列由红、绿、蓝 3 色组成的像素构成的。因为每种颜色都是红、绿、蓝（RGB）3 种基色的混合体，每种基色的深浅称为灰度，一般用 1 字节表示灰度等级，数值为 0～255，所以一个像素可以有 256*256*256 种颜色。若由具有灰度等级红、绿、蓝 3 色组成的像素描述，则计算机可以存储或显示一幅丰富多彩的图形。

java.awt.Color 类定义了颜色常量和有关颜色的方法，其提供的 13 种标准颜色静态常量见表 7.3。定义橙色的格式如下，其他颜色常量的定义与其类似。

```
public final static Color orange
```

表 7.3　Color 类中提供的 13 种标准颜色静态常量

颜 色 名	RGB 值	备 注
Color.white	255,255,255	白色
Color.black	0,0,0	黑色
Color.lightGray	192,192,192	浅灰色
Color.gray	128,128,128	灰色
Color.darkGray	64,64,64	深灰色
Color.red	255,0,0	红色
Color.green	0,255,0	绿色
Color.blue	0,0,255	蓝色
Color.yellow	255,255,0	黄色
Color.magenta	255,0,255	洋红色
Color.cyan	0,255,255	青色
Color.pink	255,175,175	粉红色
Color.orange	255,200,0	橙色

Graphic 类中控制使用颜色的方法如下：

（1）public int getRed()返回红色的灰度等级；
（2）public int getBlue()返回蓝色的灰度等级；
（3）public int getGreen()返回绿色的灰度等级；
（4）public Color getColor()返回当前前景色；
（5）public void setColor(Color c)设置当前前景色。

7.4.2　类 Graphics 的基本图形

包 java.awt 中的绘图类 Graphics 为抽象类 abstract，它是生成 GUI 图形用户界面的基础类。如上节所见，类 Graphics 可以控制、改变作图环境，包括绘图的颜色控制、文本或字符的字体、字型及绘图模式的控制。所有的图形制作都使用当前的颜色、字符的字体和字型与绘图模式。此外，类 Graphics 提供了绘制基础图形的方法，包括绘制直线、矩形、多边形、文本、椭圆及曲线的方法。在绘制封闭图形时，还提供用当前前景色填充的图形或不填充的图形的绘制方法。

在前面章节中已经使用过类 Graphics 的对象 g。当需要在屏幕上绘制图形、文本和图像时，类 Graphics 的对象 g 自动传给方法 paint，其语法如下：

```
public void paint (Graphics g)
```

类 Graphics 所产生的对象是被称为绘画环境的"绘图区域"。有了这个"绘图区域"后，便可以利用类 Graphics 所提供的各种各样的绘图方法来进行图形绘制。

1. 类 Graphics 绘制直线、矩形的方法

public void drawLine(int x1,int y1,int x2,int y2)，从起点(x1,y1)到终点(x2,y2)画一条直线。

public void drawRect(int x,int y,int w,int h)，绘制矩形，矩形左上角坐标为(x,y)，宽度为 w，高度为 h。

public void clearRect(int x,int y,int w,int h)，擦除左上角坐标为(x,y)，宽度为 w，高度为 h 的矩形。

public void fillRect(int x,int y,int w,int h)，绘制用当前前景色填充的矩形，矩形的左上角坐标为(x,y)，宽度为 w，高度为 h。

public void drawRoundRect(int x,int y,int w,int h,int aw,int ah)，绘制左上角坐标为(x,y)，宽度为 w，高度为 h 的圆角矩形，圆角弧离矩形左上角坐标(x,y)点的水平宽度为 aw，圆角弧距离矩形左上角坐标(x,y)点的垂直高度为 ah，圆角越扁平，aw 和 ah 的值越大；反之则越小。

public void fillRoundRect(int x,int y,int w,int h,int aw,int ah)，绘制用当前前景色填充的圆角矩形，矩形的左上角坐标为(x,y)，宽度为 w，高度为 h，圆角宽度为 aw，高度为 ah，圆角越扁平，aw 和 ah 的值越大；反之则越小。

public void draw3DRect(int x,int y,int w,int h,boolean b)，绘制三维矩形，矩形的左上角坐标为(x,y)，宽度为 w，高度为 h，b 为 true 表示凸起，false 表示凹陷。

public void fill3DRect(int x,int y,int w,int h,boolean b)，绘制用当前前景色填充的三维矩形，矩形的左上角坐标为(x,y)，宽度为 w，高度为 h。

2. 方法 paint()

Java 支持图形的最初目的是为了增强 Applet 和应用程序在可视化方面的功能。包 Java.awt 中类的超类 Component 的方法 paint 以一个类 Graphics 对象作为参数，在 Component 执行绘图操作时，将类 Graphics 的对象传递给方法 paint。

方法 paint()的运行具有自发性，即它在适当的时机自动运行，而不是通过程序设计人员编写调用代码来调用。方法 paint()在下列情况发生时会自动运行：

（1）当新建窗口显示在显示器上或由隐藏变成显示时；

（2）从缩小图标还原为正常显示之后；

（3）正在改变窗口的大小时。

【例7.9】 演示在窗口 Applet 中画各种矩形。

```
//RectDemo.java
import java.awt.*;
import java.applet.Applet;
public class RectDemo extends Applet
{   public void paint(Graphics g)
    {   g.drawRect(20,20,60,60);
```

```
        g.fillRect(120,20,60,60);
        g.setColor(Color.red);              //设置前景色为红色
        g.drawRoundRect(220,20,60,60,20,20);
        g.fillRoundRect(320,20,60,60,20,20);
        g.setColor(Color.pink);             //设置前景色为粉红色
        g.fill3DRect(420,20,60,60,true);
        g.fill3DRect(520,20,60,60,false);
    }
}
//配合 Java 代码 RectDimo.java 的 HTML 文件 RectDemo.html
<html>
<applet code="RectDemo.class" width=600 height=100>
</applet>
</html>
```

运行结果如图 7.18 所示。

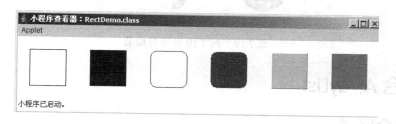

图 7.18　例 7.9 的运行结果

3. 绘制圆弧

利用类 Graphics 绘制圆弧，圆弧的位置和大小均由外接矩形来决定，椭圆是外接矩形的内切椭圆，弧形是外接矩形的内切椭圆的一部分曲线。

利用类 Graphics 绘制圆、椭圆和圆弧的方法如下：

public void drawOval(int x,int y,int w,int h)，绘制内切椭圆，外接矩形的左上角坐标为 (x,y)，宽度为 w，高度为 h。

public void fillOval(int x,int y,int w,int h)，绘制用当前前景色填充的内切椭圆，外接矩形的左上角坐标为(x,y)，宽度为 w，高度为 h。

public void drawArc(int x,int y,int w,int h,int sA,int aA)，绘制弧形，外接矩形的左上角坐标为(x,y)，外接矩形的内切椭圆的宽度为 w，高度为 h，起始角为 sA，弧度为 aA 的圆弧，逆时针扫过的度数用正值度量，顺时针扫过的度数用负值度量。

public void fillArc(int x,int y,int w,int h,int sA,int aA)，绘制用当前前景色填充的弧形，外接矩形的左上角坐标为(x,y)，外接矩形的内切椭圆的宽度为 w，高度为 h，起始角为 sA，角度为 aA 的填充弧形，逆时针扫过的度数用正值度量，顺时针度数用负值度量。

【例 7.10】　演示在窗口 Applet 中画各种曲线。

```
import java.awt.*;
import java.applet.Applet;
```

```
public class OvalDemo extends Applet
{   public void paint(Graphics g)
    {   g.drawOval(20,20,60,60);
        g.fillOval(120,20,85,60);
        g.setColor(Color.red);              //设置前景色为红色
        g.drawArc(220,20,60,60,90,180);
        g.fillArc(320,20,60,60,90,180);
        g.setColor(Color.pink);             //设置前景色为粉红色
        g.drawArc(320,20,160,60,25,-130);
        g.fillArc(420,20,160,60,25,-130);
    }
}
```

运行结果如图 7.19 所示。

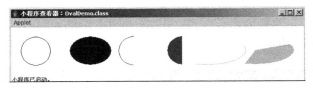

图 7.19 例 7.10 的运行结果

7.5 集合 ArrayList

7.5.1 集合概述

数组可以用来保存同类型的批量数据元素，但是数组大小一旦定义就不能动态改变。但是在某些开发情况下，程序设计人员事先无法确定数据元素的个数，此时数组将不再适用。JDK 提供了一系列长度可变的 Java 集合接口和类。

集合框架如图 7.20 所示，所有的集合框架都包含如下内容：

（1）接口：包含集合的一些通用方法；

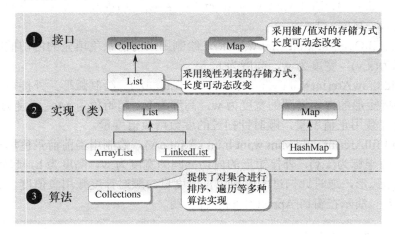

图 7.20 集合框架

(2) 实现（类）：集合接口的具体实现；

(3) 算法：实现集合接口有用的操作，如搜索和排序。

除集合外，该框架也定义了几个接口 Map 和类，Map 中存储的是键/值对。尽管 Map 不是 Collection，但是它们完全整合在集合中。

Java 集合接口和类位于系统包 java.util 中，在使用过程中，需要将其导入到自己编写的程序中，否则会导致编译出错。

Java 集合按其存储结构分为两类，即单列集合 Collection 和双列集合 Map。<u>不同类型的集合，以类似的方式工作，具有高度的互操作性。</u>Collection 为单列集合类的根接口，存储独立元素；Map 为双列集合的根接口，存储键（Key）、值（Value）映射关系的"键/值对"元素。Collection 是所有单列集合的父接口，在 Collection 中定义了单列集合通用的一些操作方法，常用方法见表 7.4。

表 7.4 Collection 接口常用操作方法

方法声明	功能描述
boolean add(Object o)	向集合中添加一个元素
boolean addAll(Collection c)	将指定 Collection 中的所有元素添加到该集合中
void clear()	删除该集合中的所有元素
boolean remove (Object o)	删除该集合中指定的元素
boolean removeAll(Collection c)	删除指定集合中的所有元素
boolean isEmpty()	判断集合是否为空
boolean contains(Object o)	判断该集合中是否包含某个元素
boolean containsAll(Collection c)	判断该集合中是否包含指定集合中的所有元素
Iterator iterator()	返回在该集合的元素上进行迭代的迭代器（Iterator），用于遍历该集合所有元素
int size()	获取该集合元素个数

7.5.2 类 ArrayList 的应用

Java.util.ArrayList 是 List 接口的一个实现类，属于一个动态数组类型，是程序中最常见的一种集合。List 作为 Collection 的子接口，不仅继承了 Collection 接口中的全部方法，而且还增加了一些根据元素索引来操作集合的特有方法，如表 7.5 所示，List 集合中允许出现重复的元素，所有元素以一种线性方式进行存储。ArrayList 是一个长度可变的数组对象，相当于动态数组列表。与 Java 中的数组相比，ArrayList 的容量根据存入元素数量动态自动变大；若删除列表中的某些元素，则会自动处理元素的移动问题，弥补了数组增加和删除元素时的顺序移动问题。集合与数组一样，索引值从 0 开始。

表 7.5 List 接口特有方法

方法声明	功能描述
void add(int index, Object element)	将元素 element 插入到 List 集合的 index 处
boolean addAll(int index, Collection c)	将集合 c 所包含的所有元素插入到 List 集合的 index 处
Object get(int index)	返回集合索引 index 处的元素
Oject remove(int index)	删除 index 索引处的元素

(续表)

方法声明	功能描述
Object set(int index, Object element)	将索引 index 处元素替换成 element 对象，并将替换后的元素返回
int indexOf(Object o)	返回对象 o 在 List 集合中出现的位置索引
int lastIndexOf(Object o)	返回对象 o 在 List 集合中最后一次出现的位置索引
List subList(int fromIndex, int toIndex)	返回索引 fromInedx（包括）到 toIndex（不包括）处所有元素集合组成的子集合

以上是类 ArrayList 中使用较多的成员方法。每个方法都具有更详细的说明或包含其他没有提及的方法，读者可以参考 Java 官方 API。

> **注意**：大家知道，数组是静态的，数组被初始化后，数组长度就不能再改变，而 ArrayList 是可以动态改变大小的。那么，什么时候使用 Array（数组），什么时候使用 ArrayList？答案是：当我们不知道到底有多少个数据元素时，就可以使用 ArrayList；如果知道数据集合有多少个元素，那么就用数组。

ArrayList 的创建、增加和删除的方法如下：

（1）ArrayList 的创建及元素的添加。

```
ArrayList <变量名> = new ArrayList();    // ()中也可以是传递参数
```

这里创建的是一个空的 ArrayList 列表。当我们向列表中传递元素时是通过 add() 方法来进行的。输出列表中的元素通过 for 循环遍历。

【例 7.11】 给 ArrayList 添加元素并对元素进行输出。

```
1   public class test {
2       public static void main(String[] args) {
3           ArrayList lis = new ArrayList();  //创建ArrayList为空的对象lis
4           lis.add("tony");  //列表添加元素tony
5           lis.add("tom");
6           lis.add("jack");
7           lis.add("mary");
8           lis.add("even");
9           //通过for循环遍历列表元素
10          //get(int index), 获取指定位置元素
11          for(int i=0;i<lis.size();i++){
12              String result = (String)lis.get(i);
13              System.out.println(result);
14          }
```

运行结果：

```
tony
tom
jack
mary
```

（2）ArrayList 中元素的删除。

使用方法：列表对象名.remove(int Index);

通过.remove(int Index)方法来进行删除，这里参数直接接收要删除元素的下标。

【例 7.12】 删除 ArrayList 中的元素。

```
1   import java.util.ArrayList;
2
3   public class Araylist {
4     public static void main(String[] args) {
5       ArrayList lis = new ArrayList();
6
7       lis.add("tony");
8       lis.add("tom");
9       lis.add("jack");
10      lis.add("mary");
11      lis.add("even");
12
13      System.out.println("--------------------------------");
14      System.out.println("<ArrayList 原列表元素>:");
15
16      for (int i = 0; i < lis.size(); i++) {
17        String result = (String) lis.get(i);
18        System.out.println(result);
19      }
20      System.out.println("--------------------------------");
21      System.out.println("<删除元素后的 ArrayList 列表>:");
22      lis.remove(1);
23
24      for (int i = 0; i < lis.size(); i++) {
25        String result = (String) lis.get(i);
26        System.out.println(result);
27      }
28      System.out.println("--------------------------------");
29    }
30  }
```

注：由于 lis.remove(1);index 是从 0 开始的，因此 1 代表第 2 个元素，故删除的是 tom 这个元素。

运行结果：

```
<ArrayList 原列表元素>:
tony
tom
jack
mary
```

```
even
---------------------------------
<删除元素后的 ArrayList 列表>:
tony
jack
mary
even
---------------------------------
```

7.5.3 ArrayList 的综合应用

```java
import java.util.*;
public class ArrayListExamples {
    public static void main(String args[]) {
        // 创建一个空的数组列表对象 list，list 用来存放 String 类型的数据
        ArrayList<String> list = new ArrayList<String>();
        // 增加元素到 list 对象中
        list.add("Item1");
        list.add("Item2");
        // 将"Item3"字符串增加到 list 的第 3 个位置
        list.add(2, "Item3");
        list.add("Item4");
        // 显示数组列表中的内容
        System.out.println("The arraylist contains the following elements: "
                + list);
        // 检查元素的位置
        int pos = list.indexOf("Item2");
        System.out.println("The index of Item2 is: " + pos);
        // 检查数组列表是否为空
        boolean check = list.isEmpty();
        System.out.println("Checking if the arraylist is empty: " + check);
        // 获取列表的大小
        int size = list.size();
        System.out.println("The size of the list is: " + size);
        // 检查数组列表中是否包含某元素
        boolean element = list.contains("Item5");
        System.out .println("Checking if the arraylist contains the object Item5: "+ element);
        // 获取指定位置上的元素
        String item = list.get(0);
        System.out.println("The item is the index 0 is: " + item);

        // 遍历 ArrayList 中的元素
        // 第 1 种方法：循环使用元素的索引和列表的大小
        System.out .println("Retrieving items with loop using index and size list");
```

```java
    for (int i = 0; i < list.size(); i++) {
        System.out.println("Index: " + i + " - Item: " + list.get(i));
    }

    // 第 2 种方法:使用 foreach 循环
    System.out.println("Retrieving items using foreach loop");
    for (String str : list) {
        System.out.println("Item is: " + str);
    }
    // 替换元素
    list.set(1, "NewItem");
    System.out.println("The arraylist after the replacement is: " + list);
    // 移除元素
    // 移除第 0 个位置上的元素
    list.remove(0);
    // 移除第 1 次找到的 "Item3"元素
    list.remove("Item3");
    System.out.println("The final contents of the arraylist are: " + list);
    }
}
```

7.5.4 类 Arrays

在 Java 中提供了类 Arrays, 类 Arrays 位于包 java.util 中, 它提供的几个静态方法可以直接使用, 可以实现对数组排序、搜索与比较等基本操作。类 Arrays 的常用方法说明如下:
- sort(): 帮助我们对指定的数组排序, 所使用的方法是快速排序法。
- binarySearch(): 让我们对已排序的数组进行二元搜索, 若找到指定的值则返回该值所在的索引; 否则返回负值。
- equals(): 比较两个数组中的元素值是否全部相等, 若是则返回 true; 否则返回 false。

【实训内容 2】Arrays 类综合应用。

```java
// Using Java arrays.
import java.util.*;
public class UsingArrays {
    private int intValues[] = { 1, 2, 3, 4, 5, 6 };
    private double doubleValues[] = { 8.4, 9.3, 0.2, 7.9, 3.4 };
    private int intValuesCopy[];

    // 数组初始化
    public UsingArrays()
    {
        intValuesCopy = new int[ intValues.length ];
        // 对数组 doubleValues 排序
        Arrays.sort( doubleValues );
        System.arraycopy( intValues, 0, intValuesCopy, 0, intValues.length );
```

```java
   }

   // 输出各个数组的值
   public void printArrays()
   {
      System.out.print( "doubleValues: " );
      for ( int count = 0; count < doubleValues.length; count++ )
         System.out.print( doubleValues[ count ] + " " );

System.out.print( "\nintValues: " );
      for ( int count = 0; count < intValues.length; count++ )
         System.out.print( intValues[ count ] + " " );

      System.out.print( "\nintValuesCopy: " );
      for ( int count = 0; count < intValuesCopy.length; count++ )
         System.out.print( intValuesCopy[ count ] + " " );
      System.out.println();
   }

   // 在数组 intValues 中搜索一个值 value
   public int searchForInt( int value )
   {
      return Arrays.binarySearch( intValues, value );
   }//若找到则返回元素的索引,若没找到则返回一个负值

   // 数组比较
   public void printEquality()
   {
      boolean b = Arrays.equals( intValues, intValuesCopy );
      System.out.println( "intValues " + ( b ?   "==" : "!=" ) + "
         intValuesCopy" );
   }

   // 执行有关操作
   public static void main( String args[] )
   {
      UsingArrays usingArrays = new UsingArrays();
      usingArrays.printArrays();
      usingArrays.printEquality();
      int location = usingArrays.searchForInt( 5 );
      System.out.println( ( location >= 0 ?
         "Found 5 at element " + location : "5 not found" ) +
         " in intValues" );
   }
}
```

运行结果:

```
E:\Java-code>javac UsingArrays.java

E:\Java-code>java  UsingArrays
doubleValues: 0.2 3.4 7.9 8.4 9.3
intValues: 1 2 3 4 5 6
intValuesCopy: 1 2 3 4 5 6
intValues == intValuesCopy
Found 5 at element 4 in intValues
```

思考题：程序中使用了类 Arrays 的哪几个方法？是如何使用的？

7.6　Java 8 新特性*

Java 8（又称 JDK 8）由 Oracle 公司于 2014 年 3 月 18 日发布，它支持函数式编程，具有新的 JavaScript 引擎、新的日期 API、新的 Stream API 等。具体内容请参阅官网：http://www.oracle.com/technetwork/java/javase/8-whats-new-2157071.html。

Java 8 新增了很多特性，这里主要介绍以下 4 个。

（1）Lambda 表达式：Lambda 允许把函数作为一个方法的参数（函数作为参数传递给方法）。

（2）方法引用：方法引用提供了非常有用的语法，通过双冒号（::）操作符直接引用已有 Java 对象（实例）方法或类的构造方法。Java 8 希望拥有自己的编程风格，并与 Java 7 区别开。比如：

① 构造方法引用的语法是：ClassName::new，创建一个指向类的构造函数的引用；

② 引用对象实例方法的语法是：ObjectName::instanceMethodName，请注意只有方法名，没有参数。

注意：这里只需要写方法名，不需要写参数括号，更多内容参阅百度查阅有关博客和论坛。

（3）默认方法：默认方法就是一个在接口面有了一个实现的方法，参阅 6.4 节。

（4）Stream API：新添加的 Stream API（java.util.stream）把真正的函数式编程风格引入到 Java 中。

【例 7.13】　展示 Java 7 和 Java 8 的编程格式，其输出结果是一样的。

```java
import java.util.Collections;
import java.util.List;
import java.util.ArrayList;
import java.util.Comparator;

public class Java8Tester {
   public static void main(String args[]){
   
      List<String> names1 = new ArrayList<String>();
      names1.add("Google ");
      names1.add("Runoob ");
      names1.add("Taobao ");
      names1.add("Baidu ");
```

```java
        names1.add("Sina ");

        List<String> names2 = new ArrayList<String>();
        names2.add("Google ");
        names2.add("Runoob ");
        names2.add("Taobao ");
        names2.add("Baidu ");
        names2.add("Sina ");

        Java8Tester tester = new Java8Tester();
        System.out.println("使用 Java 7 语法: ");

        tester.sortUsingJava7(names1);
        System.out.println(names1);
        System.out.println("使用 Java 8 语法: ");

        tester.sortUsingJava8(names2);
        System.out.println(names2);
    }

    // 使用 java 7 排序
    private void sortUsingJava7(List<String> names){
        Collections.sort(names, new Comparator<String>() {
            @Override    //导入方法重写
            public int compare(String s1, String s2) {
                return s1.compareTo(s2);
            }
        });
    }

    // 使用 java 8 排序
    private void sortUsingJava8(List<String> names){
        Collections.sort(names, (s1, s2) -> s1.compareTo(s2));  //使用 lambda 表达式
    }
}
```

运行结果:

```
使用 Java 7 语法:
[Baidu , Google , Runoob , Sina , Taobao ]
使用 Java 8 语法:
[Baidu , Google , Runoob , Sina , Taobao ]
```

7.7　Java 9 入门体验*

Java 9 引入 Java 平台模块系统，即 Project Jigsaw，把模块化开发实践引入到 Java 平台

中。在引入了模块系统后，JDK 被重新组织成 94 个模块。Java 应用可以通过新增的 jlink 工具，创建出只包含所依赖的 JDK 模块的自定义运行时的镜像。2017 年 9 月 Java 9 的发布及 2018 年 3 月 Java 10 等的发布，Java 从传统的以特性驱动的发布周期，转变为以时间驱动的（6 个月为周期）发布模式，新特性请查阅网站最新内容。

2017 年 9 月 22 日，Java 9 正式发布，它带来了众多特性。以下是对 Java 9 的初步体验，并且简单介绍 Java 9 的新应用。

（1）jshell（Java 脚本运行环境）

（2）modularity（模块化）

1．Java 9 的下载

Java 9 可以从官方下载，其下载地址：http://www.oracle.com/technetwork/java/javase/downloads/jdk9-downloads-3848520.html。

安装及环境变量和以往的版本相同，在安装配置后，输入 java –version 后会出现如图 7.21 所示的版本信息。

图 7.21　版本信息

2．初探 jshell

jshell 是 Java 9 新增的一个脚本工具，可以在命令行中直接运行 java 的代码，而无须创建 Java 文件，然后进行编译，最后运行。jshell 的优点是即写即得，若仅检查几行代码运行的结果，则可以使用 jshell，直接在命令行输入代码即可。

在命令行输入"jshell"，即可进入 jshell 环境，如图 7.22 所示。

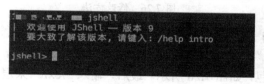

图 7.22　练习如何使用 jshell

然后，如何使用 jshell？如输入 1+1，输出结果如图 7.23 所示。

图 7.23　输出结果 1

注意：结果输出$1 ==> 2，$1 表示第一个临时变量。

若输入"hello world"，则输出结果如图 7.24 所示。

图 7.24　输出结果 2

再进行方法的测试，如图 7.25 所示。

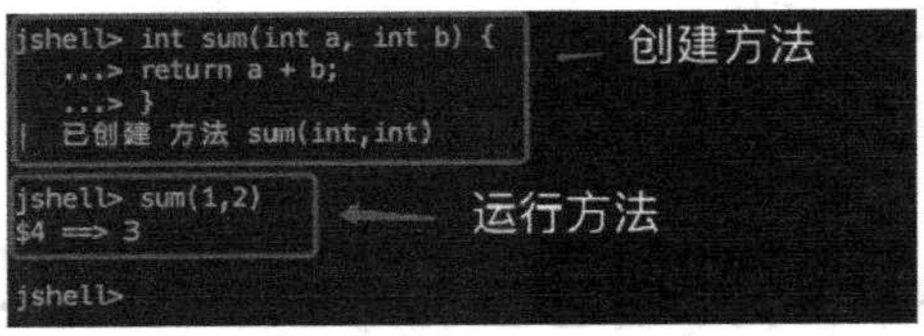

图 7.25　方法的测试

若想修改方法，则可以输入"/edit sum"，会弹出编辑界面，如图 7.26 所示。

图 7.26　修改方法

注意：因为这里的 j 是我们定义的变量，所以没有"$"符号。

另外，可以用"/list"来查看当前运行的脚本，如图 7.27 所示。同时可以通过"/import"来查看脚本默认导入的包，如图 7.28 所示。最后，输入"/exit"来退出 jshell 环境，如图 7.29 所示。这里简单介绍了 jshell 的用法，更多使用请参阅网站最新资料。

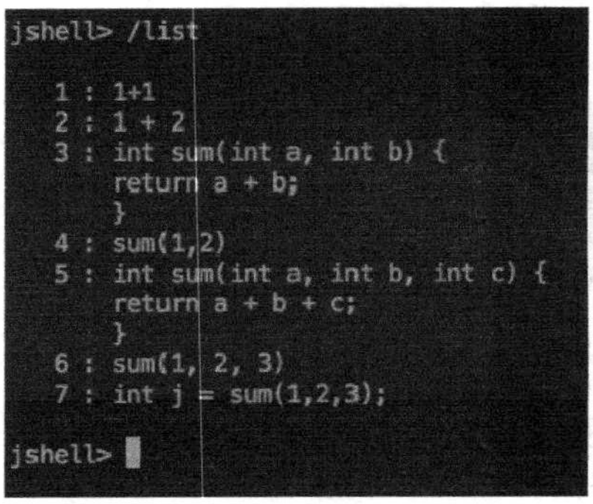

图 7.27　查看当前运行的脚本 　　　　　图 7.28　查看脚本默认导入的包

3. Java 9 的模块入门

模块化是 Java 9 最大的一个特性，它使得代码组织上更安全，这是因为它可以指定哪些部分可以暴露，哪些部分可以隐藏。

从本质上讲，模块的概念其实就是在 package 外再裹一层，也就是说，用模块来管理各个 package，通过声明某个 package 暴露，不声明就是默认隐藏 package。

图 7.29 退出 jshell 环境

由于目前的 IDE 还不支持 Java 9 的特性，因此实验只能手动创建，创建结构目录如图 7.30 所示，省略代码编写、编译等。

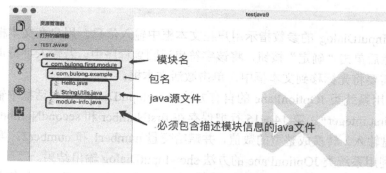

图 7.30 创建结构目录

7.8 案例实现

1. 问题回顾

利用 JOptionPane 实现简易计算器。利用键盘的输入和输出，字符串数据类型转换成相应的数值类型。这里先设计出加法计算器。

2. 代码实现

```
1   import javax.swing.JOptionPane;      //加载系统类 JOptionPane
2   public class Addition3{
3     public static void main(String args[]){
4       String firstNumber,               //由用户输入的第1个字符串
5       secondNumber;                     //由用户输入第2个字符串
6       int number1,                      //相加的第1个数值
7       number2,                          //相加的第2个数值
8       sum;                              //number1 和 number2 相加之和
9       //输入作为字符串类型的第1个数值
10      firstNumber=JOptionPane.showInputDialog("Enter first integer" );
11      //输入作为字符串类型的第2个数值，使用类 JOptionPane 的方法 showInputDialog
12      secondNumber=JOptionPane.showInputDialog("Enter second integer" );
13      //使用预定义类 Integer 的方法 parseInt，把数值从字符串型转换成整型
14      number1=Integer.parseInt(firstNumber );
15      number2=Integer.parseInt(secondNumber );
```

```
16              sum=number1 + number2;
17              //程序调用方法 JOptionPane.showInputDialog 并输出结果
18              JOptionPane.showMessageDialog(
19              null, "The sum is " + sum, "Results",
20              JOptionPane.PLAIN_MESSAGE );
21              System.exit(0 );//结束应用程序
22          }
23      }
```

3．程序分析

该程序中方法 showInputDialog 的参数指示用户在文本框中输入信息。用户在文本框中输入字符串型的数值，然后单击"确定"按钮，将该字符串返回到程序中。若输入字符但在文本框中没有显示，则需要将光标移到文本框中，单击激活文本框。

程序中的第 10 行利用系统类 JOptionPane 的自有方法 showInputDialog 在对话框中输出一行提示语句："Enter first integer"。第 14~15 行把保存在 firstNumber 和 secondNumber 中的字符串型数值（从键盘输入）转换成整型的数值，并赋给变量 number1 和 number2。第 16 行完成加法运算。最后利用系统类 JOptionPane 的方法 showInputDialog 输出结果。

第 18 行的 showMessageDialog 需要 4 个参数：第 1 个参数是对话框在屏幕中的位置；第 2 个参数是要显示的信息；第 3 个参数是显示在对话框标题栏中的字符串；第 4 个参数（JOptionPane.PLAIN_MESSAGE）是一个表示消息对话框显示类型的值，这种类型的对话框在消息的左边不显示图标。参数中的"+"是串连接符，在这里用于连接一个字符串与另一个数据类型（包括 String），操作结果是生成一个新字符串（通常更长）。

4．知识提示与思考

字符串型转换成其他类型数据的方法见表 7.6。

表 7.6　字符串型转换成其他类型数据的方法

转换的方法	功 能 说 明
Byte.parseByte()	将字符串型转换为字节型数据
Short.parseShort()	将字符串型转换为短整型数据
Integer.parseInt()	将字符串型转换为整型数据
Long.parseLong()	将字符串型转换为长整型数据
Float.parseFloat()	将字符串型转换为浮点型数据
Double.parseDouble()	将字符串型转换为双精度型数据

思考：如何把上述程序修改为减法、乘法和除法计算器？

习题 7

1．使用命令行参数，编写一个交互式输入程序，在屏幕上显示"Marry say: Good idea!"。
2．编写一个 Application 程序，通过键盘输入一个字母，加 1 后输出到屏幕上。

3. 利用类 Scanner，计算圆的面积和周长。其中，半径用浮点数表示，结果取小数点后两位。浮点数的精度控制问题，请查阅 Java API 的系统 java.text.DecimalFormat 相关信息。

4. 判断正误，若说法错误则说明理由。

（1）方法 drawPolygon 能自动连接多边形的结束点。

（2）方法 drawLine 能绘制一条在两点间的直线。

（3）方法 fillArc 用度数来指定角度。

（4）drawOval(x,y,50,100)的前两个参数指定了椭圆的中心坐标。

（5）像素坐标(0,0)位于屏幕的正中央。

5. 画两个矩形，一个是普通的未填充的矩形，另一个是圆角为 20 像素的填充矩形。

6. 利用方法 drawOval 和 fillOval 分别画两个椭圆，前景色分别设置为黄色和红色。

SCJP 试题：Which one of the following methods is not related to the display of the applets?

    A）update()   B）draw()   C）repaint()   D）paint()

SCJP 试题：Which of the following classes can handle the Unicode?

    A）InputStreamReader   B）BufferedReader

    C）Writer   D）PipedInputStream

问题探究 7

1. 利用 JOptionPane，实现简易加、减、乘、除计算器。

2. 查阅资料学习类 Random 和类 Math 的方法 random()的应用。

3. 查阅资料进一步学习 Java 输入/输出流与文件操作，用程序说明与数据源或数据宿相连的节点流 FileInputStream 与 FileOutputStream、FileReader 与 FileWriter 的应用，以及数据处理流 DataOutputStream 与 DataOutputStream、BufferedReader 与 BufferedWriter 的应用。DataOutputStream 与 FileOutputStream 的连接关系如图 7.31 所示。

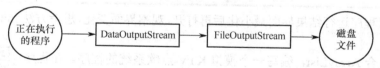

图 7.31 DataOutputStream 与 FileOutputStream 的连接关系

4. 测试以下程序，理解 Applet 的生命周期。

```
1   import java.applet.*;
2   import java.awt.*;
3   public class AppletLifeCycle extends Applet
4     {  private int iC,sC,oC,dC,pC;
5   public AppletLifeCycle()
6   {iC=sC=oC=dC=pC=0;     }
7   public void init(){    iC++;     }
8   public void destroy()  {   dC++;    }
9   public void start()    {   sC++;    }
10  public void stop(){    oC++;    }
```

```
11          public void paint(Graphics g)
12      {   pC++;
13          g.drawLine(20,200,300,200);    //x 轴线，长度从 20 到 300
14          g.drawLine(20,200,20,20);      //y 轴线，高度从 200 到 20
15          g.drawLine(20,170,15,170);
16          g.drawLine(20,140,15,140);
17          g.drawLine(20,110,15,110);
18          g.drawLine(20,80,15,80);
19          g.drawLine(20,50,15,50);
20          g.drawString("Init()",25,213);
21          g.drawString("Start()",75,213);
22          g.drawString("Stop()",125,213);
23          g.drawString("Destroy()",175,213);
24          g.drawString("Paint()",235,213);
25          g.setColor(Color.red);
26          g.fillRect(25,200-iC*30,40,iC*30);
27          g.fillRect(75,200-sC*30,40,sC*30);
28          g.fillRect(125,200-oC*30,40,oC*30);
29          g.fillRect(175,200-dC*30,40,dC*30);
30          g.fillRect(235,200-pC*30,40,pC*30);
31      }
32     }
```

对应 HTML 文件为：

```
<html>
<applet code="AppletLifeCycle.class" width=500 height=300>
</applet>
</html>
```

思考题：对程序运行结果界面最小化后再打开，观察界面变化，思考方法 init() 和方法 start() 有何不同？

5. 使用集合 ArrayList，编写一个模拟 KTV 点歌系统的程序。在程序中，指令 0 代表添加歌曲，指令 1 代表将所选歌曲置顶，指令 2 代表将所选歌曲提前一个位置，指令 3 代表退出该系统，要求根据用户输入的指令和歌曲名展现歌曲列表。例如，输入指令 0 与歌曲名"小螺号"，则输出"当前歌曲列表：[小螺号]"。

视频

第8章 包和异常

包是对类和接口进行组织和管理的目录结构,包名用来分隔类名空间。Java 包的引入使得程序设计人员可以唯一地选择类名,而不会与其他程序设计人员选择的类名冲突。包为库中已存在的类和接口提供了重用机制,包以层次结构组织并可被明确地引入到一个新类定义中。

异常是程序运行时出现的非正常状态。Java 的异常是一个出现在代码中描述异常状态的对象。每当一个异常情况出现时,系统就创建一个异常对象,并转入到异常处理方法中捕捉异常,防止由于异常而导致程序中途退出。

本章主要内容
- 包及创建包
- 类的包外引用
- 异常(不受检异常和受检异常)
- 自定义异常类

【案例分析】
团队开发协作与类的连接组织。假定一个应用程序由多人开发,若每人负责一个类模块,则多人开发的类如何连接组织为一个完整的应用程序呢?以这样一个模型为例,我们现在要定义并计算三角形的面积、矩形的面积和圆的面积,分别以 3 个类和一个抽象的接口封装,再加上测试主类,它们分属 2 个包和 4 个不同的 Java 文件。现在程序如何连接和运行?这里就要用到 Java 的类组织——包及接口的定义。

8.1 包

包(Package)是对类和接口进行组织和管理的目录结构。Java API 的每个类、接口和用户自定义的服务类都属于某个包,Java 用不同包归入相关类和接口的集合,包可以视为存储相关类和接口的容器。

Java 程序设计人员的目标之一是创建可被重用的软件构件和可被重用的类,使得在不同的程序中无须重复编写代码。Java 的包为库中已存在的类和接口提供了重用机制。Java 程序使用类的访问名(包名+类名)来引用已存在的类,包的另外一个优点是它提供了"唯一类名"的约定。世界成千上万的 Java 程序设计人员可以唯一地选择类名,而不会和其他程序设计人员选择的类名冲突。若没有包来管理类名空间,则不久类名就可能不够用了,因此包是 Java 提供的一种用来分隔类名空间的机制。另外,包还提供一种重用权限的控制机制,用户可以把某些类定义在一个包中,也可以对定义在这个包中的类设定访问权限,以限定包外的程序对其中的某些类进行访问。例如,若在类声明的保留字 class 之前使用 public,则表示该类不仅可供同一个包的类引用,而且可供其他包中的类引用;若在 class 前不用修饰词,则表示该类仅供同一个包的类使用。这说明包也是控制一个类是否可让包外其他类进行访问的一种控制机制。

总之，Java 中的包主要有 3 个作用：一是使得功能相关的类和接口易于查找和引用，通常，同一个包中的类和接口是功能相关的；二是避免了类命名的冲突，不同包中的类可以同名，但它们属于不同的包；三是提供一种重用权限的控制机制，类的一些访问权限以包为访问范围。

8.1.1 创建包

包是接口和类的集合，或者说包是接口和类的容器。包为库中已存在的类和接口提供了重用机制，当程序设计人员要为自定义的类提供重用服务时，也一定要使用包机制。在包中每个类的访问名都应该是包名和类名两部分的组合。在同一个包中的类互访时，可以直接使用类名，不用指定包名。当外部类访问某个包中的类时，必须使用类的访问名（包名+类名），此时包名是类访问名的组成部分。这意味着必须为每个类起唯一的名字进而避免命名冲突。例如，可以在自己的包内创建一个名为 list 的类而不会与别人创建的其他 list 类重名。包以层次结构组织，并可被明确地引入到一个新类定义中。

包的层次结构名是类访问名的一部分，必须在程序中通过语句 package 指定。

1. 包的定义

定义一个包非常简单，在 Java 源文件的开始语句中包含一条语句 package 即可。包的定义格式为：

    package 包名 1[{.包名 2}];

其中，package 是关键字，包名 1[{.包名 2}]为层次结构包名，用圆点（.）分隔每个包。

语句 package 定义了一个类存放的命名空间，将接口和类的源程序文件编译后纳入指定的层次结构包中，并指定接口和类的访问名。若没有语句 package，则源文件编译成中间代码（.class）文件被存放在当前目录中。

<u>创建可复用的类的步骤如下：</u>

（1）定义一个类 public，若该类不是类 public，则它只能被同一个包中的其他类引用。

（2）选择层次结构包名，并用语句 package 将其加到可复用类的源代码文件中的第一行，指明该类所在的包。<u>注意：此时，第一行不能是空行或注释行。</u>

（3）编译各个类：在 DOS 窗口下，可以用 DOS 的 "-d" 选项指定所要存放 class 文件的目录和文件名，如：

① D:\myJava-包实验>javac -d . figure.java；

② D:\myJava-包实验>javac -d f:\myclass PackageTest.java。

①和②均是 DOS 界面中的执行语句，①中的 "-d" 指定 class 文件存放到当前目录中，用实心点（.）表示，也可以省略，将自动保存到当前源文件同级目录中；②中的 "-d" 指定参数存放在 class 字节码文件的目录 "f:\myclass" 中。figure.java 和 PackageTest.java 分别可以理解为带包的源文件。

（4）解释执行 class 字节码文件：在**解释执行**时要在类前面加上包的名称，如：

D:\myJava-包实验>java mp.figure

其中，mp 是自定义的包名称，figure 是编译生成的 class 主类名称。

在 Eclipse 集成环境下，包的定义变得非常简单，这里不再赘述。

8.1.2 类的包外引用

若要将存储在某个包中已定义的类引入到当前类中，则可以使用语句 import。

语句 import 的语法如下：

    import 包名 1 [{.包名.类名}].*;

其中，import 是关键字，包名 1[{.包名}]为层次结构包名，用圆点（.）分隔每个包，* 表示引入指定包中的所有的类，如 import list.*;。

> **注意**：使用"*"只能表示本层次的所有类，不包括子层次下的类。

说明：

（1）java.lang 包中的所有类会自动引入，不必使用语句 import；

（2）层次结构包名中的父包和子包在使用上没有任何关系，如父包中的类引用子包中的类，必须使用完全的类访问名，不能省略父包名部分。又如利用语句 import 引入一个包中的所有类，但并不会引入该包的子包中的类，若程序中还用到子包中的类，则需要再次对子包作单独引入。如：

    import java.awt.*;
    import java.awt.event.*;

例 8.1 中 Point.java 是用户自定义可供重用的类，存放在 classpath 为 c:\classes 路径下的 com.juj 包中。应用程序主类 MDPoint2.java 在子目录 d:\jujava 中，它引用了 Point 类，并分别用操作符 new、默认构造方法及带参重载的构造方法产生两个 Point 类的实例 p 和 a，通过 Point 类的公有的 set 方法修改对象 P 的 x 坐标，输出两个实例的 x 和 y 坐标。

【例 8.1】 自定义包名 com.juj 的 Point 类。

```
package com.juj;
public class Point
{       private   int x,y;                       //私有成员变量

        public Point()            {  }           //重载的构造方法
        public Point(int x,int y) {  this.x=x;   this.y=y;    }
        //其他成员方法
        public void setx(int a)   {  x=a;        }
        public int getx( )        {  return x;   }
        ......
}
```

实训 1 jar 命令打包与引用

在 Java 文件系统中，一个 package 对应一个特定文件夹，一个 class 文件对应一个具体的类文件。当软件系统比较庞大时，在物理形式上，就对应了一个复杂的文件夹结构。为便于软件系统的安装和使用，Java 提供了一种文件打包技术，类似文件的压缩，将一个复杂的

文件夹系统打包成一个文件。

jar.exe 是 JDK 中自带的文件打包和压缩命令，使用该命令可以完成文件系统的打包和压缩。

1. jar 命令打包

以 D:\chapter8-code 文件夹为例，打包之前的文件结构如图 8.1 所示。

图 8.1 打包之前的文件结构

从命令行窗口进入 D:\chapter8-code，执行如下命令：

```
D:\chapter8-code>jar -cvf myjar.jar .\*.*
```

其中，参数 c 和 f 在创建 jar 文件的过程中要一起使用，c 表示创建 jar 文件，f 定义创建 jar 文件的名称，参数 v 是显示 jar 文件更详细的信息，myjar.jar 是打包后的文件名和后缀。

执行过程如图 8.2 所示。

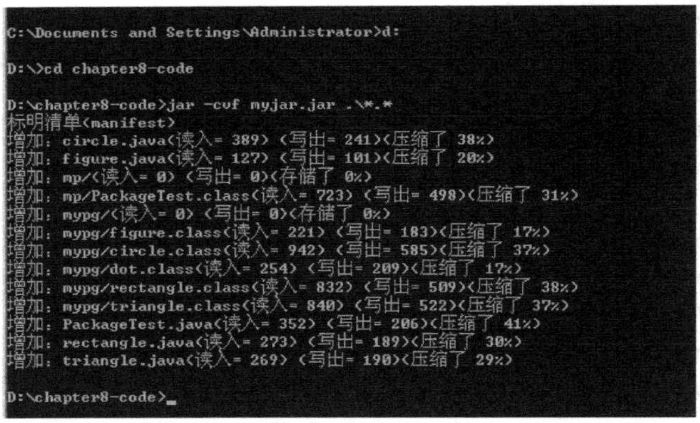

图 8.2 打包命令的使用和执行过程

文件结构中增加了 myjar.jar 文件，如图 8.3 所示。

2. jar 包的引用

在打包文件 myjar.jar 生成后，可以在其他类中引用该 jar 文件中的类。为了使用 jar 包，需要将其路径添加到系统 classpath 环境变量中。假设 jar 文件的路径是 D:\chapter8-code\myjar.jar，如图 8.3 所示。将这里的路径添加到 classpath 环境变量中，步骤如图 8.4 所示，首先，选中桌面上"我的电脑",右键选中"属性"。

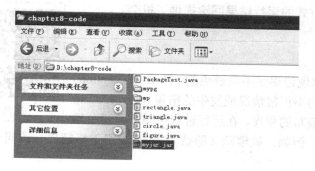

图 8.3 myjar.jar 的包路径

图 8.4 classpath 配置步骤 1

其次,打开"系统属性"对话框,选中"高级"选项卡,如图 8.5 所示。

然后,单击"环境变量","编辑"环境变量,增加 jar 包路径:D:\chapter8-code\myjar.jar,用英文分号(;)和前面的路径分开,最后单击"确定",如图 8.6 所示。

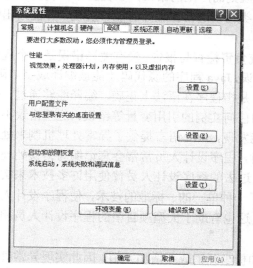

图 8.5 classpath 配置步骤 2

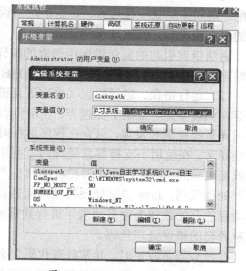

图 8.6 classpath 配置步骤 3

当 classpath 环境变量的值发生变化时,必须重新启动一个命令行窗口;否则 classpath 的值不会被更新,程序出现类查找不到的错误。

在 classpath 值配置好后,就可以在其他应用程序中通过关键字 import 导入该包,然后就可以使用文件 jar 所包含的类及相关方法和变量。在应用程序的文件 jar 生成后,也可以借助类似 jar2.exe 的工具生成应用程序的 exe 文件,并可以通过双击鼠标左键运行它。

8.2 异常处理

Java 语言中的异常处理能力不仅能够提高程序运行的稳定性,而且有助于优化程序运行流程、提高系统运行效率。更重要的是,在应用程序中建立可能发生异常的程序代码的测试、捕捉和处理机制后,应用程序能够以更加平稳的状态投入运行。若发生运行异常,则 Java

的异常处理机制还能够在捕捉异常的情况下避免系统崩溃，完整地保护程序运行现场，为类似在数据库访问条件下基于事务方式的运行结果回滚提供了机会。

8.2.1 异常的基本概念

在软件开发过程中，程序中出现错误是不可避免的。异常（Exception）是指应用程序在运行过程中发生的不正常情况或发生的错误（Error）。

用任何计算机程序设计语言编写的程序，在运行过程中都不可避免地会出现各种各样的潜在异常现象。例如，被零除（除数为零）、数组下标超界、访问的文件或对象不存在及内存不够等。

1．程序中的错误类型

程序运行中的异常可以预料但不可避免。当程序不能正常运行或运行结果不正确时，表明程序中存在错误。按照错误的性质可以将错误分为语法错误、运行错误和逻辑错误。

（1）语法错误。由于违反 Java 语言的语法规则而产生的错误，如变量未声明、括号不匹配、语句末尾缺少分号等，称为语法错误。这类错误通常在编译时能够发现，并能给出错误的位置和性质，故又称编译错误。

语法错误引起的编译错误由语言的编译系统负责检查与报告。没有编译错误是一个程序能够正常运行的基本条件，即只有不存在编译错误，Java 程序的源代码才能被编译成字节码。

（2）运行错误。运行错误（也称语义错误）是指程序在语法上正确，编译能够通过，但是存在如被零除、数组下标越界、使用没有指向任何实例的引用变量等错误，这些错误不能被编译系统检测和发现，只有在程序运行时才能发现，Java 语言提供了异常处理机制来处理这些异常。在使用不支持异常处理的编程语言时，程序设计人员常常会忘记编写错误处理代码或延迟编写，从而产生不够健壮的软件产品。过去的程序设计人员曾使用许多技术来实现错误处理代码，Java 异常处理为处理问题提供了一种单一的、标准的技术，使程序设计人员从项目的开始就较为容易地着手进行异常处理，这也有助于大型项目中的程序设计人员相互理解各自的错误处理代码。

在没有异常发生时，异常处理代码仅会增加极少开销或不增加开销。因此实现异常处理的程序在运行效率上要高于错误处理代码与程序逻辑混用的程序。

（3）逻辑错误。程序编译通过也可以运行，但运行结果与预期结果不符，如由于循环条件不正确而没有得到预期结果，循环次数不对导致计算结果不正确等，这些称为逻辑错误。这类错误是由程序不能实现程序设计人员的设计意图和设计功能而产生的。系统无法找到逻辑错误，逻辑错误只能凭借程序设计人员的基本功和设计经验找出错误的原因及位置，进而改正错误。

2．Java 中异常对象的类型和层次结构

Java 将程序运行过程中发生的异常抽象成类，每个异常类代表一个相应的例异常类型，类中包含异常信息和异常处理方法。应用程序在运行过程中若发生异常事件，则 Java 虚拟机或正在运行的程序捕获异常，创建并抛出一个异常对象，生成的异常对象将由 JVM 解析处理，称为抛出异常机制，确保不会死机，从而保证系统的安全性。Java 抛出异常机制将异常处理与正常程序分离，易于维护，程序更简捷。

在 Java 中，所有的异常都是类 Throwable 的后继子类，如图 8.7 所示。类 Throwable 有两个直接子类：类 Error 和类 Exception。类 Exception 的子类分为两类：受检异常（Checked Exception）和不受检异常（Unchecked Runtime Exception and Error）。

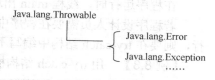

图 8.7 异常类的层次结构

（1）<u>Error 类及其子类</u>是严重的系统错误产生的异常对象，应用程序通常无法捕获，如系统资源耗尽、动态链接失败和线程死锁等原因造成的程序中断。错误处理一般交由操作系统处理，程序本身不提供错误处理机制。通常采取退出运行，应用程序不需要也无法对错误对象进行监视和处理。

（2）<u>不受检异常类</u>是程序运行错误产生的异常对象，即使不编写异常处理的程序代码，也依然可以成功编译，这是因为它是在程序运行时才有可能产生的，如除数为 0 的异常。这类异常可能出现在程序的任何部分，而且数量很大，为了不"淹没"程序，通常不需要应用程序对不受检异常对象进行监视，这类异常可以通过 Java 编译器进行检查。

这类异常应通过程序调试尽量避免，而不是使用 try-catch-finally 语句捕获它。在程序运行时，若产生这类异常，则 JVM 系统捕获异常对象，并交给默认的异常处理程序，在标准输出上显示异常信息，中止程序则向下运行。

不受检异常主要包括：

java.lang.ArithmeticException	算术运算异常，如被零除等
java.lang.ArrayIndexOutOfBoundsException	数组下标超界异常
java.lang.StringIndexOutOfBoundsException	字符串下标超界异常
java.lang.ClassCastException	类型转换异常
java.lang.NegativeArraySizeException	数组大小为负数异常

【例 8.2】 不受检异常举例。

```java
class ExceptionDemo0
{
  public static void main(String[] args)
  {
    int[] a={ 5,0,4,10};
    int m=100;
    double d;
    for(int i=0;i<a.length;i++)
      d=m/a[i];   //被零除的异常
    System.out.println("程序运行结束!");
  }
}
```

程序编译及运行情况：

```
D:\javaProgram>javac ExceptionDemo0.java 编译通过
D:\javaProgram>java ExceptionDemo0 运行程序
Exception in thread "main" java.lang.ArithmeticException: / by zero at
ExceptionDemo0.main(ExceptionDemo0.java:7)
```

在程序运行时，线程 main 出现被零除的异常，然后抛出异常，并且程序终止运行。

若程序设计人员需要在程序中检测、处理例 8.2 中的不受检异常，进而防止程序终止运行，则要在 try-catch 结构中编写不受检异常的检测、处理程序。

【例 8.3】 用 try-catch 结构检测、处理不受检异常。

```java
class ExceptionDemo1
{
  public static void main(String[] args)
  {
    int[] a={ 5,0,4,10};
    int m=100;
    for(int i=0;i<a.length;i++)
    try
    {
      double d=m/a[i];
    }catch(Exception e){
      System.out.println("处理被零除的异常!");
    }
    System.out.println("程序运行结果!");
  }
}
```

运行结果：

```
处理被零除的异常!
程序运行结果!
```

在程序运行过程中出现被零除的异常，但经 try 检测和抛出，被 catch 捕获、处理后，程序继续运行，直到程序运行结束。

（3）受检异常必须在程序中使用 try-catch 语句抛出、捕获并对它进行相应处理，否则编译不通过。这类异常要求程序监视、捕获和抛出异常，进而接受编译器检查。即在方法的声明中必须包含 throws 子句或在方法中使用 try-catch 结构捕获和抛出异常，否则程序不能通过编译。在受检异常中，最常用的是 IOException 类，所有涉及输入/输出相关命令的情况都必须使用异常处理机制。

Java 语言规定：在编写输入/输出处理、网络通信和数据库访问的方法程序时，要接受编译器的检查，必须用 throws 子句或在方法中使用 try-catch 结构进行异常对象的捕获和处理。

由于应用程序不处理 Error 类，因此一般所说的异常就是指 Exception 类及其子类。

【例 8.4】 受检异常举例。

```java
import java.io.*;
public class IfElseDemo1
{
  public static void main(String[] args)  //throws IOException
  {
```

```
        byte x;
        System.out.println("请输入一个数(-9~9):");
        x=(byte)System.in.read();
        x-=48;
        if(x>0)System.out.println("平方根为: "+x+","+Math.sqrt(x));
    }
}
```

运行结果:

```
D:\IfElseDemo1.java:10: unreported exception java.io.IOException;
must be caught or declared to be thrown
    x=(byte)System.in.read();
1 error
```

该程序的方法 main 使用输入/输出处理类，要求程序监视输入/输出异常，若删去 throws 子句，则编译出错，程序无法正常运行。若修改程序，增加 throws 子句监视异常，则编译通过，程序可以正常运行。

8.2.2 异常处理机制

Java 要求若在应用程序运行中可能发生异常，则必须声明对可能发生的异常进行捕获并处理，可以用以下 3 种方法处理程序可能发生的异常。

1. 程序内部处理和 try-catch 结构

若程序设计人员需要在程序中检测、处理某种不受检异常对象，或用户自定义的异常对象，则程序内部常利用 try-catch 结构。

try-catch 结构的语法为：

```
try{ //可能发生不受检异常类型       }
catch（异常类 1   异常实例 1 ）
{  //捕获并处理异常类 1 的异常       }
catch（异常类 2   异常实例 2 ）
{  //捕获并处理异常类 2 的异常       }
……
[finally{  //异常终结处理           }]
```

try 语句块是程序的保护段，将预料可能发生异常的程序段放在 try 语句块，用于检测、抛出异常。当程序运行发生异常后，将检测到的相应异常对象自动抛出，或由 throw 语句强行抛出。程序发生异常的地方，即某个方法检查到异常并抛出异常的地方，称为抛出点。若某个 try 语句块发生异常，则该 try 语句块立即终止执行，程序流程控制转移到 try 语句块后面的第一个 catch 子句。

若 try 语句块抛出异常，则程序流程控制将从当前 try 语句块退出，转向 try 语句块后的 catch 处理方法，程序通过将已抛出的异常依次与各个 catch 的异常参数类型进行比较，进而定位相匹配的 catch 子句。当找到相匹配或相容的 catch 子句时，将会执行该 catch 处理函数中的代码。若相应的 catch 处理函数执行结束，则 try 语句块中尚未执行的语句及与 try 语句块相关的其他 catch 子句将被忽略，程序将从 try/catch 序列语句块后的第一行代码恢复执行。

catch 方法的作用是异常捕获、处理代码段，捕获自动抛出异常或由 throw 语句强行抛出的异常，并根据抛出的异常进行相应处理，catch 函数只能有一个参数。一个 try 语句块可能会发生多个异常，允许有多个 catch 语句块进行不同异常对象捕获和处理。catch 方法的形式参数是指定异常对象的引用，当异常抛出后，catch 语句块的匹配是按照 catch 语句块的先后顺序依次进行的。当某个 catch 方法指定的异常对象与被抛出的异常对象一致，或当被抛出的异常对象是 catch 方法参数指定的异常对象的子类时，执行该段异常处理程序。

> **注意**：一般地，处理较具体、较常见的异常 catch 语句块应放在前面，而可以与多种异常相匹配的 catch 语句块应放在较后的位置。若将子类异常的 catch 语句块放在父类的后面，则编译不能通过。

若所有的 catch 语句块都不能与当前的异常对象匹配，则程序流程将返回到调用该方法的上层方法；若上层方法还没有匹配的 catch 语句块，则继续上溯更上层的方法；若所有的方法都找不到相应的 catch 处理函数，则由 Java 运行系统来处理这个异常对象。此时通常会终止程序的执行，退出 JVM 返回到操作系统，并在标准输出设备上输出相关的异常信息。

若 try 语句块没有引发异常，则跳过所有 catch 异常处理方法，结束 try-catch 结构，程序流程从最后一个 catch 方法后的第一行代码开始执行。若最后一个 catch 方法后还紧跟有 finally 子句，则无论是否发生异常，finally 子句都会执行。

在程序中使用 try-catch 结构时，应注意 try 语句块必须与对应的 catch 方法紧密相连，不能分隔，否则是语法错误。另外，在多个异常对象可能发生的程序中，还需注意捕获异常的顺序。

在程序中允许有 finally 语句块作为程序终止的事后处理。若存在 finally 语句块，则 finally 语句块也必须与对应的 try-catch 结构紧密相连，不能分隔，否则是语法错误。

【例 8.5】 通过一个不受检异常（数组下标超界）程序内部处理的例子，演示 try-catch 结构执行流程。

```java
class ArrayTestE
{   public static void main(String args[])
    {   int i;   int a[]=new int[5];
        try
        {   for( i=0;i<=a.length;i++) a[i]=2*(i+1);
            System.out.println("出现异常后本语句不执行");
        }
        catch(ArrayIndexOutOfBoundsException e)
        {   System.out.println("异常——数组下标超界! ");    }
        finally
        {       for(i=a.length-1;i>=0;i--)
                System.out.print(" a["+i+"] = "+a[i]+"  ");
        }
        System.out.println(" \n 程序运行结束! ");
    }
}
```

运行结果：

```
异常——数组下标超界!
 a[4] = 10    a[3] = 8    a[2] = 6    a[1] = 4    a[0] = 2
程序运行结束!
```

若没有被零除异常监测机制,则程序运行时,会在提示如下异常信息后终止运行。

```
Exception in thread "main" java.lang.ArithmeticException: / by zero
    at YCDeviedByZero.main(YCDeviedByZero.java:8)
```

用 try 语句将可能发生异常的程序段封闭,在 catch 过程将发生的异常捕获,finally 代码段将错误改正后,重新处理或恢复程序的现场。将可能发生异常的程序和异常处理段分离,引入由异常监测、捕获和处理代码构成的 try-catch 程序结构,运行错误的监测机制不仅不干扰程序的正常运行,而且使软件代码更清晰,提高程序运行效率和错误处理效率。

除可以编写单层异常语句外,还可以编写嵌套异常语句,嵌套异常处理语句的语法如下:

```
try{
    程序语句
    try{
        程序语句
    }catch(异常类型 对象名称){
        程序语句
    }
}catch(异常类型 对象名称){
    程序语句
    try{
        程序语句
    }catch(异常类型 对象名称){
        程序语句
    }
}
```

可以看出,嵌套不仅可以在 try 语句段中嵌套 try-catch,而且也可以在 catch 语句段嵌套 try-catch。需要注意的是 try-catch 要始终互相配合。

2. 抛出异常外部处理和 throws 子句

在方法的声明中,用 throws 子句将可能发生的受检异常作为异常对象抛出,但是并没有提供相应的异常处理方法,而是进行系统处理。由于系统直接调用的是主方法 main(),因此可以在主方法中使用 throws 子句声明抛出异常交由系统处理。

带有 throws 异常声明的格式为:
　　[修饰符] 返回值类型 方法名([参数列表]) throws 异常类列表

其中,throws 是关键字;"异常类列表"中的异常类可以是多于一个的异常类,不同异常类用逗号(,)分开。

throws 子句出现在方法的声明中,它可以列出由方法抛出的异常对象,例如:

```
public int g (float h) throws a, b, c{ //方法体 };
```

若在方法中可能产生受检异常，且方法的声明中未包含 throws 子句，则是语法错误，程序编译不能通过。

若在一个方法内部的语句执行时可能引发某种受检异常，但是并不能确定如何处理，则此方法应声明抛出异常，表明该方法将不对这些异常进行处理，而由该方法的调用者处理。也就是说，程序中的异常没有 try-catch 语句捕获异常和处理异常，而可以在程序代码所在的方法声明的后面用 throws 关键字声明该方法要抛出异常。

当一个受检异常对象抛出后，该异常对象将沿着调用栈向上传递，一直可追溯到方法 main( )，JVM 肯定要处理该异常，这样编译就可以通过了。

在涉及键盘的输入/输出时，我们经常要用到 IOException 类的异常处理，在程序代码中若没有提供 try-catch 结构，则可以直接由主方法 main( ) 抛出异常，让 Java 默认的异常处理机制来处理。也就是说，必须在主方法 main( ) 的后面加上 throws IOException 子句，否则编译出错。

【例 8.6】 一个受检异常程序的外部处理。

```
import java.io.*;
public class IfElseDemo1
{    public static void main(String[] args) throws IOException
    {   byte x;
        System.out.println("请输入一个数(-9~9):");
        x=(byte)System.in.read(); x-=48;
        if(x>0) System.out.println("平方根为: "+x+","+Math.sqrt(x));
    }
}
```

【例 8.7】 一个受检异常程序的内部处理。

```
import java.io.*;
public class IfElseDemo11
{   public static void main(String[] args)
    {   byte x;
        System.out.println("请输入一个数(-9~9):");
        try
        {   x=(byte)System.in.read(); x-=48;
            if(x>0) System.out.println("平方根为: "+x+","+Math.sqrt(x));
        }
        catch(IOException e)
        {   System.out.println("输入/输出异常!");          }
        System.out.println("程序运行结束!");
    }
}
```

运行结果：

```
请输入一个数(-9~9)：
7
平方根为：7,2.6457513110645907
程序运行结束！
```

3. 程序内部处理和外部处理两者结合及 throw 语句

异常的程序内部处理和外部处理两者结合，适用于自定义异常处理。我们把自定义异常视为受检异常，若在方法中可能产生自定义异常，则自定义异常也必须列在方法声明的 throws 子句中，除非方法中使用 try-catch 程序结构捕获。若程序设计人员认为某个受检异常不可能发生，则可以捕获而不处理，避免强制性处理带来的麻烦。

用户自定义的异常不可能依靠系统自动抛出，而必须借助 throw 语句来定义何种情况算是产生了此种异常对应的错误，并应该抛出这个异常类的对象。

throw 语句可以生成异常对象，并强行抛出异常对象。抛出异常类的对象通常是 Throwable 类或其子类的实例。throw 语句的语法为：

  throw 异常类对象

throw 语句经常与 if 语句配合使用，即当异常发生时，才抛出异常对象。

8.2.3 自定义异常类

Java 允许程序设计人员创建具有用户特征的异常类。

【例 8.8】 创建具有用户特征的异常类。

```java
class mException extends Exception
{public String reason;
    public mException(String reason)  {   this.reason=reason;   }
    public String getReason( )          {   return reason;           }
}
class RaiseException
{  public static void raiseException(int m,int n ) throws mException
      {   if(m<0||n<0)
throw new mException(" 发生m<0 或n<0 错误! m="+m+",n="+n);   }
}
public class Tzxgbs
{  public static void main(String args[])
      {   int m=6,n=-18,s;
          try
          {   RaiseException.raiseException(m ,n);  }
          catch(mException v)
          {   System.out.println(v.getReason());   }
    finally
          {   m=Math.abs(m); n=Math.abs(n);
              for(s=m; s%n!=0; s=s+m)   ;
              System.out.println("纠正后,数"+m+"和"+n+"的最小公倍数为: "+s);
          }
```

```
            }
      }
```

运行结果：

```
发生 m<0 或 n<0 错误! m=6, n=-18
纠正后，数 6 和 18 的最小公倍数为： 18
```

8.2.4　GUI 应用程序的异常处理

在命令行应用程序中，若没有捕获异常，则程序在执行例行处理后就会终止。在基于 GUI 的 Java 应用程序或 Applet 中，即使没有捕获到异常，但在程序执行了默认的异常处理后，图形用户界面也仍然显示，并且用户可以继续使用 GUI 的应用程序或 Applet。由于 GUI 可能处于不一致的状态，因此在 GUI 人机交互的应用程序中，应捕获异常，并用对话框显示异常信息，提醒用户改正错误，确保程序正常运行。

【例 8.9】　一个 Java GUI 的异常处理应用程序。

```java
//DivideByZeroTest.java
import java.text.DecimalFormat;
import java.awt.*;
import java.awt.event.*;
import javax.swing.*;
class DivideByZeroException extends ArithmeticException
{   public String reason;
        public DivideByZeroException()    {   super(" ");           }
        public DivideByZeroException(String message)
        {    this.reason=message;  }
      public String toString()  {    return reason;           }
}
public class DivideByZeroTest extends JFrame implements ActionListener
{    private JTextField input1,input2,output;
     private int number1,number2;
     private JButton b;
     private double result;
     public DivideByZeroTest( )
     {    super( " 演示异常 " );
          Container c=getContentPane();
          c.setLayout( new GridLayout(2,3));
          c.add( new JLabel("输入被除数:",SwingConstants.RIGHT ));
          input1=new JTextField(10);
          c.add( input1 );
          c.add( new JLabel("输入除数:",SwingConstants.RIGHT ));
          input2=new JTextField(10);
          c.add( input2 );
          c.add( new JLabel("运算结果:",SwingConstants.RIGHT ));
          output=new JTextField();
```

```java
        c.add( output );
        b= new JButton("运算:" );
        b.addActionListener(this);
        c.add(b);
        setSize(425,150);
        show();
    }
    public void actionPerformed( ActionEvent e )
    {   DecimalFormat precision3=new DecimalFormat( "0.000" );
        output.setText( "" );
        try
            {   number1=Integer.parseInt(input1.getText());
                number2=Integer.parseInt(input2.getText());
                result=quotient( number1,number2 );
                output.setText( precision3.format(result) );
            }
        catch( NumberFormatException nfe )
            {   JOptionPane.showMessageDialog(null,"必须两个整数",
                    "数格式非法",JOptionPane.ERROR_MESSAGE);            }
        catch(DivideByZeroException dbze)
            {   JOptionPane.showMessageDialog(null,dbze.toString(),
                    "非法被零除",JOptionPane.ERROR_MESSAGE);            }
    }
    public double quotient(int n, int m) throws DivideByZeroException
    {   if(m==0) throw new DivideByZeroException( "除数必须非零");
        return (double) n/m;
    }
    public static void main(String args[])
    {
        DivideByZeroTest app=new DivideByZeroTest();
        app.addWindowListener(new WindowAdapter()
            {   public void windowClosing(WindowEvent e)
                {   e.getWindow().dispose();
                    System.exit( 0 );           });
    }
}
```

运行结果如图 8.8~图 8.10 所示。

图 8.8 提示输入

图 8.9 提示非法被零除

图 8.10 提示数格式非法

8.3 案例实现

1. 问题回顾

类的连接与组织需要用到 Java 包的技术。共 4 个类，分别属于两个包：一个包定义为 mp；另一个包定义为 mypg。mypg 包存放三角形、矩形和圆的类定义及一个接口的编译代码；mp 包存放应用程序的主类，类的源文件如图 8.11 所示。

视频

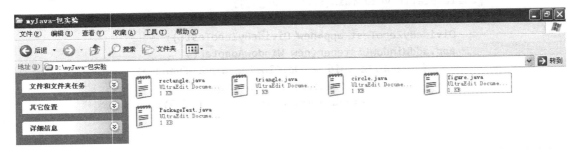

图 8.11 类的源文件

2. 代码和注释

（1）第 1 个 mypg 包中的接口 Figure 的定义代码如下：

```
//文件名为 figure.java
package mypg;
  public interface figure{     //接口 figure 的定义，给出了周长和面积的抽象方法
      double half=0.5, pi=3.14159;
      void parameter();
```

```
        void area();
    }
```

（2）第2个mypg包中的三角形类的定义代码如下：

```
//文件名为triangle.java
package mypg;
import mypg.*;   //加载mypg包中的其他类，实现类之间的连接
public class triangle implements figure{   //类triangle实现接口figure
    double b,h;
    public triangle(double u,double v){b=u; h=v;}
    public void parameter(){System.out.print( "底边"+b+"高"+h);}
    public void area(){System.out.println("三角形面积"+half*b*h);}
}
```

（3）第3个mypg包中的矩形类的定义代码如下：

```
//文件名为rectangle.java
package mypg;
import mypg.*;   //加载mypg包中的其他类，实现类之间的连接
public class rectangle implements figure{   //类Rectangle实现接口Figure
    double w,h;
    public Rectangle (double u,double v){w=u;h=v;}
    public void parameter(){System.out.print("宽度"+w+"高度"+h);}
    public void area(){System.out.println("矩形面积"+w*h);}
}
```

（4）第4个mypg包中的圆形类的定义代码如下：

```
//文件名称为circle.java
package mypg;
import mypg.figure;   //加载mypg包中的figure类，实现类之间的连接使用
public class circle implements figure{   //类circle实现接口figure
    dot q;
    double r;
    public circle(double u,double v,double m){q=new dot(u,v); r=m;}
    public void parameter(){System.out.print("位置"+q.x +","+q.y+"半径 "+r);}
    public void area(){System.out.println("圆面积"+pi*r*r);}
}

class dot{
    double x,y;
    dot(double qx,double qy){x=qx;y=qy;}
}
```

（5）定义 mp 包中的类：

```
package mp;  //定义mp包
import mypg.*; //加载另一个mypg包中的所有类
class PackageTest{
  public static void main(String args[]){
    triangle tt=new triangle(2,3);         //创建对象tt
    rectangle rr=new rectangle(4,5);       //创建对象rr
    circle cc=new circle(6,7,8);           //创建对象cc
    figure[] figureSet={tt,rr,cc};         //定义类型为接口figure的一维数组
    for(int i=0;i<figureSet.length;i++){   //通过循环分别输出
      figureSet[i].parameter();
      figureSet[i].area();
    }
  }
}
```

3. 程序执行过程及结果

程序分析：5个分别保存的文件要分别编译，需要注意的是，在编译的同时，一定要把编译后生成的 class 文件集中存放，用 DOS 的"-d"参数指定，这里用实心点（.）表示当前源文件所在的目录，当然也可以指定其他盘符的文件目录，当前目录便于执行，不使用目录在退出和进入的操作。"cd"表示进入某个目录，"cd\"表示退到根目录。

在 Java 解释器解释执行时，主类名 PackageTest 前面要带上它所在的包名 mp，如图 8.12 所示。包 mypg 和 mp 是程序在编译过程中系统根据程序 package 关键字创建的。

图 8.12　协同包执行过程及结果

习题 8

1. 什么是接口？说明接口与抽象超类的区别。
2. 如何创建包？
3. 简单叙述 Java 包的主要作用。
4. 在包外如何引用某个包中的类？
5. 列出 5 个常见的异常实例。
6. 异常 Exception 类的子类分为两类：受检异常和不受检异常，分别说明它们的特点。
7. 定义一个接口 Area，其中包含一个计算面积的抽象方法 calculateArea( )，然后设计 MyCircle 和 MyRectangle 两个类都实现这个接口中的方法 calculateArea( )，分别计算圆和矩形的面积。
8. 设计一个 Java 程序，自定义异常类，从命令行（键盘）输入一个字符串，若该字符串值为"XYZ"，则抛出一个 XYZ 异常信息；若从命令行输入 ABC，则没有抛出异常。

问题探究 8

1. 程序创建可复用包的一般步骤是什么？
2. 抽象类和接口的关系与区别是什么？
3. 试探讨异常处理的机制与意义。

第 9 章　面向对象程序设计的基本原则及初步设计模式*

万事万物都被永恒的真理支配并有规律地运行着。模式也是一样的，不论哪种模式，其背后都潜藏着一些"永恒的真理"，这个真理就是设计原则，设计原则往往比设计模式更重要。对于设计模式来说，为什么这个模式要这样解决这个问题，而另一个模式要那样解决同一个问题，它们背后遵循的就是永恒的设计原则。可以说，设计原则是设计模式的灵魂，只有掌握一定的面向对象程序设计原则才能掌握面向对象程序设计模式的精髓，从而实现灵活运用设计模式。

本章主要内容
- UML 类图
- 面向对象程序设计的基本原则
- 面向对象的设计模式

【案例分析】
John 是一名面向对象（O-O）程序设计人员，他要为一家公司开发一款模拟鸭子的游戏，游戏中有各种鸭子，它们游泳戏水、嘎嘎叫。

这个游戏要求使用标准的面向对象技术开发。因为游戏中有各种鸭子，所以可以先抽象一个 Duck 基类。在 Duck 基类中设计公共的可供子类继承的嘎嘎叫的方法 quack() 和游泳戏水方法 swim()。子类包括 MallarDuck（野鸭）、RedheadDuck（红头鸭）、RubberDuck（橡皮鸭子）等。

那么，如何使用面向对象的设计原则和设计模式，设计基于鸭子的灵活、易维护的面向对象的模型呢？我们先从基础的 UML 类图开始学习。

9.1　UML 类图

学习设计模式，UML 类图是基础。通过 UML 类图，能更好地与其他人交流，也能很容易地表达出自己的设计想法，它就好比普通话，是一种标准语言。

UML（Unified Modeling Language）即统一建模语言，是 OMG（Object Management Group）发表的图表式软件设计语言。UML 使用图表的形式来表现业务关系或者物理关系，可以帮助人们对问题的理解和解决。使用 UML 进行设计可以同时产生系统设计文档。

类图（Class Diagram）是最常用的 UML 图，用于显示类、接口及它们之间的静态结构和关系，以及描述系统的结构化设计，类图最基本的元素是类或接口。现在流行的 UML 工具主要有两种：Rational Rose 和 Microsoft Visio。

9.1.1 类的 UML 图

类的 UML 图显示类的 3 个组成部分：第 1 部分是 Java 中定义的类名；第 2 部分是该类的属性；第 3 部分是该类提供的方法。类的 UML 图是一个矩形，如图 9.1 中的右半部分所示。它垂直地分为 3 层，第 1 层为类的名称；第 2 层为类的属性；第 3 层为类的方法或称操作。其中，类名是必须存在的，下面两层的内容可选。Java 程序中的类与 UML 图对照如图 9.1 所示。

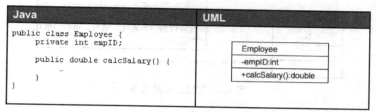

图 9.1　Java 程序中的类与 UML 图对照

> **注意**：在属性和方法前附加的可见性修饰符，"+"表示 public，"-"表示 private，"#"表示 protected。省略这些修饰符表示具有 package（包）级别的可见性。属性和名称冒号后面为数据的类型或方法的返回值类型。

若属性或操作的语句下面有下画线，则表明它是静态的。在方法中，可同时列出它接收的参数及返回类型。若类是抽象类，则类名用斜体表示。

9.1.2 UML 接口表示

接口（Interface）是一系列操作的集合。接口可以用如图 9.2 中的右半部分所示的图标表示（UML 接口表示 1），上面是一个圆圈符号，下面是接口名，然后是一条直线，直线下面是方法名。Java 程序接口表示与 UML 接口表示 1 对照如图 9.2 所示。接口也可以用附加 <<interface>> 表示接口的 UML 图表示（UML 接口表示 2），如图 9.3 所示。与表示类的 UML 图类似，它直接对应于 Java 中的一个接口类型。

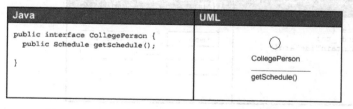

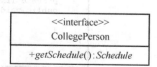

图 9.2　Java 程序接口表示与 UML 接口表示 1 对照　　图 9.3　UML 接口表示 2

9.1.3 UML 依赖关系

UML 依赖（Dependency）关系表示法为：虚线+箭头。

对于两个相对独立的对象，当一个对象负责构造另一个对象的实例，或者依赖于另一个对象的服务时，这两个对象之间主要体现为依赖关系。依赖关系具体表现在局部变量、方法的参数及对静态方法的调用上。例如，动物有几大特征，如新陈代谢、繁殖、有生命。而动物要有生命力，就需要氧气、水及食物，也就是说，动物依赖于氧气、水及食物。它们之间是依赖关系，用虚箭头表示，如图 9.4 所示，图中的"动物"类图的方法"新陈代谢"参数中的 in 是 UML 对参数方向的规定，与 out 相对。

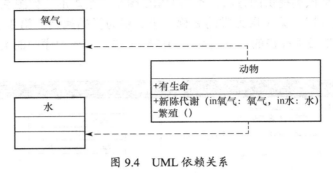

图 9.4 UML 依赖关系

类图代码示例：

```
abstract class Animal{
  public String Metabolism(Oxygen oxygen, Water water){
    …
  }
}
```

9.1.4 UML 关联关系

UML 关联（Association）关系表示法为：实线+箭头。

实体之间的一个结构化关系表明对象之间是相互连接的。箭头可选，若没有箭头则表示双向的关联关系，单箭头表示单向的关联关系。多重性（Multiplicity）修饰符体现在如图 9.5 所示的示范代码中，表示 Employee 可以有 0 个或更多的 TimeCard 对象。但是，每个 TimeCard 只从属于单独一个 Employee。

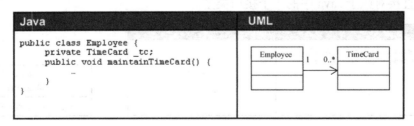

图 9.5 Java 程序实现与 UML 关联关系对照

9.1.5 UML 聚合关系

聚合（Aggregation）关系的 UML 表示法为：空心菱形+实线箭头。

聚合关系表示一种弱的拥有关系，即 A 对象可以拥有 B 对象，但 B 对象不是 A 对象的一部分，如图 9.6 所示。

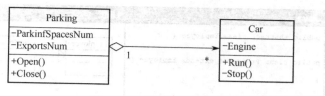

图 9.6 UML 聚合关系

在图 9.6 中，从逻辑上来说，停车场中有汽车，但汽车并不是停车场的一部分，即汽车和停车场之间没有部分和整体之间的关系。

聚合转换在 Java 语言中通常是一个类中的实例变量，如图 9.7 所示。聚合是一种单向关系，如员工的类型有 0 种或多种。

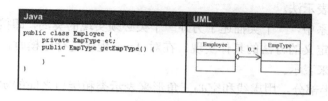

图 9.7 Java 程序实现与 UML 聚合关系对照

9.1.6 UML 组合关系

组合（Composition）关系的 UML 表示法为：实心菱形+实线箭头。

组合关系也称合成关系，是一种强的"拥有"关系，体现了严格的部分与整体的关系，并且部分和整体的生命周期一样。如图 9.8 所示，鸟和鸟的翅膀就是组合关系，它们是部分和整体的关系，并且翅膀和鸟的生命周期相同。组合关系的连线两端各有一个数字，如图 9.8 中的数字"1"和"2"，称为基数，表示这一端的类可以有几个实例，很显然一只鸟只有两个翅膀。若一个类可以有无数个实例，则用"n"表示。关联关系和聚合关系也可以用基数表示。

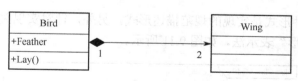

图 9.8 UML 组合关系

9.1.7 泛化关系

泛化（Generalization）关系的 UML 表示法为：实线+空心三角形，起始端是子类，空心三角形指向终点端的父类。

泛化关系表示类与类之间的继承关系，接口与接口之间的继承关系。泛化表示一个更泛化的元素和一个更具体的元素之间的关系。泛化是用于对继承进行建模的 UML 元素。在 Java 程序中，用 extends 关键字表示继承关系。Java 程序实现与 UML 泛化关系对照如图 9.9 所示。

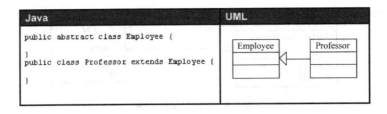

图 9.9　Java 程序实现与 UML 泛化关系对照

9.1.8　实现关系

实现（Realization）关系的 UML 表示法为：虚线+空心三角形，还有一种省略方式：接口的"棒棒糖形"表示法。

在类的实现关系中，一个类描述了另外一个类必须实现的契约，即接口。实现关系是一个具体类对接口中定义的方法的具体实现。在对 Java 程序进行建模时，实现关系可直接用 implements 关键字来表示。

图 9.10 的右半部分，用虚线和空心三角形来表示类和接口之间的实现关系，箭头指向描述契约的那个接口，左半部分为继承或泛化关系。

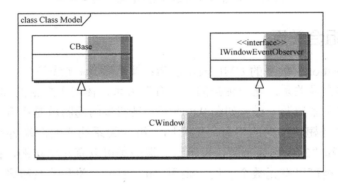

图 9.10　实现关系和泛化关系对照

图 9.10 中的这种形式是实现的规范描述形式。另外，针对实现关系，还有一种省略方式：接口的"棒棒糖形"表示法，如图 9.11 所示。

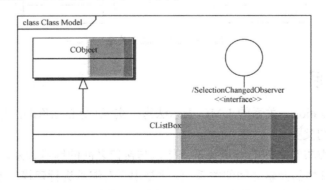

图 9.11　实现关系表示方法的省略方式

9.2 面向对象程序设计的基本原则

9.2.1 发现变化，封装变化

视频

"发现变化，封装变化"原则为：Identify the aspects of your application that vary and separate them from what stays the same（找到系统中变化的部分，将变化的部分同其他稳定的部分分隔开）。

有经验的软件开发者经常遇到的问题是用户的需求总是在发生变化，用户提供的需求总是不完整的。除最简单的案例外，在所有的案例中，无论初期的分析做得多么好，需求还是会发生变化。针对这种现象，没有什么好的办法，只能让代码适应变化。

在软件设计之初，需要发现所要开发软件中可能存在或已经存在的"变化"，然后利用抽象的方式对这些变化进行封装。抽象没有具体的代码实现，抽象代表一种可扩展性，代表一种无限的可能性。

所谓面向抽象程序设计是指当设计一个类时，不让该类面向具体的类，而是面向抽象类或接口。

【例9.1】通过一个简单的应用来说明面向抽象程序设计的思想。首先，设计一个Round类，该类包含了计算圆面积的方法getArea，可供Round类的对象调用。然后，设计一个Pillar（柱体）类，该类对象计算柱体的体积。因为要用到底面积，所以它和Round有一个联系。

代码如下：

```java
//Round.java
public class Round{
  int r;
  Round(int r){
    this.r=r;
  }
  public double getArea(){
    return(3.14*r*r);
  }
}
```

在记事本中重新创建一个Pillar.java文件，代码如下：

```java
//Pillar.java
public class Pillar{
  Round bottom;
  int height;
  Pillar(Round bottom, int height){
    this.bottom=bottom;
    this.height=height;
  }
  public double getVolume(){
    return bottom.getArea()*height;
```

```
      }
   }
```

程序分析：在 Pillar.java 类中，若不涉及用户的需求变化，则计算底面为圆形的柱体体积是没有问题的。但是，若这时用户希望 Pillar.java 能够计算底面为三角形的柱体体积，则上述的设计就无法应对用户的这种需求变化。

【**例 9.2**】 修改例 9.1 的设计思路。

在例 9.1 中，Pillar.java 类的设计缺少弹性，难以应对需求的变化，需要我们重新设计 Pillar 类。首先，观察后发现柱体计算体积的关键是计算底面积，而柱体的底面既可能是圆形又可能是三角形等多边形。那么，换一个角度可以说一个柱体在计算底面积时不应该关心它的底面是怎样的具体形状，而应该关心是否具有计算底面积的方法。这样，在 Pillar 类中，<u>底面的形状的声明可以不是具体的一个类的实例，而可以是一个抽象的、通用的类型的声明，可以编写一个抽象类或接口来实现这样的思想</u>。修改后的程序结构如下，这里以抽象类为例。

首先，编写一个抽象类 Geometry，在该抽象类中，定义一个抽象方法 getArea，用于计算不同形状的底面积。

```java
//Geometry.java
public abstract class Geometry{
   public abstract double getArea();
}
```

程序分析：现在 Pillar 类的设计者可以面向 Geometry 抽象类来编写代码，即 Pillar 类应当把 Geometry 对象作为自己的成员，该成员对象可以通过调用抽象类 Geometry 的子类重写 getArea 方法。若想使用接口形式，则需要用 interface 来定义 Geometry。若 Geometry 是一个接口，则该成员可以回调实现 Geometry 接口的类所实现的 getArea 方法。

其次，设计不再依赖具体类的 Pillar 类，而是面向 Geometry 抽象类。

```java
//Pillar.java
public class Pillar{
   Geometry bottom;   //bottom 是抽象类 Geometry 的对象引用
   double height;
   Pillar(Geometry bottom, double height){
      this.bottom=bottom;
      this.height=height;
   }
   public double getVolume(){
      return bottom.getArea()*height;
   }
}
```

程序分析：Pillar 类可以将计算底面积的任务指派给 Geometry 类的子类。这里 Pillar.java 中的 bottom 是用抽象类 Geometry 声明的变量，而不是具体类声明的变量。

若 Geometry 是一个接口，则 Pillar 类就可以将计算底面积的任务指派给实现 Geometry 接口的类。

接着，设计 Geometry 的子类 Round 和 Rectangle，这两个类都需要重写 Geometry 类的 getArea 方法，用来计算各自的底面积。注意：这里是 3 个文件，并分别保存。

```java
//第一个子类 Round.java
public class Round extends Geometry{
  double r;
  Round(double r){
    this.r=r;
  }
  Public double getArea(){
    return(3.14*r*r);
  }
}
```

```java
//第二个子类 Rectangle.java
public class Rectangle extends Geometry{
  double a,b;
  Rectangle(double a, double b){
    this.a=a;
    this.b=b;
  }
  public double getArea(){
    return a*b:
  }
}
```

最后，编写测试应用类 AppTest.java，代码如下：

```java
//AppTest.java
public class AppTest{
  public static void main(String[]args){
    Pillar pillar;
    Geometry bottom;
    bottom=new Rectangle(10,23);
    pillar=new Pillar(bottom,56);  //pillar 是矩形底的柱体
    System.out.println("矩形底的柱体的体积"+pillar.getVolume());
    bottom=new Round(20);
    pillar=new Pillar(bottom,48);  //pillar 是圆形底的柱体
    System.out.println("圆形底的柱体的体积"+pillar.getVolume());
  }
}
```

程序分析：通过面向抽象来设计 Pillar 类，使得该 Pillar 类不再依赖具体类。因此每当系统增加新的 Geometry 的子类时（如增加一个 Triangle 子类），不需要修改 Pillar 类的任何代码，就可以使用 Pillar 类，计算出具有三角形底的柱体的体积。UML 类图如图 9.12 所示。

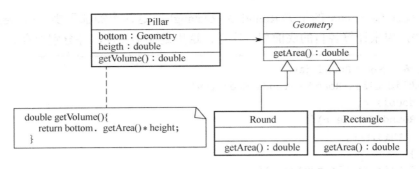

图 9.12 例 9.2 的 UML 类图

9.2.2 单一职责原则和最少知识原则

在单一职责原则（Single Responsibility Principle，SRP）中，就一个类而言，应该仅有一个引起它变化的原因。也就是说，不要把变化原因各不相同的职责放在一起。当需求变化时，该变化会反映为类的职责的变化。若一个类承担了多于一个的职责，则引起它变化的原因就有多个。也就是说，若改变一个多职责类的其中一个职责，则必须测试所有使用这个类其他职责的程序。若忘记测试，则可能会导致不可预测的失败。当然，若应用程序的变化方式总是导致两个职责同时发生变化，则不必分离它们。

最少知识原则（Least Knowledge Principle，LKP）又称迪米特法则（Law of Demeter，LoD），也就是说，一个对象应当对其他对象有尽可能少的了解。就像我国古代老子所说的"使民无知"和"小国寡民"的统治之术，"是以圣人之治，虚其心，实其腹，弱其志，常使民无知无欲"以及"小国寡民……邻国相望，鸡犬之声相闻，民至老死，不相往来"。

迪米特法则的初衷在于降低类之间的耦合。每个类尽量减少对其他类的依赖，就很容易使得系统的功能模块的功能独立，相互之间不存在（或很少有）依赖关系。若需要建立联系，则希望能通过它的友元类来转达。应用迪米特法则有可能造成的一个后果是：在系统中存在大量的中介类，这在一定程度上增加了系统的复杂度。

9.2.3 开放—封闭原则

所谓"开放—封闭原则"（Open-Closed Principle），简称"开—闭原则"，就是让设计对扩展开放，对修改关闭。也就是说，不允许更改的是系统的抽象层，而允许更改的是系统的实现层。高层模块不应该依赖低层模块，抽象不应该依赖细节，使系统设计更为通用、稳定。面向抽象程序设计中的抽象主要指的是抽象类或接口。

"开—闭原则"实质上是指当向一个设计中增加新的模块时，不需要修改现有模块。如图 9.13 所示，在子类中增加了"美猴王"这个子模块，而不需要修改其他子类。当年大闹天宫是美猴王对玉帝的新挑战，美猴王说"皇帝轮流做，明年到我家"。太白金星给玉皇大帝的建议是：降一道招安圣旨，宣其上界来，一则不劳师动众，二则收仙有道也。换而言之，不劳师动众、不破坏天规便是"闭"，收仙有道便是"开"，玉帝的招安之道就是天庭的"开—闭原则"。玉皇大帝在不更改现有天庭秩序的同时，将美猴王纳入到现有秩序中来，是对现有秩序的扩展。

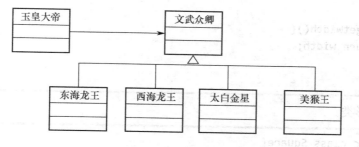

图 9.13 开—闭原则示例

将对应用户需求变化的部分设计为"对扩展开放",而经过精心考虑确定后的基本结构对应为"对修改关闭"。若设计遵循"开—闭原则",则这个设计一定是易维护的。

通过扩展已有软件系统,可以满足用户对软件的新需求,使软件有一定的扩展性和适应变化的灵活性。当设计某些系统时,经常需要面向抽象来考虑系统的总体设计,先不要考虑具体类,这样就容易设计出满足"开—闭原则"的系统。

在程序设计时,一般先要关闭 abstract 类或 interface 接口的修改,否则一旦修改 abstract 类或 interface 接口,将可能导致它的所有子类或实现该接口的所有类都需要进行相应修改;应当对 abstract 类的子类或实现 interface 接口的相关序列类开放,方便增加新子类或增加实现接口的序列类。

9.2.4 子类型能够替换基类型原则

子类型能够替换基类型原则也称里氏代换原则(Liskov Substitution Principle,LSP)。里氏代换原则中指出:任何基类可以出现的地方,子类一定可以出现,且程序运行正常。

LSP 是继承复用的基石,只有当衍生子类可以替换基类,软件单位的功能不受影响时,基类才能真正被复用,而衍生子类也能够在基类的基础上增加新的行为。LSP 是对"开—闭原则"的补充,实现"开—闭原则"的关键步骤就是抽象化。而基类与子类的继承关系就是抽象化的具体实现,所以 LSP 是对实现抽象化的具体步骤的规范。

以经典的"正方形不是矩形"的问题为例。对于长方形的类,若它的长和宽相等,则它是一个正方形。若让正方形类继承长方形类,则是否符合 LSP?

【例 9.3】 长方形类 Rectangle 和正方形类 Square。
(1)长方形类。

```
public class Rectangle{
  int width;
  int height;
  void setWidth(int width){
    this.width=width;
  }
  void setHeight(int height){
    this.height=height;
  }
  int getHeight(){
    return height;
```

```
    }
  int  getWidth(){
    Return width;
    }
  }
```

（2）正方形类。

```
    public class Square{
      int width;
      int height;
     void  setWidth(int width){
        this.width=width;
        this.height=width;        //设置长和宽相等
      }
        void setHeight(int height){
          this.setWidth(height);    //设置长和宽相等
        }
      }
    //测试长方形的宽度是否大于高度
    public void resize(Rectangle r){
      while(r.getHeight()<r.getWidth){
        r.setHeight(r.getHeight+1);
      }
    }
```

若让正方形类作为长方形的子类，则会出现什么情况？让正方形继承长方形，然后在它的内部设置 width 等于 height，这样，只要 width 或者 height 其中之一被赋值，那么 width 和 height 都会被同时赋值，这样就保证了在正方形类中，width 和 height 总是相等的。

现在设计一个 resize 方法，规则是：若传入的长方形长和宽不相等，则这个方法可以正常运行。

根据 LSP，若把基类替换为它的子类，则方法也应该正常运行。但实际情况并不是这样的，因为正方形类的 width 和 height 总是相等，所以循环的条件不可能满足，也就是说，在基类替换为子类后，程序中的行为（方法）发生异常，这样就违反了 LSP。因为 Square 类对 height 和 width 处理与 Rectangle 类逻辑不同，即 Rectangle 单独改变 width 和 height，而 Square 必须同时改变 width 和 height，所以 Square 和 Rectangle 之间继承关系是不能成立的。

方案修订：构造一个抽象的四边形类，把长方形和正方形共同的行为放到这个四边形类中，长方形类和正方形类都是它的子类，这样问题就解决了。对于长方形和正方形，读取 width 和 height 是它们共同的行为，但是给 width 和 height 赋值，两者行为不同，因此这个抽象的四边形类只有取值方法，没有赋值方法。前面设计的 resize 方法只适用于特定的长方形子类，这样 LSP 也就不会被破坏。

特别提醒：在进行设计时，应尽量从抽象类继承，而不是从具体类继承。若从继承等级树来看，则所有叶子节点都应当是具体类，而所有的树枝节点都应当是抽象类或者接口。当然，这只是一个一般性的指导原则，使用的时候还要具体情况具体分析。

9.2.5 合成/聚合复用原则

合成/聚合复用原则（Composite/Aggregate Reuse Principle，CARP），又称合成复用原则，就是在一个新的对象中使用一些已有的对象，使之成为新对象的一部分。复用是软件技术发展的一个重要成果，它是拿来主义的思想。复用可以通过继承和组合来实现。

何时选择继承性？一个很好的经验："B 是一个 A 吗？"若是则让 B 成为 A 的子类。常犯的错误是误将"A 有一个 B 吗？"理解为继承关系，例如，让汽车轮胎成为汽车的子类是错误的。

在继承中，父类的方法可以被子类以继承的方式复用。同时，子类还可以通过重写来扩展被复用的方法。继承关系中的父类和子类关系是一种强耦合关系，也就是说，当父类的方法更改时，必然导致子类发生变化；而通过继承进行复用也称为"白盒"复用，其缺点是父类的内部细节对于子类而言是可见的。继承在某种程度上破坏了类的封装性，且子类和父类耦合度高。

合成/聚合复用原则强调的核心思想是：应尽量使用合成/聚合，尽量不要使用层次多的继承，也就是说，多用组合少用继承。在这里，合成/聚合与组合的含义相近。

一个类的成员变量可以是一个类创建的对象，那么该类创建的对象就包含了其他类的对象，也就是说，该对象由其他对象组合而成。对象与所包含的对象属于弱耦合关系，这是因为若修改当前对象所包含的对象的类代码，则不必修改当前对象的类代码。

对象组合是类继承之外的另一种复用选择，新的更复杂的功能可以通过组合对象来获得。这种复用风格被称为黑盒复用（Black-Box Reuse），这是因为被组合的对象的内部细节是不可见的，对象只以"黑盒"的形式出现。这就是面向对象程序设计中常说的"Has-A"关系，即 A 包含有一个 B 吗？例如，汽车包含一个汽车轮胎，表示 B 是 A 的一个组成部分，而不是 A 类的特殊类。

"优先使用对象组合，而不是类继承"是面向对象程序设计的一个原则。并不是说继承不重要，而是因为每个学习 OOP 的人都知道 O-O 的基本特性之一就是继承，以至于继承被滥用，而对象组合技术往往被忽视。

优先使用对象组合有助于保持每个类被封装，并且只集中完成单个任务。这样，类与类继承层次会保持较小规模，并且不太可能因为继承的过多使用而使类增长成为不可控制的庞然大物。另一方面，基于对象组合的设计会有更多的对象，类并没有过多增加。

在理想情况下，使用对象组合技术，通过组装已有的组件就能获得需要的功能。继承的复用要比组装已有的组件相对实现起来容易一些，因此继承和对象组合经常一起使用。

注意：千万不要因为滥用继承而忽视对象组合技术。

9.3 案例实现

视频

1. 问题回顾

这个游戏要求使用标准的面向对象技术开发，系统里所有鸭子都继承自 Duck 基类。在 Duck 基类中设计公共的可供子类继承的方法 quack() 和方法 swim()，并在此基础上设计会飞的鸭子。子类包括 MallardDuck、RedheadDuck、RubberDuck 等。

2. 模式探究与实现

若不仔细分析此案例，而是直接采用继承的方式，则会带来子类扩展和维护的问题。这里使用策略模式来完成基于鸭子的设计模型。最初的设计方案和核心类图如图 9.14 所示。

现在需要增加让鸭子飞的功能，改进后的系统类图如图 9.15 所示，在基类 Duck 中增加 fly 方法。

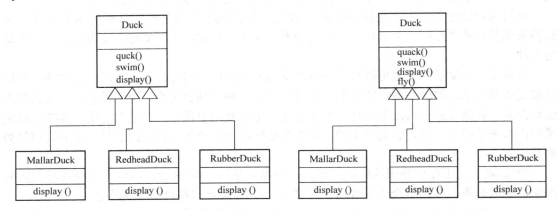

图 9.14　模拟鸭子的最初设计方案和核心类图　　　图 9.15　增加 fly 方法后的类图

但是，在这样的设计中，会出现这样一种乱象：即橡皮鸭子（RubberDuck）也可以飞，这是因为基类中的 fly 方法导致所有的子类都会飞。这就违反了该系统"真实模拟各种鸭子"的原则，而且也说明对代码局部的修改影响的层面并不是局部的。那么，为了避免这个问题应该怎么办呢？

方法一：

在 RubberDuck 类中把 fly 方法重写。让 RubberDuck 类的 fly 方法什么也不做，即将其作为空方法，让橡皮鸭子不能飞。这样的话，如果以后再增加一个木头鸭子呢？它不会飞也不会叫，那么需要重写方法 quack 和 fly 吗？如果以后再增加其他特殊的鸭子都要重写方法 fly 或 quack，那么这样的设计显然缺乏灵活性、不易扩展，并且是不恰当的。

显然，这里使用继承不是很好的复用方式。如公司要应对市场竞争，董事会可能还要求每 6 个月升级一次系统，所以未来的变化将会很频繁，而且还不可预知。这样看来，依靠逐个重写类中的方法 quack 或 fly 来应对变化，这种方式是不行的。

方法二：

针对这个问题使用接口会怎么样？可以把 fly 方法放到接口中，只有那些会飞的鸭子才需要实现这个接口。当然，最好把 quack 方法也拿出来放到一个接口中，这是因为有些鸭子是不会叫的。这里先不考虑 quack 方法，修改后的基于接口的类图如图 9.16 所示。

观察图 9.16，这种方法解决了一部分问题，但是却造成重复代码偏多，代码无法复用等问题。所有需要方法 quack 和 fly 的鸭子都去重复实现这两个方法的功能。如果只有几只鸭子还好说，但如果有几十、上百只鸭子怎么办？经过分析，这种思路和方案也是不可行的。

方法三：

我们知道并不是所有的鸭子都会飞、会叫，所以继承不是正确的方法。虽然方法二使用 Flyable 接口，可以解决部分问题（不再有会飞的橡皮鸭子），但是这个解决方案却彻底破坏了复用，它带来了另一个维护的问题。而且还有一个问题前面没有提到，就是不可能所有鸭子的飞行方式、叫声等行为都是一模一样的。

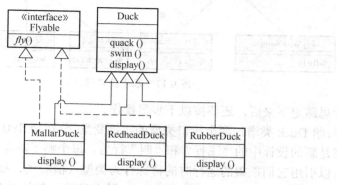

图 9.16 修改后的基于接口的类图

现在，John 面对的问题是鸭子的行为在子类里持续不断地改变，因此让所有的子类都拥有基类的行为是不恰当的，而使用上面提到的接口的方式，又破坏了代码复用。现在就需要用到前面讲到的"发现变化，封装变化"原则。

换句话说："找到变化并且把它封装起来，稍后就可以在不影响其他部分的情况下修改或扩展被封装的变化部分。"这样，系统会变得有弹性，并且能应付变化。尽管这个概念很简单，但是它几乎是所有设计模式的基础，所有模式都提供了使系统中变化的部分独立于其他部分的方法。

有了这样一条设计原则，那么 John 应该怎样解决这个问题呢？就鸭子的问题来说，变化的部分是子类中的行为，所以要把这部分行为封装起来。

从目前情况看，fly 和 quack 行为总是不确定的，而 swim 行为是很稳定的，该行为是可以使用继承来实现代码重用的。所以我们需要做的是把 fly 和 quack 行为从 Duck 基类中隔离出来。这需要创建两组不同的行为：一组表示 fly 行为；另一组表示 quack 行为。为什么是两组行为而不是两个行为呢？因为对于不同的子类来说，fly 和 quack 的表现形式都是不一样的，有的鸭子嘎嘎叫，有的却呷呷叫。那么，为什么不可以动态地改变一个鸭子的行为呢？回答这个问题之前，先要看一下另一个设计原则：Program to an interface, not an implementation（面向接口编程，而不面向实现编程）。

这里说的接口是一个抽象的概念，不局限于语言层面的接口，如 Java 中的 interface。一个接口也可以是一个抽象类，或者一个基类。要点在于：在面向接口编程时，可以使用多态。

根据面向接口编程的设计原则，应该用接口来隔离鸭子问题中变化的部分，也就是鸭子的不稳定的行为（fly、quack）。这里，要用一个 FlyBehavior 接口表示鸭子的飞行行为，这个接口可以有多种不同的实现方式，可以"横"着飞，也可以"竖"着飞。这样做的好处是，将鸭子的行为实现在一组独立的类里，基类 Duck 只依赖 FlyBehavior 接口，不需要知道 FlyBehavior 是如何实现的，行为的每个实现都将实现其中的一个接口。如图 9.17 所示，FlyBehavior 和 QuackBehavior 接口都有不同的实现方式。方法前面的小图标表示方法的可见性，这里表示为公有 public。

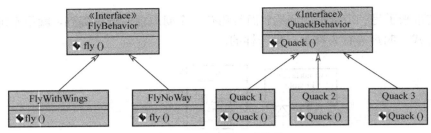

图 9.17 基于接口的设计

在设计思路定下来后，还要按以下步骤操作。

第一步：给 Duck 类增加两个接口类型的实例变量，分别是 flyBehavior 和 quackBehavior，它们其实就是新的设计中的"飞行"和"叫"行为。每个鸭子对象都会使用各种方式来设置这些变量，以引用它们期望的运行时的特殊行为类型（横着飞、嘎嘎叫等）。

第二步：把 fly 和 quack 方法从 Duck 类中移除，把这些行为移到 FlyBehavior 和 QuackBehavior 接口中。

第三步：考虑什么时候初始化 flyBehavior 和 quackBehavior 实例变量，最简单的办法就是在 Duck 类初始化的同时初始化这些变量。更好的办法就是提供两个可以动态设置变量值的方法 SetFlyBehavior 和 SetQuackBehavior，就可以在运行时动态改变鸭子的行为了。

完整模拟鸭子的类图如图 9.18 所示。

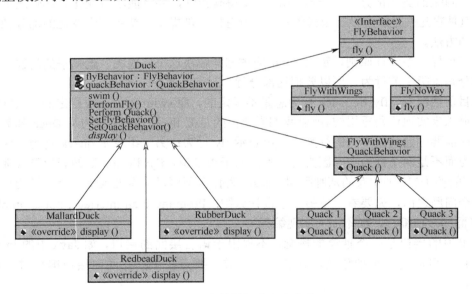

图 9.18 完整模拟鸭子的类图

注：override 表示复用、重写。变量和方法前面的小图标表示可见性。Duck 类图中的属性是两个实例变量，即接口 FlyBehavior 和 QuackBehavior 类型的变量，可见性为默认包的可见性。

3. 代码实现框架

```
public class Duck{
```

```
    FlyBehavior flyBehavior;
    //每只鸭子都会引用实现FlyBehavior接口的对象
    public void performFly(){
      flyBehavior.fly();
      //鸭子对象不亲自处理fly行为，而委托给flyBehavior引用的对象
    }
  }
  public class MallarDuck extends Duck{
    public MallarDuck(){
      flyBehavior=new FlyWithWings();
      /*当 performFly()被调用时，将 fly 的职责委托给 flyBehavior 对象，使用
      FlyWithWings作为FlyBehavior类型*/
      …
    }
  }
```

其他代码略。

习题 9

1. UML 类图中主要体现了哪些元素？
2. 根据如图 9.19 所示的 UML 类图回答以下问题。

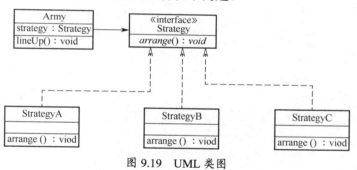

图 9.19　UML 类图

（1）Strategy 是接口还是类？
（2）Army 是抽象类吗？
（3）Army 和 Strategy 是什么关系？
（4）StrategyA、StrategyB 和 StrategyC 与 Strategy 是什么关系？
3. 比较策略模式、中介者模式和模板方法模式的特征。

问题探究 9

1. 利用 UML 图，设计一个圆的类，类中包含私有成员变量 radius 和公有静态成员变量（类变量）numOfObjects，它用来跟踪创建 Circle 对象的个数。类中还包含了 4 个公有的成员方法 getRadius()、setRadius()、getNumOfObjects()和 findArea()，其中，getNumOfObjects

是静态成员方法。创建两个对象 circle1 和 circle2。

2. 如果你期望成为一名出色的 Java 软件开发者，那么就应该学习设计模式。Gamma、Helm、Johnson 及 Vlissidies（合称为 Gang of Four，GoF）在《设计模式》中描述了 23 种设计模式。《设计模式》的作者选择的设计模式非常好，这些模式都值得好好学习，可作为学习其他模式及拓展新模式的基础。请大家查阅资料，并对其中自己感兴趣的模式谈谈自己的学习体会。

第 10 章 图形用户界面

图形用户界面（Graphics User Interface，GUI）可以使应用程序和用户之间基于可视化组件进行方便操作，相比 DOS 命令行，能进行更友好地交互，组件的直观性也提高了用户使用程序的能力。Java 类库包的 java.awt 及 javax.swing 中包含了所有构成图形用户界面的基本组件，因此基于系统提供的组件和事件驱动就可以创建功能不同的图形用户界面。

本章主要内容

- 图形用户界面概述
- 事件处理
- 容器和一般组件

【案例分析】

学生信息注册窗口：设计如图 10.1 所示的学生信息注册窗口，包括姓名、专业、性别和爱好的输入和选择。单击"确定"按钮，信息将在下方的文本区中显示出来；单击"取消"按钮，可以重新输入。

在这个界面设计中，涉及两个系统包 java.awt 和 javax.swing 中的窗口容器及常见组件标签、文本框、文本区、列表、单选按钮、复选框和按钮组件的创建及相关事件处理与响应等知识。

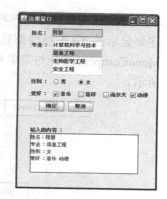

图 10.1 学生信息注册窗口

10.1 图形用户界面概述

10.1.1 图形用户界面组件

图形用户界面在用户上网使用浏览器或使用一些常用软件（如计算器）时经常用到，它由已经习惯使用的一些菜单、按钮等界面元素构成，并且能提供友好的可视化的交互操作。大家想想，图形用户界面有什么特点？对一般非专业的用户而言，图形用户界面应该是直观、简单和易学、易用的。如果让你作为专业的设程序计人员，那么你的设计思路是什么？是否需要可视化的组件元素？是否需要便于层次化管理的容器？是否需要组件的布局管理和响应用户操作的事件驱动？

Java 语言先后提供了两个图形用户界面的类库：java.awt 包和 javax.swing 包，这两个包囊括了实现图形用户界面的所有基本组件元素。

java.awt 是 Java 1.1 用来建立 GUI 的图形包，其中的组件通常称为 AWT 组件，AWT 是 Abstract Window Toolkit（抽象窗口工具集）的缩写。之所以称其为抽象窗口工具是因为 Java 基于跨平台特点、独立于操作系统的一种设计层次，就如同哲学与具体科学的关系一样，哲学高于具体科学。但是实际上，AWT 组件元素在各种平台上显示时，由于调用本地操作系统的图形系统，使得界面显示的一致性不是很理想，因此促使了 javax.swing 技术的诞生。

javax.swing 是 Java 2（第 2 版的 Java 开发包）提出的对 AWT 包的扩展和改进，它主要改善了组件的显示外观，增强了组件在不同平台上外观和感觉方面的灵活性，以及一致性方面的控制能力。

AWT 是 Swing 的基础，Swing 组件的命名形式是在 AWT 组件的前面加上字母"J"，如 Button/JButton、Frame/JFrame 等。在实际图形用户界面程序编写中，java.awt 包和 javax.swing 包往往都需要加载，特别是在涉及事件驱动时。Swing 组件除与 AWT 有相似的基本组件外，还提供高层组件集合，如表格和树等。要了解 Swing 组件需要先了解 AWT 组件。

10.1.2 组件分类

Java 中构成图形用户界面的各种元素称为组件（Component）。这里以 Java AWT 为例，程序要显示的 GUI 组件都是抽象类 java.awt.Component 或 java.awt.MenuComponent 的子类，MenuComponent 是与菜单有关的组件。java.awt 包中主要组件类的继承关系如图 10.2 和图 10.3 所示。

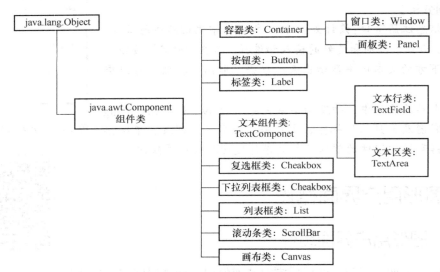

图 10.2　java.awt.Component 类的继承关系

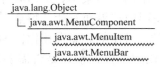

图 10.3　java.awt.MenuComponent 类的继承关系

组件分为容器（Container）类组件和非容器类组件两大类。容器类本身也是组件，但容器可以包含其他组件，也可以包含其他容器；非容器类组件是原子组件，是不能再包含其他组件的组件，其种类较多，如按钮、标签及单行文本框等。

容器又分为两种：顶层容器和非顶层容器。顶层容器是可以独立的窗口，顶层容器的类是 Window，Frame/JFrame 和 Dialog/Jdialog 是 Window 中重要且常用的子类。顶层容器含有边框，并且可以移动、放大、缩小及关闭，功能较强。非顶层容器不是独立的窗口，它们必须位于顶层容器内，非顶层容器包括 Panel 和 ScrollPane 等。Panel 必须放在 Window 组件中才能显示，它是一个矩形区域，在其中可以摆放其他组件，它可以有自己的布局管理器；ScrollPane 是可以自动处理滚动的容器，使用 add 方法可以将其他组件加到该容器中。

在 Java 应用程序中，一般独立的应用程序使用框架 Frame/JFrame 作为容器，在 Frame 中通过放置 Panel 面板来控制图形界面的布局；若应用到浏览器中，则主要使用 Panel 的子类 Applet 来作为容器。

容器类（Container）有两个主要子类：窗口类 Window 和面板类 Panel。Window 类有两个主要组件：框架 Frame 和对话框 Dialog。Frame/JFrame、Applet/JApplet、Dialog/JDialog 继承关系分别如图 10.4、图 10.5 和图 10.6 所示。在继承关系链中，子类可以使用父类的成员方法。

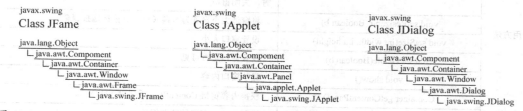

图 10.4　Frame/JFrame 继承关系　　图 10.5　Applet/JApplet 继承关系　　图 10.6　Dialog/JDialog 继承关系

10.1.3　常用容器类的应用

1. 框架类 Frame/JFrame 的应用

以 Frame 类为例，Frame 类的许多方法都是从它的父类 Window 或更高层次的类 Container 和 Component 继承过来的，如图 10.4 所示。Frame 类具有以下 4 个特点：

（1）Frame 类是 Window 类的直接子类；

（2）Frame 对象的显示效果是一个"窗口"，可以带有标题；

（3）默认初始化为不可见，可以利用方法 setVisible(true) 使其可见；

（4）默认的布局管理器是 BorderLayout，可以利用 setLayout() 方法改变其默认布局管理器。

表 10.1 列出了 Frame 类的构造方法，表 10.2 列出了 Frame 类的常用方法。

表 10.1　Frame 类的构造方法

构 造 方 法	功 能 说 明
public Frame()	创建一个没有窗口标题的窗口框架
Public Frame(String title)	创建一个窗口标题为 title 的窗口框架

表 10.2　Frame 类的常用方法

方　法	功 能 说 明
public void setTitle(String title)	设置或修改框架的标题
public String getTitle()	返回框架的标题
public void setBackground(Color c)	设置框架的背景色为 c

表 10.3 列出了 JFrame 类的构造方法及常用方法。

表 10.3 JFrame 类的构造方法及常用方法

	方法	功能说明
构造方法	JFrame()	创建一个新的 JFrame，默认值是不可见的
	JFrame(String title)	创建一个标题名为 title 的 JFrame，默认值是不可见的
常用方法	void pack()	将窗口尺寸调整到能够显示所有组件的合适大小
	void setBounds(int a, int b, int width, int height)	设置窗口的初始位置是(a,b)，窗口的宽和高是(width,height)，单位均为像素
	void setLayout(LayoutManager m)	设置布局管理器
	void setDefaultCloseOperation(int operation)	设置单击窗体右上角的关闭图标后，程序会做出怎样的处理。当参数 operation 取 JFrame 类中的静态变量 EXIT_ON_CLOSE 时，关闭窗口
	void setResizable(Boolean b)	将窗体大小设置为可调（可通过鼠标拖拽调整）
	void setSize(int width, int height)	设置窗口大小
	void setVisible(Boolean b)	设置窗口是否可见
	void show()	显示窗口内容
	Container getContentPane()	获得内容窗格 ContentPane 所在的窗口对象
	void setJMenuBar(JMenuBar bar)	设置 Swing 窗口的菜单组件
	int getDefaultCloseOperation()	获得窗口关闭时的默认处理方法
	JMenuBar getJMenuBar()	获得窗口的菜单栏组件
	void setJMenuBar()	设置窗口的菜单栏组件

表 10.4 列出了容器类 Container 的常用方法。

表 10.4 容器类 Container 的常用方法

方　　法	功 能 说 明
public Component add(Component comp)	在容器中添加组件 comp
public void setLayout()	为容器设置布局管理器
public void remove(Component comp)	删除容器中的指定组件

表 10.5 列出了组件类 Component 的常用方法。

表 10.5 组件类 Component 的常用方法

方　　法	功 能 说 明
public void setBounds(int x, int y, int w, int h)	以(x,y)定位组件的左上角坐标，以 w 为宽，h 为高，设置组件大小
public void setSize(int width, int height)	设置组件的宽度和高度
public void setBackground(Color c)	设置组件的背景色为 c
public Color setForeground(Color color)	设置组件的前景色为 color
public void setVisible(Boolean b)	参数为 true 表示组件可见，false 表示组件不可见
public void setLocation(int x, int y)	设置组件位置的左上角坐标
public String getName()	返回组件名称

【例 10.1】 框架窗口的创建。

```
1    import java.awt.*;                    //加载 java.awt 类库中的所有类
```

```
2      public class FrameDemo
3      {
4
5        public static void main(String args[])
6        {
7          Frame fr=new Frame("这是个AWT程序");
8          Label lb=new Label("我是一个标签");        //创建一个标签对象lb
9          fr.setSize(180,140);                      //设置框架大小
10         fr.setBackground(Color.yellow);           //设置框架背景颜色
11         fr.setLocation(120,80);                   //设置窗口的位置
12         fr.add(lb);                               //将标签对象lb加入窗口fr对象中
13         fr.setVisible(true);                      //将窗口显示出来
14       }
15     }
```

运行结果及窗口位置和大小参数如图10.7所示。

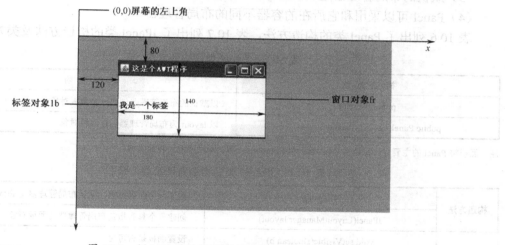

图10.7 例10.1的运行结果及窗口位置和大小参数

程序分析：第9行自定义窗口对象fr的宽度和高度；第10行利用AWT类库中的颜色类Color的静态变量yellow定义背景色为黄色，也可以定义为其他颜色；第11行定义窗口左上角相对于屏幕左上角的坐标。该窗口只能在DOS窗口中按Ctrl+C或Ctrl+Alt+Del组合键到任务管理器中强行关闭。

另外，也可以修改例10.1窗口为JFrame框架，运行结果在同一个平台上是一样的。修改后的代码如下：

```
1    import java.awt.*;                    //加载java.awt类库中的所有类
2    import javax.swing.*;
3    public class FrameDemo2
4    {
5      public static void main(String args[])
6      {
7        JFrame fr=new JFrame("这是个AWT程序");
```

```
8         JLabel lb=new JLabel("我是一个标签");    //创建一个标签对象lb
9         fr.setSize(180,140);                    //设置框架大小
10        fr.setBackground(Color.yellow);         //设置框架背景颜色
11        fr.setLocation(120,80);                 //设置窗口的位置
12        fr.add(lb);                             //将标签对象lb加入窗口中
13        fr.setVisible(true);                    //将窗口显示出来
14    }
15 }
```

2. 面板类 Panel 的应用

面板类 Panel 是容器类 Container 的直接子类，参照图 10.5，它是一种没有标题的容器，并且实例化后必须使用 Container 类的 add 方法装入到窗口对象中。Panel 类具有以下 4 个特点：

（1）Panel 不是顶层窗口，它必须位于窗口或其他容器内；
（2）Panel 提供可以容纳其他组件的支持，在程序中经常用于布局和定位；
（3）默认的布局管理器是 FlowLayout，可使用 setLayout 方法改变其默认布局管理器；
（4）Panel 可以采用和它所在的容器不同的布局管理器。

表 10.6 列出了 Panel 类的构造方法，表 10.7 列出了 JPanel 类的构造方法及类方法。

表 10.6 Panel 类的构造方法

构 造 方 法	功 能 说 明
public Panel()	以默认的布局管理器创建一个面板对象
public Panel(LayoutManager layout)	以 layout 为布局管理器创建面板对象

注：面板类 Panel 的主要方法都是由 Container 和 Component 类继承过来的，在此省略。

表 10.7 JPanel 类的构造方法及类方法

	构造方法	功能说明
构造方法	JPanel()	建立一个面板对象，默认布局管理器是 FlowLayout
	JPanel(LayoutManager layout)	创建一个具有指定布局管理器的面板对象
类方法	void setVisible(Boolean b)	设置面板是否可见
	void setLayout(LayoutManager layout)	设置面板的布局管理器
	void setSize(int width,int height)	设置面板大小
	Component add(Component comp)	向面板中添加组件
	void add(Component comp,Object constraints)	按指定位置向面板添加组件

【例 10.2】 在框架窗口中加入 Panel 类。

```
1  import java.awt.*;           //加载java.awt包中的系统类
2  import javax.swing.*;        //加载javax.swing包中的系统类
3  public class PanelDemo
4  {
5    public static void main(String args[])
6    {
7      JFrame frm=new JFrame("我的框架");
8      frm.setSize(300,200);
```

```
9           frm.setLocation(500,400);
10          frm.setBackground(Color.lightGray);
11          Panel pan=new Panel();
12          pan.setSize(150,100);
13          pan.setLocation(50,50);
14          pan.setBackground(Color.green);
15          JButton bun=new JButton("单击我");
16          bun.setSize(80,20);
17          bun.setLocation(50,50);
18          bun.setBackground(Color.pink);
19          frm.setLayout(null);            //取消 frm 的默认布局管理器
20          pan.setLayout(null);            //取消 pan 的默认布局管理器
21          pan.add(bun);                   //将命令按钮加入到面板中
22          frm.add(pan);                   //将面板加入到窗口中
23          frm.setVisible(true);
24       }
25   }
```

运行结果如图 10.8 所示。

程序分析：第 7 行定义了 Swing 中的 JFrame 框架对象 frm，命名为"我的框架"；第 8～10 行定义了框架窗口的长和宽、左上角坐标及背景颜色；第 11 行定义了 AWT 中的 Panel 对象 pan，这里也可以使用 Swing 中的 JPanel 类及构造方法；第 12～14 行定义了位于窗口 frm 中的 pan 的大小、左上角坐标及背景颜色；第 15 行定义了 Swing 中的 JButton 对象 bun；第 16～18 行定义了该按钮的长和宽、按钮相对于 pan 左上角的坐标及按钮的背景颜色；第 23 行将窗口显示出来。

图 10.8　例 10.2 的运行结果

该程序也可以修改为纯 AWT 的代码，只需要把第 7 行和第 15 行类前面和构造方法前面的 J 去掉，以及第 2 行注释掉即可，两者的运行结果相同。

10.2　事件处理

在例 10.1 和例 10.2 程序中，创建了容器组件、标签组件和按钮组件等，但这些组件都是静态的，且都是形式上的组件。若要关闭窗口或单击按钮，则组件是没有反应的。要使组件对象响应操作，就要用到 Java 的事件处理。

10.2.1　基本概念

1．事件（Event）

在图形用户界面中，事件是指用户使用鼠标或键盘对窗口中的组件进行交互操作时所发生的事情，如单击按钮、输入文字或单击鼠标等，事件用于描述发生了什么事情。Java 的事件类继承层次关系如图 10.9 所示。对事件做出响应的程序，称为事件处理（Event Handler）。

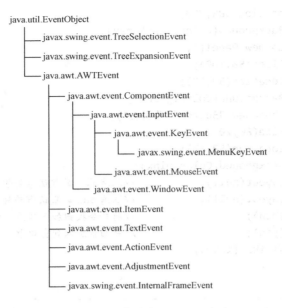

图 10.9　Java 事件类继承层次关系

2．事件源（Event Source）

所谓事件源就是能够产生事件的对象，如按钮、鼠标、文本框、键盘等。

3．事件监听者（Listener）

事件监听者是一个对事件源进行监视的对象，当事件源上发生事件时，事件监听者能够监听、捕获到该事件，并调用相应的接口方法对发生的事件做出相应的处理。Java 语言的事件监听者的典型特征就是实现了监听接口，这些接口都继承自 java.util.EventListener 接口。

4．事件处理接口

Java 语言的包 java.awt.event 及 javax.swing.event 中包含了许多用来处理事件的类和接口，见表 10.8。为了处理事件源发生的事件，事件监听者会自动调用相应的方法来处理事件。那么，调用什么方法呢？Java 语言规定：创建事件监听者对象的类必须实现相应的事件接口，也就是说，要在类体中定义相应接口的所有抽象方法的方法体。简而言之，处理事件的事件处理方法包含在对应的接口中。

表 10.8　Java 常用的事件类和接口

事件类	监听器接口	事件处理方法（处理器）
ActionEvent	ActionListener	actionPerformed(ActionEvent e)
ItemEvent	ItemListener	itemStateChanged(ItemEvent e)
KeyEvent	KeyListener	keyPressed(KeyEvent e) kyeReleased(KeyEvent e) keyTyped(KeyEvent e)
ContainerEvent	ContainerListener	componentAdded(ContainerEvent e) componentRemoved(ContainerEvent e)

(续表)

事件类	监听器接口	事件处理方法（处理器）
WindowEvent	WindowListener	windowClosing(WindowEvent e)
		windowOpened(WindowEvent e)
		windowIconified(WindowEvent e)
		windowDeiconified(WindowEvent e)
		windowClosed(WindowEvent e)
		windowActivated(WindowEvent e)
		windowDeactivated(WindowEvent e)
TextEvent	TextListener	textValueChanged(TextEvent e)
MouseEvent	MouseListener	mousePressed(MouseEvent e)
		mouseReleased(MouseEvent e)
		mouseEntered(MouseEvent e)
		mouseExited(MouseEvent e)
		mouseClicked(MouseEvent e)
	MouseMotionListener	mouseDragged(MouseEvent e)
		mouseMoved(MouseEvent e)
ComponentEvent	ComponentListener	componentMoved(ComponentEvent e)
		componentHidden(ComponentEvent e)
		componentResized(ComponentEvent e)
		componentShown(ComponentEvent e)
FocusEvent	FocusListener	focusGained(FocusEvent e)
		focusLost(FocusEvent e)
AdjustmentEvent	AdjustmentListener	adjustmentValueChanged(AdjustmentEvent e)
ChangeEvent	ChangeListener	stateChanged(ChangeEvent e)
ListSelectionEvent	ListSelectionListener	valueChanged(ListSelectionEvent e)
MenuEvent	MenuListener	menuCanceled(MenuEvent e)
		menuDeselected(MenuEvent e)
		menuSelected(MenuEvent e)
PopupMenuEvent	PopupMenuListener	popupMenuCanceled(PopupMenuEvent e)

事件处理技术是图形用户界面设计中一种十分重要的技术。用户在图形用户界面中的操作是通过键盘或对特定图形界面元素（如按钮）的单击来实现的。通常，一个键盘或鼠标操作会引发一个系统预先定义好的事件，程序需要定义好每个特定事件发生时程序应做何种响应。这些代码将在它们对应的事件发生时由系统自动调用，这就是图形用户界面中事件和事件响应的基本原理。

10.2.2 事件处理机制

在 Java 语言中，事件不是由事件源自己来处理的，而是交给事件监听者来处理，同时要将事件源（如按钮）和对事件的具体处理分离开来，这就是所谓的事件委托处理模型。

事件委托处理模型由产生事件的事件源、封装事件相关信息的事件对象和事件监听者 3 方面构成。例如，当按钮被鼠标单击时，会触发一个"操作事件（ActionEvent）"，Java 系统会产生一个"事件对象"来表示这个事件，然后把这个事件对象传递给事件监听者，由事件监听者指定相关的接口方法进行处理。为了使事件监听者能接收到事件对象的信息，事件监听者要事先向事件源进行注册（Register）。

事件处理过程如图 10.10 所示。

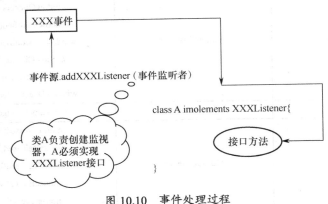

图 10.10　事件处理过程

10.2.3　事件处理的实现方式

事件监听是事件驱动的重要环节，下面学习如何在程序中进行事件监听。

1. 让包含事件源的对象来担任事件监听者

（1）未加入事件处理代码。下面通过一个例子来说明。

【例 10.3】　在一个窗口中摆放两个组件，一个是命令按钮，另一个是文本区。当按下命令按钮后，将文本区中的字体颜色设置为红色。

```
1   import java.awt.*;
2   import javax.swing.*;
3   import java.awt.event.*;
4   public class EventApp1 extends JFrame
5   {
6     static TextArea ta=new TextArea ("字体颜色",5,20);    //设为全局静态变量
7     public static void main(String args[])
8     {
9       EventApp1 frm=new EventApp1();
10      JButton bt=new JButton("设置字体颜色");
11      frm.setTitle("操作事件");
12      frm.setLayout(new FlowLayout());
13      frm.setSize(260,170);
14      frm.add(ta);
15      frm.add(bt);
16      frm.setVisible(true);
17      frm.setDefaultCloseOperation(JFrame.EXIT_ON_CLOSE);   //关闭窗口
18    }
19  }
```

运行结果如图 10.11 所示。

程序分析：文本框中的字体是默认的黑色，单击"设置字体颜色"按钮，文本区中的字体颜色并没有变化，还是黑色。下面加上事件处理语句。

（2）增加事件处理机制。分为两种事件处理方式。

① 事件处理方式 1。在应用程序一个类中完成事件监听者注册、接口实现和事件响应。

图 10.11　例 10.3 的运行结果

【例 10.4】　修改例 10.3 的代码，增加事件处理。

代码如下：

```
1    import java.awt.*;
2    import javax.swing.*;
3    import java.awt.event.*;
4    public class EventApp2 extends JFrame implements ActionListener
5    {
6      static TextArea ta=new TextArea ("字体颜色",5,20);    //设为全局静态变量
7      public static void main(String args[])
8      {
9        EventApp2 frm=new EventApp2();
10       JButton bt=new JButton("设置字体颜色");
11       bt.addActionListener(frm);
12       frm.setTitle("操作事件");
13       frm.setLayout(new FlowLayout());
14       frm.setSize(260,170);
15       frm.add(ta);
16       frm.add(bt);
17       frm.setVisible(true);
18       frm.setDefaultCloseOperation(JFrame.EXIT_ON_CLOSE);  //关闭窗口
19     }
20     public void actionPerformed(ActionEvent e)              //事件发生时的处理操作
21     {
22       ta.setForeground(Color.red);
23     }
24   }
```

图 10.12　例 10.4 的运行结果

运行结果如图 10.12 所示。

程序分析：程序类 EventApp2 实现了监听接口 ActionListener。在程序运行后，单击"设置字体颜色"按钮，文本区中的字体颜色会由黑色变为程序中定义的红色。由于 main 方法本身是静态方法，因此全局变量往往要定义在 main 方法外，作为静态变量。第 11 行的 addActionListener 方法是事件源的注册方法，属于组件类按钮中的方法。事件监听者是包含事件源 bt 的类对象 frm，frm 具有 JFrame 的窗口框架。第 11 行中的 addActionListener 方法的参数还不能使用简易的当前类对象 this，这是因为在 main 方法中 this 被认为是不能引用的非静态变量。第 20 行也不能放在 main 方法中，它是接口 ActionListener 中的方法，属于类中要实现的方法。

② 事件处理方式 2。

【例 10.5】 修改例 10.4 的代码，把代码内部结构按类分开，编写有关方法组织代码，同时可以使用包含事件源的当前类对象 this 担当事件监听者（监听器），把主类简化、独立出来便于程序组织和理解。本例程序中定义了两个类：一个是窗体定义的类；另一个是测试的主类。

```
1    import java.awt.*;
2    import javax.swing.*;
3    import java.awt.event.*;
4
5    class Win extends JFrame implements ActionListener
6    {
7      JButton bt;
8      TextArea ta;
9      public Win(){
10        init();
11        setTitle("操作事件");
12        setLayout(new FlowLayout());
13        setSize(260,170);
14        setVisible(true);
15        setDefaultCloseOperation(JFrame.EXIT_ON_CLOSE);   //关闭窗口
16      }
17      void init()
18      {
19        bt=new JButton("设置字体颜色");
20        ta=new TextArea ("字体颜色",5,20);                //设为全局静态变量
21        add(ta);
22        add(bt);
23        bt.addActionListener(this);
24      }
25      public void actionPerformed(ActionEvent e)          //事件发生时的处理操作
26      {
27        ta.setForeground(Color.red);
28      }
29    }
30
31    public class EventApp3
32    {
33      public static void main(String args[])
34      {
35        Win frm=new Win();
36      }
37    }
```

运行结果与事件处理方式 1 的运行结果是一样的，如图 10.13 所示。

图 10.13　例 10.5 的运行结果

2. 定义内部类来担任事件监听者，内部类实现了接口

【例 10.6】 修改例 10.5 的代码，使用内部类充当事件监听者。

```
1     import java.awt.*;
2     import javax.swing.*;
3     import java.awt.event.*;
4     public class  EventApp4
5     {
6       static TextArea ta=new TextArea ("字体颜色",5,20);    //设为全局静态变量
7       public static void main(String args[])
8       {
9         JFrame frm=new JFrame();                            //创建一个独立Java 窗口
10        JButton bt=new JButton("设置字体颜色");
11        bt.addActionListener(new MyListener());
12        frm.setTitle("操作事件");
13        frm.setLayout(new FlowLayout());                    //布局是流式布局管理
14        frm.setSize(260,170);
15        frm.add(ta);
16        frm.add(bt);
17        frm.setVisible(true);                               //设置窗口可见
18        frm.setDefaultCloseOperation(JFrame.EXIT_ON_CLOSE); //关闭窗口
19      }
20
21      //定义内部类MyListener，并实现ActionListener 接口
22      static class MyListener implements ActionListener
23      {
24        public void actionPerformed(ActionEvent e)
25        {
26          ta.setForeground(Color.red);
27        }
28      }
29    }
```

程序分析：运行结果同例 10.5，实现了文本区字体颜色的改变。第 9 行的 main 方法中创建了独立的窗口 frm，并对它的标题、大小及布局进行了定义，同时创建了按钮和文本区组件；第 11 行注册的事件监听者为内部类的匿名对象 new MyListener()；第 22 行定义了内部类 MyListener，因为外部类的主方法 main 内只能使用静态成员，所以必须把作为事件监听者的内部类 MyListener 也声明为静态类。

3. 事件处理采用匿名类法

【例 10.7】 修改例 10.6 的代码，在程序中使用匿名类充当事件监听者，事件监听者注册、创建和事件处理用一条语句实现。

代码如下：

```
1     import java.awt.*;
```

```java
2      import javax.swing.*;
3      import java.awt.event.*;
4      public class  EventApp5
5      {
6        static TextArea ta=new TextArea ("字体颜色",5,20);          //设为全局静态变量
7        public static void main(String args[])
8        {
9          JFrame frm=new JFrame();
10         JButton bt=new JButton("设置字体颜色");
11         bt.addActionListener(new  ActionListener()
12         {
13           public void actionPerformed(ActionEvent e)
14           {
15             ta.setForeground(Color.red);
16           }
17         };
18         frm.setTitle("操作事件");
19         frm.setLayout(new FlowLayout());
20         frm.setSize(260,170);
21         frm.add(ta);
22         frm.add(bt);
23         frm.setVisible(true);
24         frm.setDefaultCloseOperation(JFrame.EXIT_ON_CLOSE);       //关闭窗口
25       }
26     }
```

程序分析：运行结果同例 10.5，实现单击按钮修改文本区字体颜色的效果。在该程序中，第 11～17 行使用匿名类的方法实现了事件处理。事件监听者注册、创建和事件处理使用一条语句实现，注意第 17 行后面的分号使程序结构更简捷。

10.2.4 适配器类

在通过实现接口 XXXListener 来完成事件处理时，从语法要求上看，必须实现接口中的所有抽象方法，尽管有些方法并不需要，但是也要在形式上实现，即空实现{}，这样就很麻烦，如 WindowListener 中的 7 个方法，参见表 10.8。为了方便起见，Java 语言为某些包含多个抽象方法的事件监听者接口提供了适配器类 XXXAdapter，也就是根据需要事件处理类继承事件所对应的适配器类，只需覆盖本次操作用到的事件处理方法即可，而不必一一实现接口中其他无关的方法。

由于适配器是一个类而不是一个接口，因此处理事件的类只能继承一个适配器类，这是因为 Java 是单继承的。当该类需要处理多个事件时，通过继承适配器的方法是不可行的。但可以基于适配器类，用内部类的方法来处理这种情况。若用作事件监听者的类已经继承了其他的类，则不能再继承适配器类了，此时只能实现事件监听者接口中的所有方法。

事件与适配器类见表 10.9。

表 10.9 事件与适配器类

事 件 类	事件处理方法接口	适配器类
ActionEvent	ActionListener	无
AdjustmentEvent	AdjustmentListener	无
ComponentEvent	ComponentListener	ComponentAdapter
ContainerEvent	ContainerListener	ContainerAdapter
ItemEvent	ItemListener	无
KeyEvent	KeyListener	KeyAdapter
MouseEvent	MouseListener MouseMotionListener	MouseAdapter MouseMotionAdapter
TextEvent	TextListener	无
Window	WindowListener	WindowAdapter

【例 10.8】 不使用适配器类，实现在窗口中通过鼠标拖动画线。

```java
    //DrawLine.java
1   import javax.swing.*;
2   import java.awt.*;
3   import java.awt.event.*;
4   public class DrawLine extends JApplet implements MouseListener,MouseMotionListener{
5       int x1,y1,x2,y2;
6       public void init(){
7         addMouseListener(this);
8         addMouseMotionListener(this);
9       }
10      public void paint(Graphics g){
11        g.drawLine(x1,y1,x2,y2);
12      }
13      public void mousePressed(MouseEvent e){
14        x1=e.getX();   //获得鼠标左键按下时的横坐标
15        y1=e.getY();   //获得鼠标左键按下时的纵坐标
16      }
17      public void mouseClicked(MouseEvent e){}
18      public void mouseEntered(MouseEvent e){}
19      public void mouseExited(MouseEvent e){}
20      public void mouseReleased(MouseEvent e){}
21      public void mouseDragged(MouseEvent e){
22        x2=e.getX();   //获得放开鼠标左键时,光标此时的横坐标
23        y2=e.getY();   //获得放开鼠标左键时,光标此时的纵坐标
24        repaint();
25      }
26      public void mouseMoved(MouseEvent e){}
27  }
```

因为该程序是 Applet 程序，所以需要一个 DrawLine.html，代码为：

```html
<html>
  <applet code="DrawLine.class" width=400 height=50>
  </applet>
</html>
```

图 10.14　例 10.8 的运行结果

运行结果如图 10.14 所示。

程序分析：第 17～20 行是形式上需要的对监听接口中方法的实现，虽然没有什么实际意义，但是在语法上是需要的。这种实现接口的方法要求应用程序类必须实现接口中"用"或"不用"的所有方法，故存在代码的冗余。

【**例 10.9**】　修改例 10.8 的代码，使用适配器类法，实现在窗口中通过鼠标拖动画线。

```java
1    import javax.swing.*;
2    import java.awt.*;
3    import java.awt.event.*;
4    public class DrawLine1 extends JApplet{
5      int x1,y1,x2,y2;
6      public void init(){
7        addMouseListener(new M1());           //参数定义为M1 的对象
8        addMouseMotionListener(new M2());     //参数定义为M2 类的对象
9      }
10     public void paint(Graphics g){
11       g.drawLine(x1,y1,x2,y2);
12     }
13     class M1 extends MouseAdapter{          //内部类M1 继承适配器类MouseAdapter
14       public void mousePressed(MouseEvent e){
15         x1=e.getX();
16         y1=e.getY();
17       }
18     }
19     class M2 extends MouseMotionAdapter{    //内部类M2 继承适配器类MouseMotionAdapter
20       public void mouseDragged(MouseEvent e){
21         x2=e.getX();
22         y2=e.getY();
23         repaint();
24       }
25     }
26   }
```

程序分析：运行结果同例 10.8。在本例中，第 13 行和第 19 行定义了两个内部类 M1 和 M2。内部类的方便之处是可以访问外部类的成员变量，同时两个内部类继承了适配器类。在第 7 行和第 8 行中，两个实现适配器类的内部类的对象分别充当了 Applet 窗口的事件监听者。与例 10.8 相比，本例代码简捷了很多，对原来监听接口中的其他不用方法可以不予理睬，直接覆盖需要的方法即可。

Java 语言处理事件的基本结构总结如下：

(1) 首先，确定事件源的监听接口。例如，"按钮"是 ActionListener，若去掉其中的 Listener 字样，在剩下的部分加入 Event，就是事件源触发的事件类型，如按钮的 ActionEvent；

(2) 其次，确定谁来充当注册事件监听者。事件监听者一定是 implements 实现监听接口的程序类的对象，可以通过主类、内部类和匿名类的方式实现，注册的方法是在监听接口的名字前加上 add，如 addActionListener()；

(3) 最后，编写事件处理代码就是编写接口中抽象方法的方法体代码。例如，要处理单击按钮事件就意味着需要为 AcitionListener 接口中的 actionPerformed 抽象方法编写代码。

10.3 一般组件

这里的一般组件指的是非容器类组件，也称原子组件，它的里面不能再包含其他组件，也可以称之为控件，这是因为它的大小、位置等很多属性都是可以通过方法控制和定义的。组件是用户和程序交互的主要载体，下面介绍部分组件元素。

10.3.1 标签

标签（JLabel）类常用于在屏幕上显示一些提示性、说明性的文字。例如，在文本框的旁边加上一个标签，用以说明文本的功能，标签不会产生事件。JLabel 类的构造方法及类方法见表 10.10。

表 10.10 JLabel 类的构造方法及类方法

构造方法	JLabel()	用来创建一个没有显示内容的对象
	JLabel(Icon image)	建立一个带有图标的标签，图标的默认排列方式为 CENTER
	JLabel(String label)	用来创建一个显示内容为 label 的对象
类方法	int getHorizontalAlignment()	读取标签水平位置
	int setVerticalAlignment(int Alignment)	设置标签垂直对齐方式
	int getVerticalAlignment()	读取标签垂直位置
	String getText()	返回当前显示的字符串
	void setHorizontalAlignment(int alignment)	设置水平对齐方式
	void setText(String label)	设置显示的字符串

JLabel 的对齐方式有 3 种，分别用 Label 类的 3 个变量 JLabel.LEFT、JLabel.CENTER 和 JLabel.RIGHT 来表示左对齐、居中对齐和右对齐。

10.3.2 按钮

按钮是最常使用的组件之一，其主要功能是接收用户的操作。JButton 类可产生 ActionEvent 事件，JButton 类的构造方法及类方法见表 10.11。

表 10.11　JButton 类的构造方法及类方法

构造方法	JButton()	创建一个没有标题的按钮
	JButton(String label)	创建一个有显示标题的按钮
	JButton(Icon image)	创建指定显示于按钮上的图标的按钮
	JButton(String label, Icon image)	创建有标题、有图标的按钮
类方法	void addActionListener(ActionListener l)	注册事件监听者
	String getLabel()	返回按钮的显示标题
	void setLabel(String label)	设置按钮上的显示标题

10.3.3　文本框

文本框 JTextField 用来接收用户从键盘输入的单行文本。JPasswordField 类继承自 JTextField 类，它是一个专门用来输入"密码"的单行文本框，即对用户输入的字符采用密文的形式进行显示，如"****"。JTextField 类与 JPasswordField 类均可产生 ActionEvent 事件。JTextField 类与 JPasswordField 类的构造方法及类方法见表 10.12 与表 10.13。

表 10.12　JTextField 类的构造方法及类方法

构造方法	JTextField()	创建一个默认长度的文本框
	JTextField(int columns)	创建一个指定长度的文本框
	JTextField(String text)	创建一个带有初始文本内容的文本框
	JTextField(String text,int columns)	创建一个带有初始文本内容并具有指定长度的文本框
类方法	void addActionListener(ActionListener l)	注册事件监听者
	int getColumns()	获得文本框的可见部分宽度
	void setColumns(int columns)	设置文本框的可见部分宽度
	void setText(String str)	设置文本框中的文本内容
	String getText()	获取文本框中的文本
	void setFont(Font f)	设置文本框所使用的字体

表 10.13　JPasswordField 类的构造方法及类方法

构造方法	JPasswordField(String str,int columns)	创建密码文本框组件
类方法	void copy()	将被选取的文字复制到剪贴板中
	void cut()	将被选取的文字移动到剪贴板中
	boolean echoCharIsSet()	测试是否已经设置响应字符
	char getEchoChar()	获得响应字符
	void setEchoChar(char c)	设置响应字符

10.3.4　文本区

与文本框只能显示一行文本不同，文本区（JTextArea）允许用户编辑多行文本，可以用于输出信息，也可以用于接收信息。文本区不会产生 ActionEvent 事件。另外，当文本区的内容装满时，不会产生滚动条，而是自动加大文本区的大小。JTextArea 类的构造方法及类方法见表 10.14。

表 10.14　JTextArea 类的构造方法及类方法

构造方法	JTextArea()	创建一个默认大小的文本区
	JTextArea(int rows , int columns)	创建一个指定行数和列数的文本区
	JTextArea(String text)	创建一个带有初始文本内容的文本区
	JTextArea(String text , int row , int columns)	创建一个带有初始文本内容并具有指定行数和列数的文本区
类方法	void append(String str)	在文本区尾部添加文本
	void insert(String str , int pos)	在文本区指定位置插入文本
	void setText(String r)	设定文本区内容
	int getRows()	返回文本区的行数
	void setRows(int rows)	设定文本区的行数
	void getColumns()	返回文本区的列数
	void setColumns(int columns)	设定文本区的列数
	void setEditable(Boolean b)	设定文本区的读/写状态
	void replaceRange(String str,int start,int end)	将文本中从 start 开始至 end 结束的部分替换为指定内容 str
	String getSelectedText()	返回选中的字符串

【例 10.10】 综合举例。利用前面介绍的 6 个 GUI 组件，创建一个窗口，实现在文本框中输入内容后，按 Enter 键或单击 "OK" 按钮，将文本框中的字符串添加到文本区中。

```
1    import javax.swing.*;
2    import java.awt.*;
3    import java.awt.event.*;
4    public class example extends JFrame implements ActionListener{
5      JLabel lb=new JLabel("组件和事件处理: ");
6      JButton bt=new JButton("OK");
7      JTextField tf=new JTextField(20);
8      JTextArea ta=new JTextArea(10,20);
9      public example(){
10       super("综合例子1");
11       Container c=getContentPane();
12       c.setLayout(new FlowLayout());     //指定布局方式为顺序布局
13       c.add(lb);                          //将组件添加到容器中
14       c.add(ta);
15       c.add(bt);
16       c.add(tf);
17       bt.addActionListener(this);
18       tf.addActionListener(this);
19       setDefaultCloseOperation(JFrame.EXIT_ON_CLOSE);
20       setSize(200,100);
21       setVisible(true);
22     }
23     public void actionPerformed(ActionEvent e){
24       if(e.getSource()==bt)
25         ta.append("单击OK按钮引发的事件"+"\n");
26       else{
```

```
27              ta.append(tf.getText()+"\n");
28              ta.append("在文本框里按Enter键引发的事件"+"\n");
29          }
30      }
31      public static void main(String args[]){
32          new example();
33      }
34  }
```

运行结果如图 10.15 所示。

程序分析：本例中，使用 JFrame 类建立窗口，采用顺序布局方式，将 JLabel、JButton、JTextField 和 JTextArea 组件顺序添加到窗口中，并对 JButton、JTextField 引发的 ActionEvent 事件进行处理。在 JButton 对象上单击会引发 ActionEvent 事件，对 JTextField 对象的文本框输入完毕后按 Enter 键会引发 ActionEvent 事件，将文本框中的文本内容添加到文本区中。

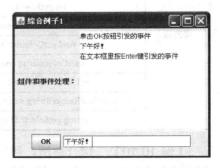

图 10.15　例 10.10 的运行结果

10.3.5　列表框

JComboBox 组件具有一个下拉式列表框，可用来存放多个文字选项，在显示方式上，只将被选择的选项显示出来。要改变被选中的选项，可以单击右侧的下拉箭头，从下拉列表中选择一个选项。JList 类的作用是将所有选项都显示出来，不过，此列表框组件没有滚动条，但是可设置列表框或选项的显示颜色。两个组件的共同特点是被加入的第一个选项的索引位置下标都为 0。

JComboBox 组件可引发 ActionEvent 事件与 ItemEvent 事件。JList 组件可引发 ListSelectionEvent 事件。JComboBox 类与 JList 类的构造方法及类方法见表 10.15 与表 10.16。

表 10.15　JComboBox 类的构造方法及类方法

构造方法	JComboBox()	创建一个没有选项的下拉式列表框组件
	JComboBox(Object[] items)	创建一个具有所有选项的下拉式列表框组件
类方法	void add(String item)	向下拉列表中加入选项
	int countItem()	返回下拉列表中的选项个数
	String getItem(int index)	返回指定下标值的某个选项
	int getSelectedIndex()	返回被选中的选项的下标值
	String getSelectedItem()	返回被选中的选项
	void select(int pos)	选择指定下标值的选项
	void select(String str)	选择指定的选项
	void insert(String item , int index)	插入新的选项到指定位置
	void remove(int pos)	删除指定位置的下拉表选项
	void remove(String Item)	删除指定名称的选项
	public void removeAll()	删除所有的下拉列表选项

表 10.16 JList 类的构造方法及类方法

构造方法	JList()	创建一个列表框组件
	JList(Object data[])	根据指定的数组创建列表框组件
类方法	void clearSelection()	删除列表框中所有的选项
	int getSelectedIndex()	获得列表框中被选取选项的索引位置
	int[] getSelectedIndices()	获得所有被选取选项的索引位置
	Object getSelectedValue()	获得列表框中被选取的选项
	Object[] getSelectedValue()	获得列表框中所有被选取的选项
	void setListData(Object[] Data)	设置列表框中的选项
	void setSelectedIndex(int i)	设置列表框中被选取的单个选项
	void setSelectedIndices(int[] i)	设置列表框中被选取的多个选项
	void setSelectionMode(int s)	设置列表框的选取模式
	int getSelectionMode()	获得列表框的选取模式
	int getFixedCellHeight()	获得列表框中选项的固定高度
	int getFixedCellWidth()	获得列表框中选项的固定宽度
	void setFixedCellHeight()	设置列表框中选项的固定高度
	void setFixedCellWidth()	设置列表框中选项的固定宽度

【例 10.11】 使用 JList 和 JComboBox 组件。

```
1   import java.awt.*;
2   import javax.swing.*;
3   import java.awt.event.*;
4   import javax.swing.event.*;          //ListSelectionListener 属于这个包
5   public class ChoiceDemo extends JFrame implements ListSelectionListener{
6     String str[]={"Java 语言","C 语言","PowerBuilder","SQL Sever","JBuilder"};
7     JComboBox cb=new JComboBox(str);
8     JList list=new JList(str);
9     JPanel jp1=new JPanel();
10    JPanel jp2=new JPanel();
11    JLabel lb=new JLabel();
12    public ChoiceDemo(){
13      super("这是关于列表框的例子");
14      Container c=getContentPane();
15      cb.insertItemAt("选项"+cb.getItemCount()+"个",0);
16      cb.setEditable(true);
17      jp1.add(cb);
18      c.add(jp1,BorderLayout.CENTER);
19      list.setBackground(Color.yellow);
20      list.setSelectionBackground(Color.red);//设置选项的背景色
21      list.setSelectionForeground(Color.white);
22      list.setSelectionMode(1);            //设置可以按住 Shift 键后多选
23      list.addListSelectionListener(this);
24      jp2.add(lb);
25      jp2.add(list);
26      c.add(jp2,BorderLayout.SOUTH);
```

```
27          setDefaultCloseOperation(JFrame.EXIT_ON_CLOSE);
28          setSize(300,200);
29          setVisible(true);
30      }
31      public void valueChanged(ListSelectionEvent e){
32          int[] index=list.getSelectedIndices();
33          for(int i=0;i<index.length;i++){
34              lb.setText("你选择学习的语言是: "+str[index[i]]+"  ");
35          }
36      }
37      public static void main(String args[]){
38          new ChoiceDemo();
39      }
40  }
```

运行结果如图 10.16 所示。

程序分析：本例中，创建了下拉列表框 cb 及列表框 list，并对列表框 list 进行了 ListSelectionEvent 事件的处理。当选中列表框中的某个选项时，会显示出"你选择学习的语言是：XXXXX（XXXXX 是被选中的那个选项）"。另外，第 22 行语句 list.setSelectionMode(1)使列表框 list 中的选项可以多选。

图 10.16 例 10.11 的运行结果

10.3.6 滚动窗格

前面介绍的 JTextArea 类和 JList 类都是没有滚动条的，通过与滚动窗格 JScrollPane 类配合使用则可以增加滚动条。JScrollPane 类的结构如图 10.17 所示，将 JTextArea 或 JList 对象置入其显示区域中，使它们相互结合。在默认状态下，JScrollPane 类是不显示水平和垂直标题栏的，4 个角落也不会出现，它允许用户在其中放置一些组件。JScrollPane 类的构造方法及类方法见表 10.17。

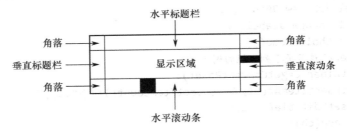

图 10.17 JScrollPane 类的结构

表 10.17 JScrollPane 类的构造方法及类方法

构造方法	JScrollPane（Component v,int vp,int hp）	以指定的参数创建 JScrollPane 组件
类方法	Component getCorner(String key)	获得位于角落的组件
	JScrollBar getHorizontalScrollBar()	获得水平滚动条
	JScrollBar getVerticalScrollBar()	获得垂直滚动条
	JViewport getColumnHeader()	获得水平标题栏组件

(续表)

	构造方法	说明
类方法	JViewport getRowHeader()	获得垂直标题栏组件
	JViewport getViewport()	获得显示区域中的组件
	Border getViewportBorder()	获得显示区域的边框
	void setColumnHeaderView(Component view)	设置水平标题栏组件
	void setRowHeaderView(Component view)	设置垂直标题栏组件
	void setCorner(String k,Component e)	设置位于角落的组件
	void setLayout(LayoutManager l)	设置布局方式
	void setViewportView(Component v)	设置显示区域中的组件
	void setViewportBorder(Border B)	设置显示区域的边框

（1）构造方法中用来显示水平（或垂直）滚动条的常数为：
① HORIZONTAL_SCROLLBAR_ALWAYS　　强制显示水平滚动条；
② HORIZONTAL_SCROLLBAR_AS_NEEDED　　根据需要显示水平滚动条；
③ HORIZONTAL_SCROLLBAR_NEVER　　永不显示水平滚动条。
（注：把 HORIZONTAL 换成 VERTICAL 即代表垂直滚动条。）
（2）setCorner()方法设置各角落的显示组件时用来指定角落的常数为：
① UPPER_LEFT_CORNER　　左上角；
② UPPER_RIGHT_CORNER　　右上角；
③ LOWER_LEFT_CORNER　　左下角；
④ LOWER_RIGHT_CORNER　　右下角。

10.3.7　复选框和单选按钮

复选框（JCheckBox）通过单击复选框的操作来设置其状态为"选中"或"非选中"，可以让用户做出多项选择。

单选按钮（JRadioButton）与复选框不同，多个 JradioButton 类可以组成一组，即 ButtonGroup。在任何时候，这一组中仅有一个能被选择为真，实现"多选一"。

JCheckBox 类和 JRadioButton 类可引发 ActionEvent 事件和 ItemEvent 事件。JCheckBox 类和 JRadioButton 类的构造方法见表 10.18，ButtonGroup 类的构造方法及类方法见表 10.19。

表 10.18　JCheckBox 类和 JRadioButton 类的构造方法

构造方法	说明
JCheckBox(Icon image,boolean s)	创建一个带图标的复选框组件，并指定是否被选取
JCheckBox(String label,boolean s)	创建一个含有标签的复选框，并指定是否被选取
JCheckBox(String label,Icon image,boolean s)	创建一个含有标签和图标的复选框，并且可指定选取状态
JRadioButton()	创建单选按钮
JRadioButton(Icon image,Boolean s)	创建带图标的单选按钮组件，并指定是否被选取
JRadioButton(String label,Boolean s)	创建含有标签的单选按钮组件，并指定是否被选取
JRadioButton(String label,Icon image,Boolean s)	创建一个含有标签和图标的单选按钮，并且可指定选取状态

表 10.19　ButtonGroup 类的构造方法及类方法

构造方法	ButtonGroup()	创建单选按钮组
类方法	void add(JRadioButton bt)	将指定的单选按钮加入单选按钮组中
	int getButtonCount()	获得单选按钮组中所有按钮的个数
	Boolean isSelected(buttonModel m)	测试单选按钮是否被选取
	void remove(JRadioButton bt)	将指定的按钮从单选按钮组中删除
	void setSelected(buttonModel m,Boolean b)	设置单选按钮组中被选取的按钮
	ButtonModel getSelection()	获得单选按钮组中被选取的按钮

【例 10.12】　创建复选框和单选按钮与 ActionEvent 事件、ItemEvent 事件。

```
1   import javax.swing.*;
2   import java.awt.*;
3   import java.awt.event.*;
4   public class example2 extends JFrame implements ActionListener,ItemListener{
5     JTextArea area=new JTextArea(6,30);
6     String City[]={"北京","上海","天津","南京","绍兴"};
7     JCheckBox cb[]=new JCheckBox[5];
8     JRadioButton radio[]=new JRadioButton[5];
9     ButtonGroup bg=new ButtonGroup();
10    JPanel jp1=new JPanel();
11    JPanel jp2=new JPanel();
12    JPanel jp3=new JPanel();
13    //创建JScrollPane组件并指定将文本区置入其显示区域中
14    int v=ScrollPaneConstants.VERTICAL_SCROLLBAR_ALWAYS;
15    int h=ScrollPaneConstants.HORIZONTAL_SCROLLBAR_ALWAYS;
16    JScrollPane jsp=new JScrollPane(area,v,h);
17    public example2(){
18      super("综合例子2");
19      Container c=getContentPane();
20      c.setLayout(new BorderLayout());
21      jp1.add(new Label("这是一个选项事件例子"));
22      jp1.add(jsp);
23      jp2.add(new Label("请选择中国的大城市"));
24      for(int i=0;i<5;i++){
25        cb[i]=new JCheckBox(City[i]);
26        jp2.add(cb[i]);
27        cb[i].addActionListener(this);
28        cb[i].addItemListener(this);
29      }
30      jp3.add(new Label("请选择中国的最大的城市"));
31      for(int i=0;i<5;i++){
32        radio[i]=new JRadioButton(City[i],false);
33        bg.add(radio[i]);
34        jp3.add(radio[i]);
35        radio[i].addActionListener(this);
```

```
36              radio[i].addItemListener(this);    //对单选按钮加监听
37          }
38          c.add("North",jp1);c.add("Center",jp2);c.add("South",jp3);
39          setDefaultCloseOperation(JFrame.EXIT_ON_CLOSE);
40          setSize(300,200);
41          setVisible(true);
42      }
43      public void actionPerformed(ActionEvent e){
44          area.append("  "+e.getActionCommand()+"\n");
45      }
46      public void itemStateChanged(ItemEvent e){
47          for(int i=0;i<5;i++){
48              if(e.getSource()==radio[i])
49                  area.append("你选中了单选按钮:   ");
50              if(e.getSource()==cb[i])
51                  area.append("你选中了复选框:   ");
52          }
53      }
54      public static void main(String args[]){
55          new example2();
56      }
57  }
```

运行结果如图 10.18 所示。

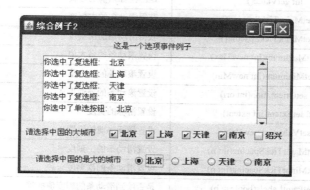

图 10.18 例 10.12 的运行结果

程序分析：在本例中，第 16 行创建滚动窗格，将文本区 area 加入其中，并将其置于面板 jp1 中。创建 5 个复选框组件，将其置于面板 jp2 中。创建单选按钮组 bg，将 5 个单选按钮加入 bg 中以实现"多选一"的目的，然后将其置于面板 jp3 中。接着，对 5 个复选框及 5 个单选按钮添加动作事件和选项事件监听，以便将每次所选的选项都显示在文本区 area 中。

10.3.8 滑动条

JSlider 类允许用户选择某个范围内的整数值，JSlider 类分为水平方向和垂直方向两种。如图 10.19 所示为一个水平滑动条，它包含游标和游标轨道，并能显示主刻度、次刻度和刻度值标签。JSlider 类也支持对齐刻度，即当游标在两个刻度之间时，游标自动移到离它最近的那个刻度上。JSlider 类支持通过鼠标和键盘与用户交互。

由图 10.19 可知，水平滑动条由 4 大部分组成，不过在默认情况下只有游标和游标轨道会被显示出来。

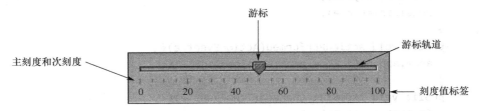

图 10.19 水平滑动条

JSlider 类会引发 ChangeEvent 事件。滑动条类的构造方法及类方法见表 10.20。

表 10.20 滑动条类的构造方法及类方法

构造方法	JSlider（int orientation）	以指定的形式（水平或垂直）创建滑动条组件
	JSlider（int orientation , int min , int max,int s）	使用指定的形式、最小值、最大值和起始值创建一个滑动条组件
类方法	int getExtent()	获得游标的宽度
	int getMaximum()	返回滑动条的最大值
	int getMinimum()	返回滑动条的最小值
	int getOrientation()	返回滑动条的外观形式（水平或垂直）
	boolean getValueIsAdjusting()	测试游标是否正在被拖动
	int getValue()	返回游标当前的位置
	int getMajorTickSpacing()	获得滑动条的主刻度
	int getMinorTickSpacing()	获得滑动条的次刻度
	void setMaximum(int newMax)	设置滚动条的最大值
	void setMinimum(int newMin)	设置滚动条的最小值
	void setOrientation(int ori)	设置滚动条的外观形式
	void setExtent(int extent)	设置游标的宽度
	void setValue(int newValue)	设置游标当前的位置
	void setMajorTickSpacing(int n)	设置滑动条的主刻度
	void setMinorTickSpacing(int n)	设置滑动条的次刻度
	void setPaintLabels(boolean b)	是否绘制滑动条的刻度值标签
	void setPaintTicks(boolean b)	是否绘制滑动条的刻度
	void setPaintTrack(boolean b)	是否绘制滑动条的游标轨道
	void setInverted(boolean b)	设置滑动条以反方向显示

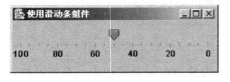

图 10.20 例 10.13 的运行结果

滑动条类定义的常数为：

① SwingConstants.HORIZONTAL　表示水平；
② SwingConstants.VERTICAL　表示垂直。

通过表 10.20 中的类方法可以知道，滑动条的刻度和刻度值标签必须由用户指定才会显示出来。另外，还要注意的是，在使用 setMajorTickSpac-ing 和 setMinor-

TickSpacing 方法设置完滑动条的主刻度和次刻度后，一定要调用 setPaintTicks 方法，否则刻度不会显示出来。

【例 10.13】 创建并使用滑动条，效果如图 10.20 所示。

```
1    import javax.swing.*;
2    import java.awt.*;
3    public class sl{
4      public static void main(String args[]){
5        //自定义滑动条组件 js
6        JSlider js=new JSlider(SwingConstants.HORIZONTAL,0,100,50);
7        js.setInverted(true);
8        js.setPaintLabels(true);          //绘制滑动条的刻度标签
9        js.setPaintTrack(false);          //不显示游标轨道
10       js.setMajorTickSpacing(20);       //设置主刻度为 20
11       js.setMinorTickSpacing(5);        //设置次刻度为 5
12       js.setPaintTicks(true);
13       JFrame f=new JFrame("使用滑动条组件");
14       f.getContentPane().add(js);
15       f.setDefaultCloseOperation(JFrame.EXIT_ON_CLOSE);
16       f.setSize(300,100);
17       f.setVisible(true);
18     }
19   }
```

程序分析：第 6 行设置滑动条 js 的最小值为 0，最大值为 100，起始位置为 50。因为设置为滑动条反方向显示，所以 100 在左边，而 0 在右边。另外，因为滑动条的游标轨道设置为不显示，所以没有显示出轨道。

实训　多事件处理

测试在容器上发生的鼠标单击事件、鼠标移动事件及窗口事件。

```
1    import javax.swing.*;
2    import java.awt.*;
3    import java.awt.event.*;
4
5    public class Mouse extends JFrame implements MouseListener,MouseMotionListener{
6      JPanel p1=new JPanel();
7      JPanel p2=new JPanel();
8      JTextArea area=new JTextArea(5,40);
9      int v=ScrollPaneConstants.VERTICAL_SCROLLBAR_ALWAYS;
10     int h=ScrollPaneConstants.HORIZONTAL_SCROLLBAR_ALWAYS;
11     JScrollPane jsp=new JScrollPane(area,v,h);
```

```java
12      public Mouse(){
13        super("鼠标移动事件例子");
14        Container c=getContentPane();
15        c.add("North",jsp);
16        c.add("West",p1);
17        c.add("East",p2);
18        p1.add(new JLabel("这是第一个面板",JLabel.CENTER));
19        p2.add(new JLabel("这是第二个面板",JLabel.CENTER));
20        p1.setBackground(Color.pink);
21        p1.addMouseListener(this);
22        p1.addMouseMotionListener(this);
23        p2.setBackground(Color.green);
24        p2.addMouseListener(this);
25        p2.addMouseMotionListener(this);
26        addWindowListener(new Win());
27        setSize(300,300);
28        setVisible(true);
29      }
30      public void mousePressed(MouseEvent e){
31        if(e.getSource()==p1)
32          area.append("你在panel1("+e.getX()+","+e.getY()+")单击了鼠标\n");
33        else
34          area.append("你在panel2("+e.getX()+","+e.getY()+")单击了鼠标\n");
35      }
36      public void mouseClicked(MouseEvent e){
37        if(e.getSource()==p1)
38          area.append("你在panel1("+e.getX()+","+e.getY()+")单击了鼠标\n");
39        else
40          area.append("你在panel2("+e.getX()+","+e.getY()+")单击了鼠标\n");
41      }
42      public void mouseEntered(MouseEvent e){
43        if(e.getSource()==p1)
44          area.append("鼠标进入Panel1\n");
45        else
46          area.append("鼠标进入Panel2\n");
47      }
48      public void mouseExited(MouseEvent e){
49        if(e.getSource()==p1)
50          area.append("鼠标退出Panel1\n");
51        else
52          area.append("鼠标退出Panel2\n");
53      }
54      public void mouseReleased(MouseEvent e){
55      area.append("释放鼠标\n");
```

```
56          }
57          public void mouseDragged(MouseEvent e){
58              area.append("鼠标拖动("+e.getX()+","+e.getY()+")\n");
59          }
60          public void mouseMoved(MouseEvent e){}
61          public static void main(String args[]){
62              new Mouse();
63          }
64      }
65      class Win  extends WindowAdapter{   //实现关闭窗口的功能
66          public void windowClosing(WindowEvent e){
67              System.exit(0);
68          }
69      }
```

运行结果如图 10.21 所示。

图 10.21 实训的运行结果

程序分析：第 6~8 行在窗口中添加了两个面板和一个文本区，并给面板增加了鼠标及鼠标移动事件的监听，捕获鼠标在这两个面板上的移动。鼠标移动事件和鼠标单击事件监视着鼠标的行动，并在文本区中将鼠标的操作过程以文字的方式显示出来。此外，第 65~68 行是对窗口关闭的处理方法。

常用组件引发的事件及监听器注册方法见表 10.21。

表 10.21 常用组件引发的事件及监听器注册方法

图形组件	发生的事件	监听器注册方法
JButton	ActionEvent	addActionListener()
JCheckbox	ItemEvent	addItemListener()
JComboBox	ActionEvent	addActionListener()
	ItemEvent	addItemListener()
Component	ComponentEvent	addComponentListener()
	KeyEvent	addKeyListener()
	MouseEvent	addMouseListener()
	MouseEvent	addMouseMotionListener()

(续表)

图形组件	发生的事件	监听器注册方法
Container	ContainerEvent	addContainerListener()
JList	ListSelectionEvent	addListSelectionListener()
JMenu	MenuEvent	addMenuListener()
JMenuItem	ActionEvent	addActionListener()
	ChangeEvent	addChangeListener()
	ItemEvent	addItemListener()
JScrollBar	AdjustmentEvent	addAdjustmentListener()
JTextField	TextEvent	addTextListener()
JPasswordField	ActionEvent	addActionListener()
Window	WindowEvent	addWindowListener()
JPopupMenu	PopupMenuEvent	addPopupMenuListener()
JSlider	ChangeEvent	addChangeListener()

10.4 菜单与对话框

菜单是图形用户界面的重要组成部分，由菜单栏（JMenuBar）、菜单（JMenu）、菜单项（JMenuItem）、弹出式菜单（JPopupMenu）和包含复选框的菜单项（JCheckboxMenuItem）等对象组成。在窗口中创建菜单的概念是将"菜单栏"加入到指定的窗口中，接着将"菜单"加入到"菜单栏"中，然后将"菜单项"和"子菜单"加入到"菜单"中，如图10.22所示。

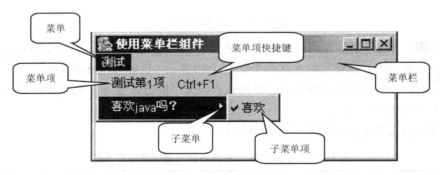

图 10.22　菜单的组成

10.4.1 创建菜单

JMenuBar 类的主要功能是用来放置 JMenu 类组件。JMenu 类的主要功能是用来放置 JMenuItem 和 JCheckboxMenuItem 等组件。

1. 菜单栏——JMenuBar 类

JMenuBar 类的构造方法及类方法见表 10.22。

表 10.22　JMenuBar 类的构造方法及类方法

构造方法	JMenuBar()	创建菜单栏组件
类方法	JMenu add(JMenu m)	将菜单组件加入到菜单栏中
	JMenu getHelpMenu()	获得菜单组件的 Help 菜单
	JMenu getMenu()	获得指定索引位置的菜单组件
	int getMenuCount()	获得菜单的个数
	MenuElement[] getSubElements()	获得菜单栏中所有的菜单组件
	void setHelpMenu(JMenu menu)	设置菜单组件的 Help 菜单
	void setMargin(Insets m)	设置菜单组件和菜单栏的间距

2. 菜单——JMenu 类

JMenu 类的构造方法及类方法见表 10.23。

表 10.23　JMenu 类的构造方法及类方法

构造方法	JMenu()	创建菜单组件
	JMenu(String s)	以指定的字符串创建菜单组件
类方法	JMenuItem add(JMenuItem mi)	将指定的菜单选项加入菜单中
	Component add(Component c,int i)	将指定的菜单选项根据指定的索引位置加入菜单中
	void addSeparator()	在菜单中加入功能选项分隔线
	JMenuItem insert(JMenuItem menuitem,int pos)	插入功能选项到菜单的指定位置
	JPopupMenu getPopupMenu()	获得菜单的浮动菜单
	void insertSeparator(int index)	在指定位置插入功能选项分隔线
	void remove(int pos)	删除指定位置的菜单选项
	void removeAll()	删除菜单所有的菜单选项
	void doClick()	运行单击功能选项的操作
	JMenuItem getItem(int pos)	获得指定位置的菜单选项
	int getItemCount()	获得菜单选项的个数
	Component getMenuComponent(int n)	获得指定的菜单组件
	Component[] getMenuComponent()	获得所有的菜单组件

3. 菜单项——JMenuItem 类

JMenuItem 类可引发 ActionEvent 事件。JMenuItem 类的构造方法及类方法见表 10.24。

表 10.24　JMenuItem 类的构造方法及类方法

构造方法	JMenuItem()	创建一个菜单选项组件
	JMenuItem(Icon icon)	以指定的缩略图创建菜单选项组件
	JMenuItem(String text)	以指定的字符串创建菜单选项组件
	JMenuItem(String t,Icon icon)	以指定的字符串和缩略图创建菜单选项组件
类方法	MenuElement[] getSubElements()	获得此菜单中的功能选项
	void setEnabled(boolean b)	设置此功能选项是否可以被单击

4. 包含复选框的菜单项——JCheckBoxMenuItem 类

JCheckBoxMenuItem 类包含管理具有开关状态的菜单项所必需的方法。当选中某个 JCheckBoxMenuItem 类对象时，在菜单项的左边会出现一个对号（√），若再次单击此菜单项，则此对号就会被清除。JCheckBoxMenuItem 类可引发 ItemEvent 事件。JCheckBoxMenuItem 类的构造方法及类方法见表 10.25。

表 10.25 JCheckBoxMenuItem 类的构造方法及类方法

构造方法	JCheckBoxMenuItem()	创建包含复选框的菜单项组件
	JCheckBoxMenuItem(String text,Icon icon)	以指定的字符串和缩略图创建包含复选框的菜单组件
类方法	boolean getState()	获得包含复选框的菜单项组件的选取状态
	void setState(boolean b)	设置包含复选框的菜单项组件的选取状态

【例 10.14】 在窗口中添加含有二级菜单、快捷键和复选框的菜单项。

```java
1   import java.awt.*;
2   import java.awt.event.*;
3   import javax.swing.ImageIcon;
4   import javax.swing.*;
5   public class Frame1 extends JFrame implements ActionListener,ItemListener{
6     ImageIcon icon=new ImageIcon("ms.jpg");
7     JTextField msg=new JTextField();
8     JMenuBar mb=new JMenuBar();
9     JMenu m1=new JMenu("File");
10    JMenu m2=new JMenu("二级菜单");
11    JMenuItem item=new JMenuItem("普通菜单项");
12    JCheckBoxMenuItem checkbox=new JCheckBoxMenuItem("复选菜单项");
13    JMenuItem exit=new JMenuItem("退出");
14    public Frame1(){
15      setIconImage(icon.getImage());
16      addWindowListener(new WindowAdapter(){
17        public void windowClosing(WindowEvent e){
18          System.exit(0);
19        }
20      });
21      Container c=getContentPane();
22      setTitle("菜单综合应用");
23      setSize(350,200);
24      c.add(msg);
25      mb.add(m1);
26      m1.add(m2);
27      checkbox.setState(true);
28      m1.add(item);
29      m1.setMnemonic('F');   //用此方法来设置 JMenu 和 JMenuItem 的快捷键
30      item.setAccelerator(KeyStroke.getKeyStroke('I',java.awt.Event.CTRL_MASK,false));
31      m1.add(checkbox);
32      m1.addSeparator();
33      m1.add(exit);
34      m2.add("菜单项 A");
35      m2.add("菜单项 B");
36      item.addActionListener(this);
```

```
37          checkbox.addItemListener(this);
38          exit.addActionListener(this);
39          setJMenuBar(mb);
40          setVisible(true);
41      }
42      public void actionPerformed(ActionEvent e){
43          if(e.getSource()==exit)
44              System.exit(0);
45          else
46              msg.setText(e.getActionCommand()+"被打开");
47      }
48      public void itemStateChanged(ItemEvent e){
49          if(e.getSource()==checkbox)
50              if(checkbox.getState())
51                  msg.setText(checkbox.getText()+"被选中");
52              else
53                  msg.setText(checkbox.getText()+"被取消");
54      }
55      public static void main(String arg[]){
56          new Frame1();
57      }
58  }
```

运行结果如图 10.23 所示。

程序分析：第 29 行利用 setMnemonic 方法来设置 JMenu 组件和 JMenuItem 组件的快捷键，此快捷键用于在程序运行后以"Alt+快捷键"方式运行菜单项。本例中，可以看到"File"中的"F"下面有一条线，这表示已设置快捷键，按下"Alt+F"组合键，与鼠标单击"File"菜单的结果一样。

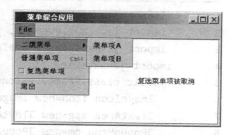

图 10.23 例 10.14 的运行结果

在图 10.23 中可以看到，在"普通菜单项"后面有"Ctrl-I"字样，这是第 30 行用 setAccelerator 方法设置的快捷键值。在此方法中使用了 KeyStroke 类，这个类用来管理键盘上的各种信息。第 30 行利用 getKeyStroke 方法来指定快捷键的键值，getKeyStroke 方法的 3 个字段值分别代表：键值、屏蔽键值和放开按键时是否触发事件。

本例用"Ctrl+英文字符"方式来运行 JMenuItem 的选项功能。当然，也可以将屏蔽键值设置为其他功能键，如 Shift、Alt 键等，在程序中将语句

```
item.setAccelerator(KeyStroke.getKeyStroke('I',java.awt.Event.CTRL_MASK,false));
```

改为

```
item.setAccelerator(KeyStroke.getKeyStroke('I',java.awt.Event.SHIFT_MASK,false));
```

或

```
item.setAccelerator(KeyStroke.getKeyStroke('I',java.awt.Event.ALT_MASK,false));
```

当用户按下"Ctrl+I"快捷键后,对应的"普通菜单项"将被运行。若用户单击"复选菜单项",则它的前边就会出现"√",表明已被选中,再次单击则取消选中。

"普通菜单项"相当于一个命令,而包含复选框的菜单项却不是命令,也就是说,它不产生动作事件,只产生状态改变事件。

10.4.2 弹出式菜单

弹出式菜单(JPopupMenu 类)是一种非常方便的菜单工具,它平常依附在某个容器或组件上,并不显示出来,当用户单击鼠标右键后,它就会弹出来。JPopupMenu 类的构造方法及类方法见表 10.26。

表 10.26 JPopupMenu 类的构造方法及类方法

构造方法	JPopupMenu()	创建一个弹出式菜单组件
	JPopupMenu(String label)	使用指定的字符串创建弹出式菜单组件
类方法	void show(Component origin,int x,int y)	在指定组件的位置显示弹出式菜单

【例 10.15】 弹出式菜单举例。

```
1    import java.awt.*;
2    import java.awt.event.*;
3    import javax.swing.ImageIcon;
4    import javax.swing.*;
5    public class Frame2 extends JFrame implements ActionListener,MouseListener{
6      ImageIcon icon=new ImageIcon("ms.jpg");
7      JTextArea msg=new JTextArea();
8      JPopupMenu pm=new JPopupMenu();
9      JMenuItem item1=new JMenuItem("hello");
10     JMenuItem item2=new JMenuItem("我是弹出式菜单");
11     JMenuItem item3=new JMenuItem("你会用了吗? ");
12     Frame2(){
13       setIconImage(icon.getImage());
14       setTitle("弹出式菜单");
15       setSize(350,200);
16       Container c=getContentPane();
17       addWindowListener(new WindowAdapter(){
18         public void windowClosing(WindowEvent e){
19           System.exit(0);
20         }
21       });
22       c.add(msg);
23       msg.add(pm);    //将弹出式菜单加入到文本区中
24       pm.add(item1);
```

```
25              pm.add(item2);
26              pm.add(item3);
27              item1.addActionListener(this);
28              item2.addActionListener(this);
29              item3.addActionListener(this);
30              msg.addMouseListener(this);
31              setVisible(true);
32          }
33          public void actionPerformed(ActionEvent e){
34              msg.append("你选择了 ""+e.getActionCommand()+"" \n");
35          }
36          public void mouseReleased(MouseEvent e){
37              if(e.isPopupTrigger())    //判断是否单击鼠标右键
38                  //在当前窗口鼠标右键单击的位置显示弹出式菜单
39                  pm.show(this,e.getX(),e.getY());
40          }
41          public void mouseClicked(MouseEvent e){}
42          public void mouseEntered(MouseEvent e){}
43          public void mouseExited(MouseEvent e){}
44          public void mousePressed(MouseEvent e){}
45          public static void main(String args[]){
46              new Frame2 ();
47          }
48      }
```

运行结果如图 10.24 所示。

程序分析：第 8 行创建弹出式菜单 pm，弹出式菜单有 3 个菜单项，被加到文本区 msg 中。Frame2 实现动作事件监听接口和鼠标事件监听接口。因为文本区能产生鼠标事件，菜单项能产生动作事件，所以这两个事件都要处理。

若用户在文本区中单击鼠标左键或鼠标右键，则会触发一个 mousePressed 事件。由于在这个事件的处理方

图 10.24 例 10.15 的运行结果

法中，只有在单击鼠标右键后才能使 isPopupTirgger 方法取真值，因此单击鼠标左键不会弹出菜单。若不采用分支结构，则无论单击鼠标左键或鼠标右键都会弹出菜单。第 39 行 show 方法中的第一个参数 this 代表当前窗口对象，这时也可以用 msg。

10.4.3 对话框

对话框在程序中最常见的应用是获得用户的输入（如密码对话框）或显示一段提示文字给用户。在 Swing 包中提供了 JDialog 类和 JOptionPane 类。

实际上，JOptionPane 类是细致版的 JDialog 类，在使用 JOptionPane 类时，系统会自动产生 JDialog 组件，并将 JOptionPane 类的内容放入 JDialog 类的 ContentPane 中，而这些均由系统在后台自动运行，并不需要用户介入。使用 JOptionPane 类的好处是，此组件已经默认设置许多交互方式，用户只需要设置想要的显示模式，JOptionPane 组件就能轻易地显示

出来，可以说是相当方便。若这些模式都不能满足用户的要求，则可使用 JDialog 组件来设计自己的对话框。

1. 自定义对话框 JDialog 类

当需要改变一些数据或需要一个提示窗口时，可以使用自定义对话框。JDialog 类的构造方法及类方法见表 10.27。

表 10.27　JDialog 类的构造方法及类方法

构造方法	JDialog()	创建独立且无锁定模式的对话框
	JDialog(Dialog own,String t,boolean m)	以指定的拥有者、标题栏字符串与锁定模式创建对话框
	JDialog(Frame own,String t,boolean m)	以指定的拥有者、标题栏字符串与锁定模式创建对话框
类方法	Container getContentPane()	获得对话框的 ContentPane 组件
	String getTitle()	获得对话框的窗口标题栏字符串
	void hide()	将对话框隐藏
	boolean isModal()	测试此对话框是否为锁定模式
	boolean isResizable()	测试对话框是否可以改变大小
	void setModal(Boolean b)	设置对话框是否为锁定模式
	void setResizable(Boolean r)	设置对话框是否可改变大小
	void setTtile(String title)	设置对话框的窗口标题栏字符串
	void show()	显示对话框
	int getDefaultCloseOperation()	获得对话框关闭时的默认处理方法
	JMenuBar getJMenuBar()	获得对话框的菜单组件
	void remove(component comp)	将对话框中指定的组件删除
	void setDefaultCloseOperation(int operation)	设置对话框关闭时的默认处理方法
	void setJMenuBar(JmenuBar menu)	设置对话框的菜单组件
	void setLayout(LayoutManager m)	设置对话框的布局方式
	void setLoctaionRelativeTo(Component c)	以指定的组件来设置对话框的相对显示位置
	void update(Graphics g)	调用 paint()方法重绘对话框

表 10.27 中，参数 own 是自定义对话框的拥有者，它可以是一个 JDialog 或 JFrame 对象；参数 t 是对话框的标题；若参数 m 取值为 true，则对话框为锁定模式对话框；否则为无锁定模式对话框。所谓锁定模式对话框是指打开后必须做出响应的对话框。

【例 10.16】　创建一个自定义对话框，运行结果如图 10.25 所示。

```
1    import java.awt.*;
2    import java.awt.event.*;
3    import javax.swing.*;
4    public class Frame3  extends JFrame implements ActionListener{
5        int row=6,col=30;
6        JPanel p1=new JPanel(),p2=new JPanel();
7        JTextArea ta=new JTextArea("文本区行数: "+row+"    列数: "+col,row,col);
8        JButton exit=new JButton("退出"),dialog=new JButton("对话框");
9        Frame3(){
10           setTitle("对话框的父窗口");
```

```java
11          Container c=getContentPane();
12          setSize(350,200);
13          c.add("Center",p1);
14          c.add("South",p2);
15          p1.add(ta);
16          p2.add(exit);
17          p2.add(dialog);
18          exit.addActionListener(this);
19          dialog.addActionListener(this);
20          setVisible(true);
21        }
22        public static void main(String args[]){
23          new Frame3();
24        }
25        public void actionPerformed(ActionEvent e){
26          if(e.getSource()==exit)
27            System.exit(0);
28          else{
29            MyDialog dlg=new MyDialog(this,true);
30            dlg.setVisible(true);
31          }
32        }
33        class MyDialog extends JDialog implements ActionListener{
34          JLabel label1=new JLabel("请输入行数");
35          JLabel label2=new JLabel("请输入列数");
36          JTextField rows=new JTextField(50);
37          JTextField columns=new JTextField(50);
38          JButton ok=new JButton("确定");
39          JButton cancel=new JButton("取消");
40          MyDialog(Frame3 parent,boolean modal){
41            super(parent,modal);
42            setTitle("自定义对话框");
43            setSize(260,140);
44            setResizable(false);
45            setLayout(null);
46            add(label1);
47            add(label2);
48            label1.setBounds(50,30,65,20);
49            label2.setBounds(50,60,65,20);
50            add(rows);
51            add(columns);
52            rows.setText(Integer.toString(ta.getRows()));
53            columns.setText(Integer.toString(ta.getColumns()));
54            rows.setBounds(120,30,90,20);
55            columns.setBounds(120,60,90,20);
56            add(ok);add(cancel);
57            ok.setBounds(60,100,60,25);
```

```
58              cancel.setBounds(140,100,60,25);
59              ok.addActionListener(this);
60              cancel.addActionListener(this);
61          }
62          public void actionPerformed(ActionEvent e){
63              if(e.getSource()==ok){
64                  int row=Integer.parseInt(rows.getText());
65                  int col=Integer.parseInt(columns.getText());
66                  ta.setRows(row);
67                  ta.setColumns(col);
68                  ta.setText("文本区行数: "+row+" 列数: "+col)；
69              }
70              dispose();      //用来关闭自定义对话框
71          }
72      }
73  }
```

(a) 父窗口　　　　　　　　　　(b) 自定义对话框

图 10.25　例 10.16 的运行结果

程序分析：程序中的 Frame3 是主类，MyDialog 类是 Dialog 类的派生子类并作为 Frame3 的内部类。内部类有一个好处是可以随意访问主类的成员。

单击父窗口中的"对话框"按钮可以打开自定义对话框。在 MyDialog 类的构造方法中，以主类调用父类的构造方法，可生成一个锁定模式对话框。

此外，该程序采用了手工布局方式来安排各组件的位置。两个文本框用来显示和输入数值，单击"确定"按钮后，用这两个数值来设定主类中文本区的行列数。无论单击"确定"按钮还是"取消"按钮，最后都调用 dispose 方法来关闭自定义对话框。

2. 使用 JOptionPane 类

JOptionPane 类的主要功能就是以最快的方式来建立具有特殊用途的对话框。这些对话框一律为"锁定模式"。JOptionPane 类的内置属性见表 10.28，JOptionPane 类的构造方法及类方法见表 10.29。

表 10.28　JOptionPane 类的内置属性

按钮形式	YES_NO_OPTION	含 Yes、No 2 个按钮
	DEFAULT_OPTION	默认形式
	OK_CANCEL_OPTION	含 OK、Cancel 2 个按钮
	YES_NO_CANCEL_OPTION	含 Yes、No、Cancel 3 个按钮

窗口版面与信息风格	PLAIN_MESSAGE	简单信息
	ERROR_MESSAGE	错误信息
	WARNING_MESSAGE	警告信息
	QUESTION_MESSAGE	疑问信息
	INFORMATION_MESSAGE	相关信息

表 10.29 JOptionPane 类的构造方法及类方法

构造方法	JOptionPane(Object mes,int mType,int oType,Icon icon, Object[] option,Object iValue)	以指定参数创建 JOptionPane 类对话框
类方法	Frame getFrameForComponent(Component parentComponent)	获得拥有此对话框的 Farme 组件
	Object getInputValue()	获得用户输入的信息
	Object getMessage()	获得此对话框的显示信息
	int getMessageType()	获得此对话框的信息风格
	Object[] getOptions()	获得此对话框的按钮组件
	int getOptionType()	获得此对话框的按钮形式
	Frame getRootFrame()	获得此对话框默认的 Frame 组件
	Object getValue()	获得用户单击的按钮
	void setRootFrame(Frame newF)	设置此对话框的默认 Frame 组件
	showConfirmDialog(Component p,Object mes,String title,int oType, int mType,Icon icon)	以指定的参数创建确认对话框
	showInputDialog(Component p,Object mes,String title,int mType, Icon icon,Object[] sValues,Object iValue)	以指定的参数创建输入对话框
	showConfirmDialog(Component p,Object mes,String title,int mType, Icon icon)	以指定的参数创建信息对话框
	showOptionDialog(Component p,Object mes,String title,int oType, int mType,Icon icon,Object[] sValues,Object iValue)	以指定参数创建自定义对话框

JOptionPane 组件包括以下 4 个对话框：

（1）确认对话框（Confirm Dialog）；

（2）信息对话框（Message Dialog）；

（3）输入对话框（Input Dialog）；

（4）自定义对话框（Option Dialog）。

【例 10.17】 使用 JOptionPane 类创建对话框。

```
1    import javax.swing.*;
2    public class OptionDialog{
3      public static void main(String args[]){
4        Object[] MyButtons={new JButton("确定"),new JButton("取消")};
5        Object[] MyChoice={"红心","黑桃","方块","梅花"};
6        JFrame jf=new JFrame("使用 JOptionPane 对话框");
7        jf.setDefaultCloseOperation(JFrame.EXIT_ON_CLOSE);
8        jf.getContentPane().add(new JLabel("使用对话框 Very Easy!!"));
9        jf.setBounds(0,0,250,100);
```

```
10          jf.setVisible(true);
11          JOptionPane.showOptionDialog(jf,"我是自定义对话框","我是标题字符串",
12          JOptionPane.DEFAULT_OPTION,JOptionPane.ERROR_MESSAGE,null,
13          MyButtons,MyButtons[0]);
14          JOptionPane.showInputDialog(jf,"输入文本框","标题字符串在此",
15          JOptionPane.INFORMATION_MESSAGE,null,MyChoice,MyChoice[2]);
16          JOptionPane.showMessageDialog(jf,"你想知道什么信息呢?","知道我是谁了吧",
17          JOptionPane.WARNING_MESSAGE,null);
18          JOptionPane.showConfirmDialog(null,"快按确定吧","你学会了吗? ",
19          JOptionPane.YES_NO_CANCEL_OPTION,JOptionPane.QUESTION_MESSAGE,null);
20      }
21  }
```

运行结果如图 10.26 所示。

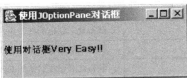
（a）主窗口

（b）自定义对话框

（c）输入对话框

（d）确认对话框

（e）信息对话框

图 10.26 例 10.17 的运行结果

程序分析：本例中，第 11～18 行连续定义了 4 个 JOptionPane 类对话框，每个对话框分别使用一个系统方法实现。在显示的结果中，左边的小图标有所不同，且表示不同含义。若在方法参数中不指定对话框的拥有者（为 null），则 JOptionPane 类会以"默认的"窗口为此对话框的拥有者，这样，"确认对话框"的显示位置会在屏幕正中央。这样的效果很适合用来显示一个"消息对话框"给用户。

10.5 布局管理器*

在前面几节的例子中使用了布局管理器。布局管理器用来管理那些放进容器的组件，使其被安排在恰当的位置。布局管理器除让组件有秩序地摆放在适当的位置上外，还有一个好处是，当改动窗口大小时，布局管理器会自动更新布局来配合窗口的大小。

当创建一个新的容器时，应调用 setLayout 方法指定布局管理器，该方法的参数是布局管理器类的对象。每个容器类都具有默认的布局管理器，但并不是每个容器类的默认布局管理器都一样。因此，建议为每个容器明确地设置指定的布局管理器。

Java 中定义了多种布局管理器类，本节主要介绍以下 5 种布局方式。

10.5.1 顺序布局

顺序布局（FlowLayout）方式是最基本的一种布局，是面板（JPanel）的默认布局方式。顺序布局是指把组件一个接一个地按从左到右的顺序排列在容器中，一行排满后就转到下一行继续排列，直到把所有组件都显示出来。该布局方式可以使用 3 个常量来指定组件的对齐方式，这 3 个常量是 FlowLayout.RIGHT、FlowLayout.CENTER 和 FlowLayout.LEFT，分别表示右对齐、居中对齐和左对齐。

在顺序布局方式下，一个组件使用容器的 add 方法就可以把自己加入到容器组件队列中。因为顺序布局功能有限，不能很好地控制组件的排列，所以常用在组件较少的情况下。若组件较多，则采用其他布局方式。另外，可使用容器的 setLayout 方法改变组件布局方式。

10.5.2 边界布局

边界布局（BorderLayout）方式把容器分为 5 个区：北区、南区、东区、西区和中区。其分布规律是"上北下南，左西右东"，与地图的方位相同，组件可以指定自己放在哪个区内。因为容器只有 5 个区，所以最多只能容纳 5 个组件（不一定要将 5 个区全部放满组件），它是 JFrame 和 JApplet 的默认布局方式。

【例 10.18】 使用边界布局方式添加 5 个组件。

```
1     import javax.swing.*;
2     import java.awt.*;
3     public class BorderDemo extends JFrame{
4       Button bn,bs,bw,be,bc;
5       public BorderDemo(){
6         super("BorderLayout Demo");
7         Container c=getContentPane();   //定义内容窗格
8         c.setLayout(new BorderLayout());
9         bn=new JButton("北");
10        bs=new JButton("南");
11        be=new JButton("东");
12        bw=new JButton("西");
13        bc=new JButton("中");
14        c.add("North",bn);
15        c.add("South",bs);
16        c.add("East",be);
17        c.add("West",bw);
18        c.add("Center",bc);
19        setSize(100,200);
20        setVisible(true);
21      }
22      public static void main(String args[]){
23        new BorderDemo();
24      }
25    }
```

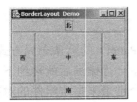

图 10.27 例 10.18 的运行结果

运行结果如图 10.27 所示。

程序分析：当一个使用边界布局管理器的容器变宽或变窄时，南区和北区只在宽度上发生变化，东区和西区不会变化；当容器在垂直方向伸展变化时，东区和西区只在高度上发生变化，南区和北区不会变化。在上述两种情况下，容器的中区会在相应的方向上改变。

其中，语句 c.add("North",bn); 也可写成另一种形式：c.add(bn,BorderLayout.NORTH);

10.5.3 网格布局

网格布局（GridLayout）方式把容器分成若干个大小相同的网格，每个网格可以放置一个组件，这种布局方式适用于组件数量众多的情况。在创建网格布局管理器时，可以给定网格的行数和列数。

【例 10.19】 组件的网格布局。

```
1    import java.awt.*;
2    import javax.swing.*;
3    public class GridDemo{
4      Button b1,b2,b3,b4,b5,b6;
5      public GridDemo(){
6        JFrame f=new JFrame("GridLayout  Demo");
7        Container c=f.getContentPane();   //定义内容窗格
8        c.setLayout(new GridLayout(3,3));
9        b1=new JButton("按钮 1");
10       b2=new JButton("按钮 2");
11       b3=new JButton("按钮 3");
12       b4=new JButton("按钮 4");
13       b5=new JButton("按钮 5");
14       b6=new JButton("按钮 6");
15       c.add(new JLabel("label1"));
16       c.add(b1);
17       c.add(b2);
18       c.add(b3);
19       c.add(new JLabel());
20       c.add(b4);add(b5);
21       add(b6);
22       c.add(new JLabel("label2"));
23       f.setSize(100,200);
24       f.setVisible(true);
25     }
26     public static void main(String args[]){
27       new GridDemo();
28     }
29   }
```

运行结果如图 10.28 所示。

10.5.4 卡片布局

卡片布局（CardLayout）方式是指将"窗口容器"中的所有组件如同一副"扑克牌"一样堆叠起来，每次只能显示最上面的一张卡片。这需要使用某种方法翻阅这些卡片，因此需要事件处理方法来解决。CardLayout 类提供了以下 5 个方法使组件具有可见性：

（1）public void first(Container parent)　　显示第一张卡片；
（2）public void last(Container parent)　　显示最后一张卡片；
（3）public void next(Container parent)　　显示下一张卡片；
（4）public void previous(Container parent)　　显示上一张卡片；
（5）public void show(Container parent,String name)　　显示指定卡片。

图 10.28　例 10.19 的运行结果

【例 10.20】添加卡片按钮来翻看卡片组件。

```
1   import java.awt.*;
2   import java.awt.event.*;
3   import javax.swing.*;
4
5   public class CardDemo  extends JFrame implements ActionListener
6   {
7      static CardDemo  frm=new  CardDemo();
8      static Panel pan1=new Panel();
9      static Panel pan2=new Panel();
10     static Button but1=new Button("第一页");
11     static Button but2=new Button("上一页");
12     static Button but3=new Button("下一页");
13     static Button but4=new Button("最后页");
14     static CardLayout crd=new CardLayout(5,10);
15     public static void main(String[] args)
16     {
17       frm.setLayout(null);
18       frm.setTitle("操作事件");
19       pan2.setLayout(new GridLayout(1,4));
20       pan1.setLayout(crd);
21       frm.setSize(300,350);
22       frm.setResizable(true);                    //参数 true 表示窗口大小可调
23       but1.addActionListener(frm);
24       but2.addActionListener(frm);
25       but3.addActionListener(frm);
26       but4.addActionListener(frm);
27       pan1.setBounds(10,20,270,200);             //设置 pan1 位置和大小
28       pan2.setBounds(10,220,270,20);             //设置 pan2 位置和大小
29       frm.add(pan1);
30       frm.add(pan2);
31       Label lab1=new Label("第一页",Label.CENTER);
32       TextField tex=new TextField("卡片式布局策略 cardLayout",18);
33       pan1.add("n1",lab1);
```

```
34          pan1.add("n2",new Label("第二页",Label.CENTER));
35          pan1.add("n3",tex);
36          crd.show(pan1,"n3");
37          pan2.add("d1",but1);
38          pan2.add("d2",but2);
39          pan2.add("d3",but3);
40          pan2.add("d4",but4);
41          frm.setVisible(true);
42          frm.setDefaultCloseOperation(JFrame.EXIT_ON_CLOSE);
43        }
44        public void actionPerformed(ActionEvent e)
45        {
46          Button but=(Button)e.getSource();
47          if(but==but1) crd.first(pan1);              //单击按钮1,显示pan1容器中的第一页
48          else if(but==but2) crd.previous(pan1);//单击按钮2,显示pan1容器中的上一页
49          else if(but==but3) crd.next(pan1);      //单击按钮3,显示pan1容器中的下一页
50          else crd.last(pan1);                              //显示最后一页
51        }
52      }
```

图 10.29 例 10.20 的运行结果

运行结果如图 10.29 所示。

程序分析：第 23~26 行是监听器的注册，监听器由实现接口的类的对象 frm 充当；第 33~35 行和第 37~40 行，在使用 add 方法向窗口容器中添加组件时，第一个字符串是给组件赋予的一个名字；第 42 行实现关闭窗口；第 44~50 行实现按钮的事件处理；第 46 行读取事件对象 e 中事件源的名称，并转换成当前触发的对象。因为 getSource 方法可能会返回其父类的对象，所以先强制转换成 Button 类类型，再赋给 Button 类的对象 but。

10.5.5 手工布局

若以上介绍的布局管理器都不符合程序设计的需要，则程序设计人员可以不使用布局管理器，而采用手工布局方式。这种布局方式要求：首先用 setLayout(null)语句关闭默认的布局管理器，然后用 setBounds 方法自己决定组件的摆放位置及大小。格式如下：

```
public void setBounds(int x,int y,int width,int height)
```

其中，参数 x 和 y 分别指定组件的水平位置坐标和纵向位置坐标；参数 width 指定组件的宽度；参数 height 指定组件的高度。

【例 10.21】 手工放置组件。

```
1     import java.awt.*;
2     import javax.swing.*;
3     public class NullLayout extends JFrame{
4       JButton b1=new JButton("按钮1");
```

```
5       JButton b2=new JButton("按钮2");
6       JButton b3=new JButton("按钮3");
7       JLabel lb=new JLabel("看我们的摆放位置，很随意!! ");
8       public NullLayout(){
9         super("nullLayout Demo");
10        Container c=getContentPane();
11        c.setLayout(null);
12        c.add(lb);
13        lb.setBounds(200,60,200,30);
14        c.add(b1);
15        b1.setBounds(20,30,50,30);
16        c.add(b2);
17        b2.setBounds(100,70,50,30);
18        c.add(b3);
19        b3.setBounds(150,100,60,50);
20        setVisible(true);();
21      }
22      public static void main(String args[]){
23        new NullLayout();
24      }
25    }
```

运行结果如图 10.30 所示。

10.6 JApplet 类的使用

在前面几章中出现过 Applet 类的使用例子，这里要特别提到的是，由于从 Java 2 起已将 javax.swing 包列入 JFC（Java 的基础类库）中，因此在实际应用中经常会用到 javax.swing 包的 JApplet 类来编写用于 WWW 的小应用程序。JApplet 类是 Applet 类的直接子类，所有的 Swing GUI 组件都应该包含在 JApplet 程序中。JApplet 类的继承层次如图 10.31 所示。

图 10.30 例 10.21 的运行结果

```
java.lang.Object
    └── java.awt.Componet
        └── java.awt.Container
            └── java.awt.Panel
                └── java.awt.Applet
                    └── java.swing.JApplet
```

图 10.31 JApplet 类的继承层次

JApplet 类的使用与 Applet 类相似，与 JApplet 程序配合的 HTML 文件和与 Applet 小程序配合的 HTML 文件也没有什么区别。JApplet 与 Applet 的差别在于前者的默认布局管理器是 BorderLayout，而后者的默认布局管理器是 FlowLayout。另外，向这两者中加入组件对象的方法也不一样，可以直接向 java.applet.Applet 中加入子对象，其使用方法为：

applet.add(组件对象)

然而，向 JApplet 中加入 swing 组件时不能直接用 add 方法，必须先使用 JApplet 的 getContentPane 方法来获得一个 Container 内容窗格对象，然后调用该对象的 add 方法将对象加入到 JApplet 中，其使用方法为：

applet.getContentPane().add(组件对象)

与 JFrame 类一样,设置布局管理器、移去组件、显示对象等操作也是针对 Container 对象的,而不是针对 JApplet 本身。

【例 10.22】 继承 JApplet 类的小应用程序。

```java
import javax.swing.*;
import java.awt.*;
import java.awt.event.*;
public class Hello extends JApplet{
  public void init(){
    Container c=getContentPane();
    c.add(new JLabel("Hello_java"));
  }
}
```

对应的 HTML 文件的内容为:

```html
<html>
  <applet code="Hello.class" height=200 width=200>
  </applet>
</html>
```

运行结果如图 10.32 所示。

图 10.32 例 10.22 的运行结果

10.7 Java 事件类方法列表

前面列举了很多例子,下面总结 5 个常用事件类的方法列表,见表 10.30～表 10.34。

表 10.30 ActionEvent 类方法

类方法	说明
String getActionCommand()	获得事件的描述字符串
int getModifiers()	获得事件的附加修饰字
Object getSource()	返回产生事件的对象引用

表 10.31 ItemEvent 类方法

类方法	说明
Object getItem()	获得发生此事件的选项组件
int getStateChange()	获得此选项是被选取或是被取消选取

表 10.32 AdjustmentEvent 类方法

类方法	说明
int getAdjustmentType()	获得滚动条被操作的形式
int getValue()	获得滚动条当前的值

表 10.33 KeyEvent 类方法

类方法	说明
char getKeyChar()	获得键盘的字符按键
int getKeyCode()	获得键盘按键的伪码
String getKeyText(int keyCode)	获得指定伪码的按键字符串
boolean isActionKey()	测试该键是否并未定义在 Unicode 中
void setKeyChar()	改变发生此按键事件的按键原来的字符
void setModifiers(int mod)	改变发生此按键事件的按键原来附加的修饰字

表 10.34 MouseEvent 类方法

类方法	说明
int getClickCount()	获得发生此事件时鼠标按键被单击的次数
Point getPoint()	获得发生此事件时鼠标的坐标
int getX()	获得发生此事件时鼠标的 X 坐标
int getY()	获得发生此事件时鼠标的 Y 坐标

10.8 案例实现

1. 问题回顾

设计如图 10.1 所示的学生信息注册窗口，包括姓名、专业、性别和爱好的输入和选择。单击"确定"按钮，信息将在下方的文本区中显示出来；单击"取消"按钮，可以重新输入。

视频

2. 代码实现

```
1   import javax.swing.*;              //加载 swing 包
2   import java.awt.*;                 //加载 awt 包
3   import java.awt.event.*;
4
5   public class Register extends JFrame
6   {
7       JLabel nameLabel;              //标签
8       JLabel pLabel;
9       JLabel gLabel;
10      JLabel fLabel;
11      JLabel conLabel;
12
13      JTextField name;               //单行文本
14      JTextArea context;             //多行文本
15
16      JList speciality;
17      String[] data={"计算机科学与技术","信息工程","生物医学工程","安全工程","艺术设计学"};
18      ButtonGroup bg;                //组合框
19
20      JRadioButton male;             //单选按钮
21      JRadioButton female;
```

```java
22
23      JCheckBox favorite1;                                //复选框
24      JCheckBox favorite2;
25      JCheckBox favorite3;
26      JCheckBox favorite4;
27
28      public Register(String title){
29        this.getContentPane().setLayout(null);            //表示自己设定组件的位置、高和宽
30        this.setSize(340, 440);                           //设定窗口大小
31        this.setLocation(100,100);                        //设定窗口出现位置
32      }
33
34      public void showWin(){
35        this.setDefaultCloseOperation(EXIT_ON_CLOSE);     //可关闭窗口
36        this.setTitle("注册窗口");
37        nameLabel=new JLabel("姓名: ");
38        nameLabel.setBounds(30, 10, 50, 25);              //设置位置及高和宽
39
40        name=new JTextField();
41        name.setBounds(80, 10, 120, 20);
42        name.setBackground(Color.green);                  //设置背景颜色为绿色
43        name.setBorder(BorderFactory.createLineBorder(Color.RED));
44
45        //设置边框颜色为红色
46        name.addKeyListener(new KeyAdapter(){
47          public void keyPressed(KeyEvent e){}
48        });                                               //使用匿名内部类实现键盘事件
49
50        //"专业"组合框
51        pLabel=new JLabel("专业: ");
52        pLabel.setBounds(30, 40, 50, 25);
53
54        speciality=new JList(data);
55        speciality.setBounds(80, 40, 120, 85);
56        speciality.setBorder(BorderFactory.createLineBorder(Color.GREEN));
57
58        gLabel=new JLabel("性别: ");
59        gLabel.setBounds(30, 130, 50, 25);
60
61        //"性别"单选按钮
62        bg=new ButtonGroup();
63        male=new JRadioButton("男");
64        female=new JRadioButton("女");
65        bg.add(male);                                     //将单选按钮加入组合框
66        bg.add(female);
67        male.setBounds(80, 130, 60, 25);
68        female.setBounds(140, 130, 60, 25);
69
70        fLabel=new JLabel("爱好: ");
```

```java
71         fLabel.setBounds(30, 160, 50, 25);
72         //"爱好"复选框
73         favorite1=new JCheckBox("音乐");
74         favorite2=new JCheckBox("篮球");
75         favorite3=new JCheckBox("高尔夫");
76         favorite4=new JCheckBox("动漫");
77
78         favorite1.setBounds(80, 160, 60, 25);
79         favorite2.setBounds(140, 160, 60, 25);
80         favorite3.setBounds(200, 160, 65, 25);
81         favorite4.setBounds(265, 160, 60, 25);
82
83         //"内容"文本区域
84         JLabel conLabel=new JLabel("输入的内容：");
85         conLabel.setBounds(30, 250, 90, 25);
86         context=new JTextArea();
87         context.setBounds(30, 270, 260, 100);
88         context.setBorder(BorderFactory.createLineBorder(Color.black));
89
90         //"确定"按钮
91         JButton ok=new JButton("确定");
92         ok.setBounds(50, 190, 60, 25);
93         ok.addMouseListener(new MouseAdapter(){
94           public void mouseClicked(MouseEvent e){
95             StringBuffer sb=new StringBuffer();
96             sb.append(nameLabel.getText()).append(name.getText());
97         //将需要显示出的内容添加到缓冲区的末端
98             sb.append("\n");
99             int index=speciality.getSelectedIndex();
100            if (index >=0){
101              sb.append(pLabel.getText()).append(data[index]);}
102            else {
103              sb.append(pLabel.getText());
104            }
105
106            sb.append("\n");
107            sb.append(gLabel.getText());
108
109            if (male.isSelected()){
110              sb.append("男");
111            }
112            if (female.isSelected()){
113              sb.append("女");
114            }
115
116            sb.append("\n");
117            sb.append(fLabel.getText());
118            if (favorite1.isSelected()){
```

```java
119            sb.append("音乐  ");
120          }
121          if (favorite2.isSelected()){
122            sb.append("篮球  ");
123          }
124          if (favorite3.isSelected()){
125            sb.append("高尔夫  ");
126          }
127          if (favorite4.isSelected()){
128            sb.append("动漫  ");
129          }
130          context.setText(sb.toString());
131        }
132      });    //使用匿名内部类实现鼠标确定事件
133
134      //"取消"按钮
135      JButton cancel=new JButton("取消");
136      cancel.setBounds(120, 190, 60, 25);
137      cancel.addMouseListener(new MouseAdapter(){
138        public void mouseClicked(MouseEvent e){
139          name.setText("");
140          speciality.clearSelection();
141
142          if (favorite1.isSelected()){
143            favorite1.setSelected(false);    //清空
144          }
145          if (favorite2.isSelected()){
146            favorite2.setSelected(false);
147          }
148          if (favorite3.isSelected()){
149            favorite3.setSelected(false);
150          }
151          if (favorite4.isSelected()){
152            favorite4.setSelected(false);
153          }
154          context.setText("");
155        }
156      });                            //使用匿名内部类实现鼠标确定事件
157
158      //添加组件到本类中
159      this.add(nameLabel);
160      this.add(name);
161      this.add(pLabel);
162      this.add(speciality);
163      this.add(gLabel);
164      this.add(male);
165      this.add(female);
166      this.add(fLabel);
```

```
167            this.add(favorite1);
168            this.add(favorite2);
169            this.add(favorite3);
170            this.add(favorite4);
171            this.add(conLabel);
172            this.add(context);
173            this.add(ok);
174            this.add(cancel);
175            this.setVisible(true);
176
177        }
178        public static void main(String[] args){
179            Register Reg=new Register("Register");     //创建对象 Reg
180            Reg.showWin();                              //显示功能
181        }
182    }
```

程序分析：第 45～46 行、第 93～132 行和第 137～156 行分别利用 addXXXListener 方法和匿名适配器类的对象，覆盖和重写适配器类中的事件处理和响应方法。程序中使用的 setBounds 方法用来定义组件的左上角起始坐标及组件的宽和高。第 159～174 行实现添加组件对象到当前的容器窗口中。第 175 行的 this.setVisible(true);语句的作用是显示窗口，因为默认窗口是 false，所以不显示。第 178～181 行是主类的定义。

3. 运行结果

运行结果如图 10.33 所示。

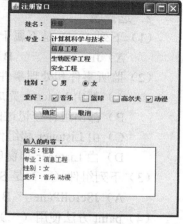

图 10.33 运行结果

习题 10

1. 填空题

（1）ActionEvent 事件相应的事件处理器接口是_____，所在的类包是_____。

（2）取得窗口容器的代码是_____。

（3）向 JTextArea 的_____方法传递 false 参数可以防止用户修改文本。

（4）BorderLayout 布局类所在的类包是_____。

（5）一个 JMenu 的 JMenuItem 应称为_____。

（6）_____方法把 JMenuBar 添加到 JFrame 中。

（7）JFrame 的默认布局管理器是_____。

（8）清空内存的命令是_____。

（9）Swing 的事件处理机制包括_____、事件和事件处理。

（10）要取消布局管理器，需要调用_____方法。

（11）所有组件都可以通过_____方法向容器中添加组件。

（12）_____方法用于设置组件的前景色，_____方法用于设置组件的背景色。

（13）下列 Applet 程序在窗口中实现一个不可编辑的 TextField，并且显示"OK"。请在横线处填写正确的程序语句。

```
import java.applet.Applet;
import java.awt.*;
public class Test13 extends Applet
{
  TextField tf;
  public void init()
  {
    setLayout(new GridLayout(1,0);
    tf=new TextField("OK");
    _____;
    add(tf);
  }
}
```

2．选择题

（1）下列（　）是不属于容器的组件。

　　A）JFrame　　　B）JButton　　　C）JPanel　　　D）JApplet

（2）监听事件和处理事件（　）。

　　A）都由 Listener 完成

　　B）都由组件登记过的实现相应事件的 Listener 类的对象完成

　　C）由 Listener 和组件分别完成

　　D）由 Listener 和窗口分别完成

（3）下列组件（　）是 Swing 顶层容器。

　　A）JScrollPane　　B）JPanel　　　C）JApplet　　　D）JSplitPane

（4）paint 方法使用（　）类型的参数。

　　A）Color　　　B）Graphics2D　　C）String　　　D）Graphics

（5）每个使用 Swing 组件的程序必须有一个（　）。

　　A）按钮　　　　B）标签　　　　C）菜单　　　　D）容器

（6）下列（　）不是事件处理机制中的角色。

　　A）事件　　　　B）事件源　　　C）事件接口　　D）事件处理器

（7）在 Applet 程序中，画图、画图像和显示字符串都要用到的方法是（　）。

　　A）paint()　　　B）init()　　　C）start()　　　D）destroy()

（8）下列组件中没有选择项的是（　）。

　　A）JButton　　　B）JCheckBox　　C）JList　　　D）Choice

（9）实现（　）接口可以对 TextField 对象的事件进行监听和处理。

　　A）ActionListener　　　　　　　B）FocusListener

　　C）MouseMotionListener　　　　D）WindowListener

（10）下列不属于 Java 中适配器的是（　）。

　　A）ComponentAdapter　　　　　B）ContainerAdapter

C) MouseAdapter   D) ActionAdapter

3. 找出下面语句段中的错误，并改正。

（1）

```
import javax.swing.*;
import java.awt.*;
import java.awt.event.*;
public class ex11_1{
  public ex11_1(String title){
    addWindowListener(new WindowAdapter(){
      public void windowClosing(WindowEvent e){
        e.getWindow().dispose();
        System.exit(0);
      }
    });
    JLabel lb=new JLabel("Debug Question",JLabel.CENTER);
    getContentPane().add(lb,BorderLayout.CENTER);
    setSize(300,100);
    setVisible();
  }
  public static void main(String args[]){
    new ex11_1("Debug Question");
  }
}
```

（2）

```
import javax.swing.*;
t java.awt.*;
import java.awt.event.*;
public class ex11_2{
  public ex11_2(String title){
    super(title);
    addWindowListener(new WindowAdapter(){
      public void windowClosing(WindowEvent e){
        e.getWindow().dispose();
        System.exit(0);
      }
    });
    JButton[] bt=new JButton[9];
    for(int i=0;i<bt.length;i++){
      bt[i]=new JButton(String.valueOf(i+1));
      add(bt[i]);
    }
    pack();
    setVisible(true);
  }
```

```
    public static void main(String args[]){
      new ex11_2("Debug Question");
    }
  }
```

4. 一般组件和容器的区别是什么？add 方法的作用是什么？

5. 编写一个 Applet 程序，添加两个标签、一个文本框、一个文本区和一个按钮。

6. 为第 5 题的 Applet 程序添加事件处理功能。要求：在文本框中输入字符串，当按回车键或单击按钮时，可将字符串显示在文本区中。

7. 在 Java 图形用户界面设计中，一共有几种容器？容器的作用是什么？哪些属于有边框容器，哪些属于无边框容器？

8. 向窗口添加菜单分为哪几个步骤？创建一个窗口，要求有"退出"按钮和菜单"退出"命令，而且菜单、按钮和窗口本身的"关闭"按钮都起作用。

9. 创建一个窗口，单击"提示"按钮可出现一个写有"你好！"文本的对话框。

SCJP 试题：Which one of the following event listeners have event adapters defined in Java?

  A）MouseListener   B）KeyListener   C）ActionListener
  D）ItemListener   E）WindowListener

问题探究 10

1. 在 NetBeans 集成环境中，学习图形用户界面的设计，体会窗口的设计、可视化组件的双击拖放，以及属性的修改和组件的鼠标移动布局操作的方便性。

2. 什么是事件？用户的哪些操作可能引发事件？简述 Java 事件委托处理。

3. 设计一款音乐播放器，可以播放音乐和关闭播放器。

4. 利用相关组件和事件处理，编写一个加法计算器。

第 11 章 多线程

Java 语言包含了许多创新特征，其中最鲜明的一个特性就是提供对多线程编程的内在支持。多线程编程技术是 Java 语言的重要特点，在网络编程和动漫方面有广泛应用。多线程编程的含义是将程序的运行路径分成若干交替并发的子路径，每个线程（Thread）定义一个独立的运行路径。

本章主要内容
- 多线程概述
- 创建和运行线程
- 线程间的数据共享
- 多线程的同步控制

【案例分析】
哲学家用餐问题：5 位哲学家坐在餐桌前，他们要么思考，要么等待，要么吃饭。筷子的根数和哲学家的人数相等，而每位哲学家必须用两根筷子吃东西，所以每根筷子必须由两位哲学家共享。当一位哲学家放下筷子时，要通知其他等待拿筷子的哲学家，任何时刻只能有一位哲学家拿起一根筷子。当一位哲学家思考时，就要放下他拿起的两根筷子。如何模拟这样一个需要协调的过程？

多线程间的协作是多线程完成一个任务时必须要考虑的问题，哲学家用餐问题是典型的线程间通信问题。在后面的学习中，我们将要明确线程的创建及多线程之间的同步与协调。

11.1 多线程概述

随着个人计算机所使用的微处理器技术的飞速发展，早期大型计算机所具有的系统多任务和分时特性，现在个人计算机也都具备了。现代操作系统不仅支持多进程，而且也支持多线程，同时 Java 在语言内置层次上提供了对多线程的直接支持。

以往开发的程序大多是单线程的，即一个程序只有从头至尾的一条运行路径。而多线程（Multithread）是指同时存在几个运行体，按几条不同的路线共同工作的情况。多线程就是将一个程序中的各个"程序段"并发化，将按顺序运行的"程序段"转成并发运行，每个"程序段"是一个逻辑上相对完整的程序代码段。

并发运行和并行运行不同，并行运行通常表示同一个时刻有多条指令代码在处理器上同时运行，这种情况往往需要多个处理器，如多个 CPU <u>等硬件的支持</u>，如图 11.1 所示。而并发运行通常表示在单处理器运行环境下，单就某个时间点而言，<u>同一段时间流的某个时刻只能运行一条指令代码，多个线程分享 CPU 时间</u>，操作系统负责调度并给它们分配资源，但在一个时间段内，这些代码交替运行，即所谓"微观串行，宏观并行"，如图 11.2 所示。

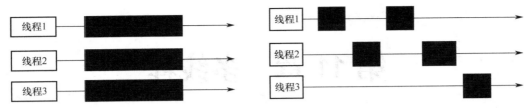

图 11.1　多个线程并行运行在多个处理器上　　图 11.2　单处理器上多个线程并发共享 CPU

需要说明的是，进程和线程是两个不同的概念。打开 Windows 的"任务管理器"，再打开"进程"选项卡，可以看到计算机中运行的很多进程都是 .exe 的可运行文件。那么，什么是进程？什么是线程？它们之间是什么关系？概念往往是抽象的，可以通过图 11.3 有一个形象的比较，从图 11.3 中可以看出，有单进程单线程的，有多进程但每个进程只有一个线程的，有单进程包含多线程的，还有多进程且每个进程有多个线程等几种情况。

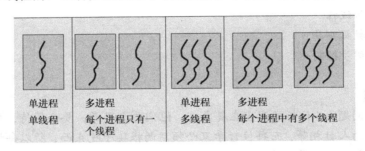

图 11.3　进程与线程的关系

线程是比进程更小的程序运行单位。一个进程可以在其运行过程中产生多个线程，形成多条运行路径。

11.1.1　基本概念

1. 程序（Program）

程序就是用户编写的静态代码，含有操作指令，它能接收数据的文件，被存储在磁盘或其他的数据存储设备中。

2. 进程（Process）

由于进程是程序的一次运行过程，因此进程是动态的。程序在运行时，会被操作系统载入内存中，占有内存空间，并且启动它的工作（运行时占用 CPU 时间），然后就变成了所谓的"进程"。例如，一个正在 Windows 下运行的程序就可以视为一个进程。进程是系统运行程序的基本单位。

各个进程之间是独立的，每个进程的内部数据和状态也是完全独立的，这样，各个进程彼此并不知道各自的存在，这是因为它们是独立运行的,每个进程都有一段专用的内存区域。所谓同时运行的进程，其实是指由操作系统将系统资源分配给各个进程，每个进程在 CPU 上交替运行。因为每个进程占有不同的内存空间，所以内存消耗比较大。

3. 多任务（Multitask）

多任务是指在一个系统中可以同时运行多个程序，即有多个独立运行的任务，每个任务对应一个进程。

4. 线程（Thread）

在一个进程中可以有多个执行单元同时运行。这些执行单元可以看成程序执行的一条条线索，称其为线程。

在进程的概念中，即使是同一个程序所产生的进程，但由于每个进程的内部数据和状态是完全独立的，因此也必须重复许多数据复制工作。为了减少不必要的系统负担，线程的概念应运而生。

所谓线程，与进程类似，也是一个运行中的程序，但线程是一个比进程更小的运行单位。在运行一个进程时，程序内部的代码都是按先后顺序运行的。若能够将一个进程划分成更小的运行单位，则程序中一些彼此相对独立的代码段可以并发运行，从而获得更高的运行效率。

一个进程在其运行过程中可以产生多个线程，形成多条运行路线。对每个线程来说，都有自身的产生、存在和消亡的过程，所以线程是一个动态的概念。

与进程不同的是，同类的多个线程共享同一块内存空间（包括代码空间和数据空间）和一组系统资源，而线程本身的数据通常只有处理器的寄存器数据及一个供程序运行时使用的堆栈。所以系统在产生一个线程，或者在各个线程之间切换工作时，其负担要比进程小得多。因此，线程称为轻量级的进程（Light-Weight Process）。

进程与线程的区别还在于进程属于操作系统的范畴，主要是在同一段时间内，可以同时运行一个以上的程序，就像一边浏览网页，一边听音乐；而线程则是在同一个程序内同时运行一个以上的子程序段。

5. 多线程（Multithread）

传统的程序设计主要使用单一进程来完成一项工作，也就是单一线程。但是如果让 CPU 在同一时间运行一个程序中的好几个程序段来完成任务，那么这就是多线程的概念。

在操作系统将进程划分为多个线程后，这些线程可以在操作系统的管理下并发运行，从而大大提高程序的运行效率。

虽然线程的运行从宏观上看是多个线程同时运行，但实际上这只是操作系统的障眼法。由于一块 CPU 只能同时运行一条指令，因此在拥有一块 CPU 的计算机上不可能同时运行两个任务。之所以从表面上看是多个线程同时运行，这是因为不同线程之间的切换时间非常短，而且在一般情况下切换又非常频繁。假设有线程 A 和线程 B，在运行时，可能是在 A 运行了 1 毫秒后，切换到 B，B 运行了 1 毫秒后，又切换到 A，A 又运行了 1 毫秒。由于 1 毫秒的时间对于普通人来说是很难感知的，因此从表面上看好像 A 和 B 同时运行一样，但实际上 A 和 B 是交替运行的。

> **注意**：多任务和多线程是两个不同的概念，多任务是针对操作系统而言的，表示操作系统可以同时运行多个应用程序；而多线程是针对一个程序而言的，表示在一个应用程序内部可以同时运行多个线程。

11.1.2 线程的状态与生命周期

每个 Java 程序都有一个默认的主线程。对于应用程序来说，其主线程是 main 方法运行

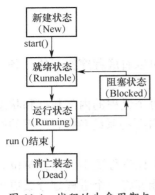

图 11.4 线程的生命周期与线程的状态

的线程；对于小程序来说，其主线程指挥浏览器加载并运行 Java 小程序。要想实现多线程，必须在主线程中创建新的线程对象。Java 语言使用 Thread 类及其子类的对象来表示线程，新建线程在它的一个完整生命周期内通常会经历 5 种状态。通过线程的控制与调度可使线程在这 5 种状态间转换，如图 11.4 所示。

1. 新建状态（New）

在一个 Thread 类或其子类的对象被声明并创建，但其在还未被运行的这段时间里，处于一种特殊的新建状态中。此时，线程对象已经被分配了内存空间和其他资源，并已被初始化，但是该线程尚未被调度，这就好比手中拿了票的旅客。

2. 就绪状态（Runnable）

就绪状态也称可运行状态，处于新建状态的线程被启动后，也就是系统调用 start 方法后，新建线程将进入线程队列排队等待 CPU 时间片。此时它已具备运行的条件，一旦轮到它来享用 CPU 资源，就可以脱离创建它的主线程独立开始自己的生命周期了。这就好比旅客通过安检，进入候车室等待上车。另外，原来处于阻塞状态的线程被解除阻塞后也将进入就绪状态。

3. 运行状态（Running）

当就绪状态的进程被调度并获得处理器资源后，便进入运行状态。该状态表示线程正在运行，该线程已经拥有了对 CPU 的控制权。这就好比等待中的资源，即火车来了，旅客检票上车后，火车出发。

当调用 start 方法后，线程伺机获取资源运行 run 方法中的代码，线程进入运行状态。每个 Thread 类及其子类的对象都有一个重要的线程运行函数（run 方法），该方法定义了这个类线程的操作和功能。当线程对象被调度运行时，它将自动调用本对象的 run 方法，从该方法的第一条语句开始运行，一直到运行完毕，除非该线程主动让出 CPU 的控制权或者 CPU 的控制权被优先级更高的线程抢占。

处于运行状态的线程在以下 4 种情况下会让出 CPU 的控制权：

（1）线程运行完毕；
（2）有比当前线程优先级更高的线程处于就绪状态；
（3）线程主动睡眠一段时间；
（4）线程在等待某个资源。

4. 阻塞状态（Blocked）

一个正在运行的线程在某些特殊情况下，需要让出 CPU 并暂时中止自己的运行，这时线程处于不可运行的状态，称为阻塞状态，这就好比火车在途中暂停避让。阻塞状态是因为某种原因，系统不能运行线程，在这种状态下即使处理器空闲也不能运行线程。

下面 3 种情况可使得一个线程进入阻塞状态：

（1）调用 sleep 或 yield 方法；
（2）为等候一个条件变量，线程调用 wait 方法；

（3）该线程与另一个线程 join 在一起。

当一个线程被阻塞时不能进入就绪状态的排队队列，只有当引起阻塞的原因被消除时，线程才可以转为就绪状态，重新进入排队队列等待 CPU 资源，以便从原来的暂停处继续运行。

处于阻塞状态的线程通常需要由某些事件唤醒，至于由什么事件唤醒该线程，则取决于其阻塞的原因。处于睡眠状态的线程必须被阻塞一段固定的时间，当睡眠时间结束时变成就绪状态。

5. 消亡状态（Dead）

处于消亡状态的线程不具有继续运行的能力。导致线程消亡的原因有两个：一是正常运行的线程完成了它的全部工作，即运行完 run 方法的最后一条语句并退出；二是当进程因故停止运行时，该进程中的所有线程将被强行终止。当线程处于消亡状态，并且没有该线程的引用时，垃圾自动回收机制会从内存中删除该线程对象。

简而言之，忽略操作系统底层的操作，在程序中可视的线程生命周期是线程的创建，start 方法的启动，运行指向 run 方法，当 run 方法的内部代码运行完成时，线程的生命周期便结束了。

11.1.3 线程的调度与优先级

1. 调度

调度是指在各个线程之间分配 CPU 资源。多个线程的并发运行实际上是通过调度来进行的。线程的调度有两种类型：分时模型和抢占模型。在分时模型中，CPU 资源是按照时间片来分配的，获得 CPU 资源的线程只能在指定的时间片内运行，一旦时间片使用完毕，就必须把 CPU 让给另一个处于就绪状态的线程，并且在该模型中，线程本身不会让出 CPU。在抢占模型中，当前活动的线程一旦获得运行权，就一直运行下去，直到运行完毕或由于某种原因必须放弃运行权。例如，在一个低优先级线程的运行过程中，有一个高优先级的线程准备就绪，那么低优先级的线程就要把 CPU 资源让给高优先级的线程。Java 支持的是抢占式调度模型。为了使低优先级的线程有机会运行，高优先级的线程应该不时地主动进入"睡眠"状态，进而暂时让出 CPU。

2. 优先级

在多线程系统中，每个线程都被赋予一个运行优先级。优先级决定了线程被 CPU 运行的先后顺序。若线程的优先级完全相同，则按照"先来先用"的原则进行调度。

Java 中线程的优先级从低到高以整数 1~10 表示，共分为 10 级。Thread 类有 3 个关于线程优先级的静态变量：MIN_PRIORITY 表示最低优先级，通常为 1；MAX_PRIORITY 表示最高优先级，通常为 10；在默认情况下，每个线程的优先级都设置为 Thread.NORM_PRIORITY，表示普通优先级，其值为常数 5。若不设置线程的优先权，则线程运行的顺序与其启动的先后顺序相同。也可以通过线程对象的 setPriority 方法来进行设置优先级。

11.2 创建和运行线程

Java 语言中实现多线程的方法有两种：一种是继承 java.lang 包中的 Thread 类；另一种

是用户在自定义的类中实现系统的 Runnable 接口。但是不管采用哪一种方法都要用到类库中的 Thread 类及其相关方法。

11.2.1 利用 Thread 类创建线程

Java 语言的基本类库中已经定义了 Thread 这个基本类。Thread 类位于 java.lang 包中，继承自 Object 类，实现了 Runnable 接口，如图 11.5 所示。

```
java.lang
Class Thread

java.lang.Object
  └ java.lang.Thread

All Implemented Interfaces:
    Runnable
```

图 11.5 Thread 继承层次和实现的接口

继承 Thread 类是实现线程的一种方法。要在一个类中激活线程，必须在格式上满足以下两点：

（1）此类必须继承自 Thread 类；
（2）线程所要运行的代码必须写在 run 方法内。

在线程运行时，从它的 run 方法开始运行。run 方法是线程运行的起点，就像 main 方法是应用程序的运行起点及 init 方法是小程序的运行起点一样。run 方法定义在 Thread 类中，故必须通过覆盖定义 run 方法来为线程提供代码。

一般线程代码的结构如下：

```
class MyThread extends Thread          //从 Thread 类派生子类
{
  类里的成员变量；
  类里的成员方法；
  public void run()                    //覆盖父类 Thread 中的 run 方法
  {
    //这里为线程内容
  }
}
class TestThread                       //定义启动线程的主类
{
  public static void main(String[] args)
  {
    //使用 start 方法启动一个线程
    new MyThread().start();            //可以利用匿名对象
  }
}
```

注意：run 方法规定了线程要运行的任务，它承接 start 方法的启动。Thread 类中的 start 方法使该线程由新建状态变为就绪状态。

【例 11.1】 利用 Thread 类的子类来创建线程。

```
1    class ThreadClass {
2      public static void main(String args[])
3      {
4        MyThread t1=new MyThread("thread1");      //创建线程，thread1 为线程名称
```

```
5       MyThread t2=new MyThread("thread2");         //创建线程，thread2 为线程名称
6       t1.start();             //启动线程，注意此处调用的是 start 方法，而不是 run 方法
7       t2.start();             //启动线程，注意此处调用的是 start 方法，而不是 run 方法
8       System.out.println("主方法main运行结束");
9     }
10  }
11  class MyThread extends Thread
12  {
13    public MyThread(String str)
14    {
15      super(str);           //调用父类构造方法 Thread(String name)指定线程名称
16    }
17    public void run()        //线程代码段，start 方法启动后，线程从此处开始运行
18    { //覆盖 Thread 类中的 run 方法
19      for (int i=0; i<3; i++)
20      {
21        System.out.println(getName()+"在运行");
22        //getName 是系统类 Thread 中的方法，返回线程名称
23        try
24        {
25          sleep(1000);   //当前线程休眠 1000 毫秒，1 秒=1000 毫秒
26        }
27        catch (InterruptedException e) {}
28      }
29      System.out.println(getName()+"已结束");
30    }
31  }
```

运行结果：

主方法main运行结束
thread1 在运行
thread2 在运行
thread1 在运行
thread2 在运行
thread1 在运行
thread2 在运行
thread1 已结束
thread2 已结束

程序分析：第 1~10 行是主类的定义，第 11~31 行是服务类的定义。主类创建线程并启动线程，服务类定义线程的 run 运行方法。第 4 行和第 5 行利用 MyThread 构造方法调用系统的 Thread(String name)创建线程对象，参数 name 指定线程的名称。其他方法参阅官方网站：http://download.oracle.com/javase/6/docs/api/java/lang/Thread.html。

第 25 行的 sleep 方法用来控制线程的休眠时间，若这个线程已经被其他线程中断，则产

生 InterruptedException 异常。所以 sleep 方法必须写在 try-catch 异常处理块中，否则编译将出错，这正是 Java 语言强健性的一个方面。sleep 方法参数的单位是毫秒，为当前运行的线程指定休眠时间。第 8 行的输出语句需要特别注意，从表面上看，这行输出语句好像应该是最后运行，但实际情况是，其运行结果在第一行就输出了。这是因为 main 方法本身也是一个默认线程，在运行完第 6 行和第 7 行语句后，接着就运行了第 8 行语句，因此"主方法 main 运行结束！"字符串就先输出了。而新创建的线程还要经过等待 CPU 资源的一些激活过程，<u>故往往 main 方法所在的主线程先运行，这是因为它不需要启动激活</u>。因为新创建的线程 t1 和 t2 的休眠时间一样，所以两个线程交替运行。第 21 行的 getName 方法是系统类 Thread 类中的系统方法，返回当前线程的字符串名称。

在多线程中，main 方法中在调用 start 方法并启动 run 方法后，main 方法不等待 run 方法返回就继续运行了。而在单线程中，main 方法要等到调用的方法返回后才继续运行下面的语句。

> **注意**：每个 Java 程序都有一个默认的主线程，对于应用程序来说，其主线程是 main 方法运行的线程；对小程序来说，其主线程指挥浏览器加载并运行 Java 小程序。要想实现多线程，必须在主线程中创建新的线程对象。

11.2.2　用 Runnable 接口创建线程

在用 Thread 类的方式创建线程的过程中，若类本身已经继承了某个父类，则该类无法再继承 Thread 类，这是因为 Java 语言不允许多重继承，特别是 Applet 本身就带有 extends Applet/JApplet 继承关系。在这种情况下，可以创建一个类来实现 Runnable 接口。这种创建线程的方式更具有灵活性，也使得用户线程能够具有其他类的一些特性，故这种方式经常使用。

Runnable 接口位于 java.lang 包中，其中只提供一个抽象方法 run 的声明。Runnable 是 Java 语言中实现线程的接口，Thread 类实现了 Runnable 接口。

Runnable 接口离不开 Thread 类，这是因为它要用到 Thread 类中的 start() 方法。Runnable 接口中只有 run() 方法，其他方法都要借助 Thread 类。

用 Runnable 接口创建线程的一般格式如下：

```
class MyThread implements Runnable{          //定义实现Runnable接口的类
  public void run(){
    //这里写上线程的内容
  }
}
class TestThread{                            //定义测试主类
  public static void main(String[] args){
    //使用这个方法启动一个线程
    new Thread(new MyThread()).start();      //这里利用匿名对象
    //实现接口的线程类的对象作为Thread构造方法的参数
  }
}
```

因为 Thread 类中的 run 方法是空的，所以在继承 Thread 类生成子类过程时，就要对 run 方法进行方法覆盖或重写。首先定义一个类实现 Runnable 接口，添加 run 方法中的代码，然后将这个类所创建的对象作为参数传递给 Thread 类的构造方法，再创建一个 Thread 类的对象，启动、调用 run 方法，运行线程代码，具体见例 11.2。

【例 11.2】 利用 Runnable 接口创建线程。

```
1    class RunnableClass{
2      public static void main(String args[])
3      {
4        MyThread m1=new MyThread("thread1");
5        MyThread m2=new MyThread("thread2");
6        Thread t1=new Thread(m1);     //m1 为第 4 行的 m1
7        Thread t2=new Thread(m2);     //m2 为第 5 行的 m2
8        t1.start();                   //调用 Thread 类中的方法 start()
9        t2.start();
10       System.out.println("主方法 main 运行结束");
11
12     }
13   }
14   class MyThread implements Runnable
15   {
16     String name;
17     public MyThread(String str)
18     {
19       name=str;
20     }
21
22     public void run() {//实现接口中的 run()方法
23       for (int i=0; i<3; i++) {
24         System.out.println(name+"在运行");
25         try
26         {
27           Thread.sleep(1000);       //当前运行线程休眠 1000 毫秒
28         }
29         catch (InterruptedException e) {}
30       }
31       System.out.println(name+"已结束");
32     }
33   }
```

运行结果：

    主方法 main 运行结束
    thread1 在运行
    thread2 在运行

```
thread1 在运行
thread2 在运行
thread1 在运行
thread2 在运行
thread1 已结束
thread2 已结束
```

程序分析：该程序的结果具有一定随机性，这与 CPU 调度有关。本例程序和例 11.1 程序相比，没有使用 getName 方法，因为它是 Thread 系统类中的 final 方法（不能被子类覆盖，子类可使用），但这里的 MyThread 和 Thread 类没有继承关系，在服务类 MyThread 中，既不能直接使用 getName 方法（因为它不是静态方法），又不能用 Thread 类名直接调用。若非要用则形式应改为 Thread.currentThread().getName()。为了简单起见，第 16 行定义了保存线程名称的 String 变量 name。第 27 行在 sleep 方法前面加上 Thread 类名，因为 sleep 是 Thread 类的静态方法，所以类名可以直接调用，其他说明参见例11.1。本例的输出结果与例11.1 是一样的，但是两个例子的程序结构不一样，请大家注意。

11.3 线程间的数据共享

前面两个程序示例有一个共同点，即所有的线程都拥有自己的资源，互不干扰，不用去关心其他线程的状态。但在实际多线程应用中，往往多个同时运行的线程需要共享数据资源，例如，多个线程访问同一个变量、多个线程操作同一个文件等，这就需要同步这些线程的工作顺序来得到预期的效果。

当多个线程的运行代码来自同一个类的 run 方法时，称这些线程共享相同的代码；当共享代码访问相同的数据时，称它们共享相同的数据。通过前面学习，我们知道了建立 Thread 类的子类和实现 Runnable 接口都可以创建多线程，但它们之间的一个主要区别是在对数据的共享上。使用 Runnable 接口可以轻松实现多个线程共享相同的数据，只要用同一个实现了 Runnable 接口的类的对象作为参数创建多个线程就可以了。下面通过两个例子比较两种实现多线程方式的不同。

【例 11.3】 用 Thread 子类程序来模拟铁路售票系统，实现 3 个售票窗口发售某次列车的 7 张火车票。一个售票窗口用一个线程来表示。

```
1      class ThreadSale extends Thread
2      {
3          private int tickets=7;        //总票数
4          public void run()
5          {
6              while(true)                //true 表示该循环是一个死循环
7              {
8                  if(tickets>0)           //若有票可售
9                      System.out.println(getName()+"出售火车票第"+tickets--+"张" );
10                 else
11                     System.exit(0);
12             }
```

```
13          }
14      }
15
16  public class TicketSale
17  {
18      public static void main(String args[])
19      {
20          //创建 3 个 Thread 类的子类对象
21          ThreadSale t1=new ThreadSale();
22          ThreadSale t2=new ThreadSale();
23          ThreadSale t3=new ThreadSale();
24
25          //分别用 3 个子线程对象启动线程,运行方法 run()
26          t1.start();
27          t2.start();
28          t3.start();
29      }
30  }
```

运行结果如图 11.6 所示。

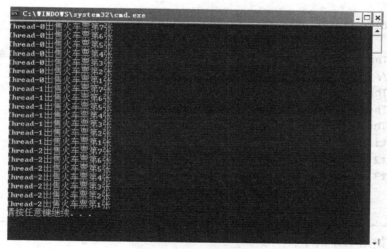

图 11.6　例 11.3 的运行结果

程序分析：从运行结果可以看出，每个票号分别被输出了 3 次，这相当于销售了 3 次，这也是一个"线程安全"的问题。其主要问题是，3 个线程各自支配自己的 7 张票资源，即各卖各的，造成一张票号售出多次，这样是不符合实际情况的。第 9 行的 getName 方法获取的是当前运行的线程名称，线程的名称程序没有明确给出，这里使用的是默认线程名称。第 21～23 行创建了 3 个线程对象 t1、t2 和 t3，而每个线程都独立地拥有、处理自己的数据资源和方法，虽然方法是相同的，但变量却是各有 7 张车票。

需要修改的是，由多个线程去处理同一个资源，这样，一个资源只能对应一个对象。要实现铁路售票模拟程序，只能创建一个资源对象，该对象独自拥有即将出售的那些车票。该问题可以通过 Runnable 接口创建多线程的方法来解决。

实训　模拟铁路售票

【例 11.4】 利用 Runnable 接口实现铁路售票模拟程序，假设总票数为 15 张。

```
1    class ThreadSale implements Runnable
2    {
3      private int tickets=15;              //总票数
4      public void run()
5      {
6        while(true)                        //true 表示该循环是一个死循环
7        {
8          if(tickets>0)                    //若有票可售
9              System.out.println(Thread.currentThread().getName()+" 出售车票第 "+tickets--+"张");
10         else
11           System.exit(0);
12       }
13     }
14   }
15   public class TicketSale2
16   {
17     public static void main(String args[])
18     {
19       ThreadSale t=new ThreadSale();     //只创建一个实现接口的售票类对象 t
20       //用此对象 t 作为参数创建 3 个线程，第 2 个参数为线程名称
21       Thread t1=new Thread(t,"第 1 个售票窗口");
22       Thread t2=new Thread(t,"第 2 个售票窗口");
23       Thread t3=new Thread(t,"第 3 个售票窗口");
24       t1.start();
25       t2.start();
26       t3.start();
27     }
28   }
```

运行结果如图 11.7 所示。

图 11.7　例 11.4 的运行结果

程序分析：第 21~23 行创建 3 个线程对象，每个线程调用的是同一个 ThreadSale 对象中的 run 方法，访问的是同一个对象中的变量 tickets。尽管每次运行的结果可能不同，但每张票只售出了一次。从结果看，这个程序满足了我们的要求。

从上面两个例子的运行结果可以看出，Runnable 接口适合处理多线程访问同一个资源的情况，而且可以避免 Java 语言的单继承所带来的局限性。

> **注意**：currentThread 方法是 Thread 类中的常用方法，方法原型为 public static Thread currentThread()，它用于返回当前正在运行的线程对象；getName 方法的原型为 public final String getName()，它用于返回线程的名称。Thread 类的构造方法之一是 public Thread(Runnable target,String name)，它可以创建一个线程对象，把 Thread 类和 Runnable 接口联系起来，其中 name 表示新创建的线程名称。

11.4 多线程的同步控制*

11.4.1 线程同步相关概念

先回到例 11.4 程序，在正常售票过程中，这个程序仍然隐含了一种意外的可能，就是打印出票号为 0 甚至为负数的车票。查看该程序的第 8 行和第 9 行：

```
if(tickets>0)
    System.out.println(Thread.currentThread().getName()+"出售车票第"+tickets
    --+"张");
```

假设 tickets 的值为 1，当线程 1 刚运行完 if(tickets>0)这行代码，正准备运行下面的代码时，操作系统将 CPU 切换到线程 2 运行，此时 tickets 的值仍为 1，线程 2 运行完上面的代码，tickets 的值变为 0 后，CPU 又切换回线程 1 运行，线程 1 不会再运行 if(tickets>0)这行代码，因为先前已经比较过了，并且比较的结果为真，所以线程 1 将直接向下运行下面的代码：

```
System.out.println(Thread.currentThread().getName()+"出售车票第"+tickets --+"张" );
```

但此刻 tickets 的值已变为 0，结果打印出的票号变为 0。若此时又在 if 判断后，频繁切换，令当前线程让出 CPU（如使用 sleep(10)方法，让当前线程休眠 10 毫秒），则出现售出票号为-1 或-2 的车票的情况。这就是所谓的"线程安全"问题。

如何避免这样的线程安全问题呢？这就是多线程的同步控制问题。在学习多线程同步控制编程前，先了解几个概念。

1. 线程异步

在功能相对简单的线程中，每个线程包含了自己运行时所需要的数据或方法，若线程自己运行，则不必关心其他线程的状态或行为，这样的线程是独立的或异步运行的。前面讲的例 11.1 和例 11.2 涉及的线程彼此之间就是独立的、不同步的。

2. 原子操作

当应用问题的功能增强、关系复杂时，就存在多个线程对共享数据进行操作的需求。因此，当多个线程之间共享数据时，若线程仍以异步方式访问数据，则有时会出现混乱或不符合实际逻辑的情况。

所谓"原子操作"，就是当一个线程对共享数据进行操作时，在没有完成相关操作前，不允许其他线程打断它，形成具有原子性的"原子操作"；否则就会破坏数据的完整性。

3. 线程同步

在线程一个完整操作的运行过程中，保证线程所占资源不被中断，是具有原子性的"原子操作"，这就是"线程同步"的概念。也就是说，被多个线程共享的数据，在某段时间内只允许一个线程处于操作之中，这也就是"线程同步"中的"线程间互斥"问题。

4. 临界资源与临界代码

在并发程序设计中，把多线程共享的资源或数据称为临界资源或同步资源，而把每个线程中访问临界资源的那一段代码称为临界代码或临界区。

5. 互斥锁

互斥锁是实现多线程之间互斥操作的 Java 技术。为了使临界代码对临界资源的访问成为一个不可中断的原子操作，<u>在 Java 语言中，每个对象都有一个"互斥锁"与之相连。</u>当线程 A 获得一个对象的互斥锁后，线程 B 若也想获得该对象的互斥锁，就必须等待线程 A 完成规定的操作并释放出互斥锁后，才能获得该对象的互斥锁，然后再运行线程 B 中的操作。

<u>因为一个对象的互斥锁只有一个，所以利用对一个对象互斥锁的争夺，可以实现不同线程的互斥效果。</u>当一个线程获得互斥锁后，需要该互斥锁的其他线程只能处于等待状态。在编写多线程的程序时，利用这种互斥锁机制，就可以实现不同线程间的互斥操作。

6. synchronized 关键字

为了保证互斥，Java 语言使用 synchronized 关键字来标识同步的资源，这里的资源可以是一种对象引用，也可以是一个方法。

格式 1：同步语句

```
synchronized(lockedObject)
{
    临界代码段   //可以同步一个方法的部分代码而不是整个方法
}
```

其中，lockedObject 可以是任意一个待加锁的对象，"临界代码段"中包含多个线程共同操作的公共变量，即需要锁定的临界资源，它将被互斥地使用。任意类型的对象都有一个标识位，该标识位具有 0、1 两种状态，其开始状态为 1。当运行 synchronized(lockedObject)语句后，lockedObject 对象的标识位就变为 0 状态。当一个线程运行到 synchronized(lockedObject)语句处时，先检查标识位，若为 0 则表明有另外的线程正在运行临界代码块，这个线程将暂时被阻塞。直到当前线程运行有关同步代码块结束，将 lockedObject 对象标识位恢复为 1，刚才线程的阻塞状态被取消，该线程继续向下运行，同时将标识位设为 0。

"同步语句"格式能够获得任意对象上的一把互斥锁,而不只是当前所在类的 this 对象上的互斥锁。

格式2:同步方法

```
public synchronized 返回类型 方法名()
{
    方法体
}
```

同步方法可转换成同步语句的形式,格式如下:

```
public 返回类型 方法名()
{
  synchronized(this)
  {
    方法体
  }
}
```

synchronized 的功能是:当一个线程运行到 synchronized 时,首先判断数据或方法互斥锁是否存在,若存在互斥锁,则获得互斥锁,然后运行紧随其后的临界代码段或方法体;若数据或方法的互斥锁已经被其他线程拿走,则该线程就进入阻塞等待状态,直到再次获得互斥锁。

当 synchronized 限定的代码段运行结束后,就释放互斥锁。

11.4.2 synchronized 应用

回到11.4节开始时提出的线程安全问题,如何避免程序中的意外?这就是线程间的同步问题。要解决这个问题,必须保持下面这段代码的原子性。

```
if(tickets>0)   //若有票可售
  System.out.println(Thread.currentThread().getName()+"出售车票第"+tickets --+"张" );
```

即当一个线程运行到 if(tickets>0)后,CPU 不去运行其他线程,必须等到下一句运行完毕后,这段代码才能对其他线程开放。这段代码就好比是一座独木桥,同一时刻只能有一个人在桥上行走,也就是说,程序中不能有多个线程同时运行这段代码,这就是线程同步。

【例 11.5】 通过 synchronized 关键字来修改代码。

```
class SynTest implements Runnable{
  private int tickets=15;
  String str=new String(" ");   //全局对象,不可放到 run 方法内
  public void run()
  {
    while(true)
    {
      synchronized(str)
```

```
            {
              if(tickets>0)
              {
                try
                {
                  Thread.sleep(10);
                } catch (InterruptedException e){}
                System.out.println(Thread.currentThread().getName()+" 出 售 车 票 第
                "+tickets--+"张" );
              } else break;
            }
          }
        }
      }
```

程序分析：在上面代码块中，将这些具有原子性的代码放入 synchronized 语句内，形成同步代码块。在同一时刻只能有一个线程可以进入同步代码块内运行，只有当该线程离开同步代码块后，其他线程才能进入同步代码块内运行。

因为 synchronized(object)的参数可以是任意对象，所以程序中用 String str=new String(" ");语句随便产生了一个空的字符串对象，便于在后面的同步代码块中使用。

完整代码如下：

```
1    public class TicketSale3
2    {
3      public static void main(String args[])
4      {
5        SynTest t=new SynTest();           //只创建一个实现接口的售票类对象t
6        //用此对象t作为参数创建3个线程，第2个参数为线程名称
7        Thread t1=new Thread(t,"第1个售票窗口");
8        Thread t2=new Thread(t,"第2个售票窗口");
9        Thread t3=new Thread(t,"第3个售票窗口");
10       t1.start();
11       t2.start();
12       t3.start();
13     }
14   }
15
16   class SynTest implements Runnable
17   {
18     private int tickets=15;
19     String str=new String(" ");           //全局对象，不可放到run方法内
20     public void run()
21     {
22       while(true)
23       {
24         synchronized(str)
```

```
25        {
26          if(tickets>0)
27          {
28            try
29            {
30              Thread.sleep(10);
31            } catch (InterruptedException e) {}
32            System.out.println(Thread.currentThread().getName()+"出售车票第"+tickets--+"张");
33          }
34        }
35      }
36    }
37  }
```

运行结果如图 11.8 所示。

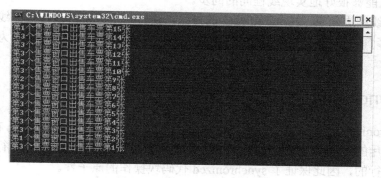

图 11.8 例 11.5 的运行结果

本例避免了共享数据在中途交错使用中的错误问题。但是，在运行过程中，我们发现程序的运行速度比以前慢了，这是因为系统要不停地对标识位进行检查，需要更多的开销。因为同步以牺牲程序的性能为代价，所以程序若没有数据安全性方面的问题，则没必要使用同步控制。

【例 11.6】 修改例 11.5，实现同步方法的应用。

```
class SynTest implements Runnable
{
  private int tickets=15;
  public void run()
  {
    while(true)
    {
      sale();
    }
  }
  public synchronized void sale()
  {
    if(tickets>0)
```

```
            {
              try
              {
                Thread.sleep(10);
              } catch (InterruptedException e) {}
              System.out.println(Thread.currentThread().getName()+" 出售车票第
              "+tickets--+"张");
            }
          }
        }
      }
```

（此处测试主类略，参见例 11.5。）

本例的运行结果与例 11.5 的运行结果大致相同，因为存在操作系统的调度，所以有一定的随机性，但是一张票唯一售出一次是完全可以实现的。可见，在方法定义前使用 synchronized 关键字也能够很好地实现线程间的同步。

当有一个线程进入 synchronized 修饰的方法，获得一个监视器后，其他线程就不能进入 synchronized 修饰的方法，直到当前线程运行完 synchronized 所修饰的方法为止，即离开监视器为止。

11.4.3 synchronized 的进一步说明

（1）synchronized 通常锁定的是临界区对象。锁定同一个对象的线程之间，在 synchronized 代码块上是互斥的，也就是说，这些线程在 synchronized 代码块上是串行运行的，而不是交替穿插并发运行的，因此保证了 synchronized 代码块操作的原子性。

（2）synchronized 代码块中的代码数量越少越好，包含的范围越小越好，否则多线程并发运行的很多优势就会失去。

（3）若两个或多个线程锁定的不是同一个对象，则它们的 synchronized 代码块可以交替穿插并发运行。

（4）任意时刻，一个对象的互斥锁只能被一个线程所拥有。

（5）只有当一个线程运行完它所调用对象的所有 synchronized 代码块或方法后，该线程才会释放这个对象的互斥锁。

（6）临界区的共享变量应该定义为 private 类型，否则其他类的方法可以直接访问和操作该共享变量，这样 synchronized 的保护就失去了意义。

（7）由于（6）的原因，只能用临界区对象中的方法访问共享变量，因此锁定的对象通常是 this，即通常使用格式：synchronized(this){…}。

（8）一定要保证所有临界区共享变量的访问与操作均在 synchronized 代码块中进行。

（9）通常，共享变量都是实例变量。

（10）对于 static 方法，即类方法，要么整个方法是 synchronized，要么整个方法都不是 synchronized。

（11）若 synchronized 用在类声明中，则表示该类中的所有方法都是 synchronized。

11.5 案例实现

1. 问题回顾

视频

哲学家用餐问题。技术要点是利用 wait-notify 机制实现哲学家用餐问题。为筷子单独创建一个类，它由一个标记变量 available 来指明是否可用。每位哲学家必须要用两根筷子吃东西，如果某位哲学家拿起右筷子，然后等着拿左筷子，那么问题就产生了。在这种情况下，是不是会发生死锁呢？由于任意时刻只有一位哲学家拿起一根特定的筷子，因此对拿筷子的方法要采用同步措施。当一位哲学家放下筷子时，要通知其他等待拿筷子的哲学家。

2. 代码实现

```
1   class ChopStick{                                          //筷子类
2     boolean available;
3     int n;
4     ChopStick(int n){
5       available=true;
6       this.n=n;
7     }
8     public synchronized void takeup(String name){           //拿起筷子
9       while(!available){
10        System.out.println(name+"在等待拿起第"+n+"根筷子");
11        try{
12          wait();                                           //等待
13        }
14        catch(InterruptedException e){}
15      }
16      available=false;
17    }
18    public synchronized void putdown(){                     //放下筷子
19      available=true;
20      notify();                                             //通知其他哲学家
21    }
22  }
23  class Philosopher extends Thread{
24    ChopStick left,right;
25    String name;
26    Philosopher(String name,ChopStick left,ChopStick right){
27      this.name=name;
28      this.left=left;
29      this.right=right;
30    }
31    public void think(){                                    //思考问题
32      left.putdown();                                       //放下左筷子
```

```
33              right.putdown();                        //放下右筷子
34              System.out.println(name+"在思考……");
35          }
36          public void eat(){
37              left.takeup(name);                      //拿起左筷子
38              right.takeup(name);                     //拿起右筷子
39              System.out.println(name+"在吃饭……");
40          }
41          public void run(){
42              while(true){
43                eat();
44                try{
45                  Thread.sleep(1000);
46                }catch(InterruptedException e){}
47              }
48          }
49      }
50      public class Dining{
51          static ChopStick cp[]=new ChopStick[5];     //类类型的数组
52          static Philosopher ph[]=new Philosopher[5]; //类类型的数组
53          public static void main(String args[]){
54          for(int n=0;n<5;n++){
55            cp[n]=new ChopStick(n);
56          }
57          for(int n=0;n<5;n++){
68            ph[n]=new Philosopher("哲学家"+ ++n,cp[n],cp[(n+1)%5]);
59          }
60          for(int n=0;n<5;n++){
61            ph[n].start();
62          }
63        }
64      }
```

3. 运行结果

```
哲学家0在吃饭……
哲学家4在等待拿起第0根筷子
哲学家1在等待拿起第1根筷子
哲学家2在等待拿起第4根筷子
哲学家3在等待拿起第3根筷子
哲学家0在等待拿起第0根筷子
```

程序分析：第 12 行使用了 wait 方法，表示若一个正在运行同步（synchronized）代码的线程 A 运行了 wait 调用（在某个对象 x 上），则该线程暂停运行而进入对象 x 的等待队列，并释放对象 x 上的互斥锁。就好像教师对一位正在交流的学生 A 说："请你等一下，我要先给另一位学生讲点儿事情。"线程 A 要一直等到其他线程在对象 x 上调用 notify 方法后，才能够在重新获得对象 x 的互斥锁后继续运行（从 wait()语句后继续运行）。就好像教师回来对正在等待中的学生 A 说："好了，你接着讲吧。"第 20 行的 notify 方法唤醒正在等待该对象互斥锁的第一个线程。还有一个类似的方法 notifyAll 用于唤醒所有正在等待对象互斥锁的线程，优先级高的先运行。

wait 和 notify 是 Java 提供的一种进程间的通信机制，这两个方法是"鼻祖"Object 类中的 final 方法，因此所有对象都可以使用。

从程序结果和分析来看，5 个人和 5 根筷子，必然出现"你等我，我等你"的死锁。避免哲学家就餐问题死锁的方法有以下 3 种：

（1）最多只允许 4 位哲学家同时坐在桌子旁；
（2）只有两根筷子都可用时才允许一位哲学家拿起它们；
（3）使用非对称方法解决，即奇数哲学家先拿起他左边的筷子，接着拿起他右边的筷子，而偶数哲学家先拿起他右边的筷子，接着拿起他左边的筷子。

习题 11

1. 填空题

（1）C 和 C++语言是_____线程语言，而 Java 语言是_____线程语言。
（2）有效线程不能是 Runnable 的原因是_____、_____和_____。
（3）在_____时，线程进入 Dead 状态。
（4）_____方法可以改变线程的优先级。
（5）线程通过调用 Thread 类的_____方法放弃争夺，使同优先级的其他线程可以获取处理器时间。
（6）要在暂停指定时间（以毫秒为单位）后再恢复运行，线程应调用_____方法。
（7）_____方法使对象中的单个线程由等待状态进入就绪状态。

2. 选择题

（1）在创建 Thread 对象后，调用线程的（　　）方法开始运行线程。
　　A）start()　　　　　　B）interrupt()　　　　C）run()　　　　　　D）stop

（2）关于 Runnable 接口，错误的说法是（　　）。
　　A）实现接口 Runnable 的类仍然可以继承其他父类
　　B）创建实现 Runnable 接口类后，就可以用 start 方法运行线程了
　　C）Runnalbe 接口提供通过线程运行程序的最基本的接口
　　D）Runnable 只定义了一个 run 方法

（3）以下关于线程中的可运行状态，叙述错误的是（　　）。
　　A）当一个线程处于可运行状态时，系统为这个线程分配它需要的系统资源，安排其运行并调用线程运行方法
　　B）可以用以下语句使一个线程进入可运行状态：
　　　　Thread myThread=new MyThread();
　　　　myThread.start();
　　C）线程处于可运行（Runnable）状态，实际上就是开始真正运行

D）在单处理器的计算机中，同一个时刻运行所有的处于可运行状态的线程是不可能的，Java 的运行系统必须通过调度来保证这些线程共享其处理器

（4）Java 的线程调度采用的策略是（　　）。
　　A）先到先服务　　　B）先到后服务　　　C）后到先服务　　　D）不确定
（5）Runnable 接口中包括的抽象方法是（　　）。
　　A）run()　　　　　B）start()　　　　　C）sleep()　　　　　D）isLive()
（6）Thread 类的方法中用于修改线程名称的方法是（　　）。
　　A）setName()　　　B）reviseName()　　C）getName()　　　D）checkAccess()
（7）下列关于线程优先级的说法中，正确的是（　　）。
　　A）线程优先级是不能改变的
　　B）线程优先级是在创建线程时设置的
　　C）线程优先级在创建线程后的任何时候都可以设置
　　D）B）和 C）

3. 简述线程的基本概念，程序、进程、线程之间的关系是什么？
4. 什么是多线程？为什么程序的多线程功能是必要的？
5. 线程有哪些基本状态？这些状态是如何定义的？各状态之间的切换依靠什么方法？这些状态的切换是如何形成线程的生命周期的？
6. Java 语言实现多线程有哪两个途径？
7. 在什么情况下，必须以类实现 Runnable 接口来创建线程？
8. 什么是线程的同步？程序中为什么要实现线程的同步？如何实现同步？
9. 设计一个模拟用户从银行取款的应用程序。设某银行账户存款额的初值是 2000 元，用线程模拟两个用户从银行取款的情况。两个用户分 4 次从银行同一个账户中取款，每次取 100 元。

SCJP 试题：Which method can you use to make a thread runnable?
　　A）runnable()　　　B）run()　　　　　C）start()　　　　　D）init()

问题探究 11

1. 多线程的运行往往需要相互之间的配合。为了更有效地协调不同线程的工作，在建立互斥机制的同时，还可以在线程之间建立沟通渠道，通过线程之间的"对话"来解决线程之间的同步问题。java.lang.Object 类的 wait、notify 等方法为线程的通信提供了一种手段。查阅有关资料，研讨线程之间的通信，讨论学习 wait 方法和 notify 方法的应用。

2. 在同时激活的线程运行过程中，多个线程同时运行，谁先运行谁后运行完全取决于谁先占有 CPU 资源，不确定性比较大。有时为了使程序有序运行，可以使用 Thread 类中的 join 方法。请大家学习 join 方法的使用，修改例 11.1 或例 11.2 的程序，让"主方法 main 运行结束"文字最后输出。

提示：当某个线程调用 join 方法时，其他线程会等到该线程结束后才开始运行。join 方法要求抛出 InterruptedException 异常。

3. 解读图 11.9，进一步学习线程的生命周期与线程的状态。

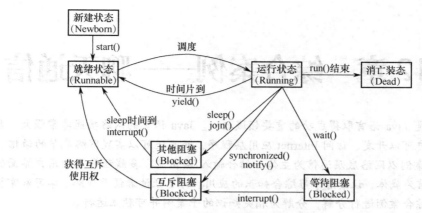

图 11.9 线程的生命周期与线程的状态

第 12 章 综合案例——聊天通信

网络应用是 Java 语言取得成功的重要领域之一。Java 语言的网络功能非常强大，其网络类库不仅使用户可以开发、访问 Internet 应用层程序，而且还可以实现网络底层的通信。

本章综合案例以网络底层通信为主体，结合输入/输出流、多线程和图形用户界面的知识点，以聊天通信为载体，让读者学习综合知识的应用。为了让读者便于理解、学习和掌握相关知识，本章对综合案例进行分解，分解为相关知识的子案例并可独立运行。

本章主要内容
- 完整代码
- 框架分解
- 知识点和思考题

12.1 界面及源代码

聊天通信应用程序的服务器端界面如图 12.1 所示，客户机端界面如图 12.2 所示。

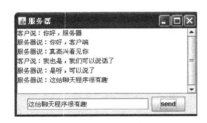 

图 12.1 聊天通信应用程序的服务器端界面　　图 12.2 聊天通信应用程序的客户机端界面

完整的应用程序代码分为服务器端代码和客户机端代码两部分。服务器端代码要先启动，即要在客户端前编译、运行。端口号使用大于 1024 且未被其他应用程序使用的十进制数，0～1023 是系统保留的通用服务端口。通信的核心代码是数据流的输入和输出，这里暂不详述。下面先给出完整代码。

第一部分：服务器端代码。

```
1       import java.net.*;
2       import java.io.*;
3       import java.awt.*;
4       import java.awt.event.*;
5       import javax.swing.*;
6       class Server extends JFrame implements ActionListener{
7          ServerSocket serverSock;       //声明 ServerSocket 类的对象
8          Socket sock;                   //负责通信的 Socket 类的对象
9          JTextArea t1=new JTextArea();
```

```java
10      JTextField t2=new JTextField(20);
11      JButton b1=new JButton("send");
12      DataOutputStream out;                    //声明数据输出流
13      DataInputStream in;                      //声明数据输入流
14      String cname=null;                       //初始化字符串变量 cname 为空值 null
15      public Server(){
16        try{
17          serverSock=new ServerSocket(6000);
18          //创建 serverSock 对象在指定端口 6000 监听客户端发来的连接请求
19        }catch(IOException e){
20          JOptionPane.showMessageDialog(null,"服务器启动失败!");
21          return;
22        }
23        JScrollPane jsp=new JScrollPane(t1);
24        this.getContentPane().add(jsp,"Center");
25        JPanel p1=new JPanel();
26        p1.add(t2);
27        p1.add(b1);
28        this.getContentPane().add(p1,"South");
29        b1.addActionListener(this);
30        setTitle("服务器");
31        setSize(340,200);
32        setVisible(true);
33        try{
34          sock=serverSock.accept();            //accept()方法返回的类型是 Socket 类型
35          out=new DataOutputStream(sock.getOutputStream());
36          /*由 Socket 类的 getOutputStream()方法得到输出流,处理流 DataOutputStream
              对象 out 和输出流相连,处理流负责将各种类型数据转变成字节类型,并通过 Socket
              发向客户端*/
37          in=new DataInputStream(sock.getInputStream());
38          out.writeUTF("你连接服务器成功");     //向输出流连接的客户端写字符串
39          Communion th=new Communion(this);
40          th.start();
41        }catch(Exception e){}
42        addWindowListener(new WindowAdapter(){
43          public void windowClosing(WindowEvent e){
44            try{
45              out.writeUTF("bye");             //退出时通知客户端
46            }catch(Exception ee){}
47            dispose();
48            System.exit(0);
49          }
50        });
51      }
52      public void actionPerformed(ActionEvent e){
53        if(!t2.getText().equals(" ")){         //getText()读取文本框中的字符串
54          try{
```

```
55              out.writeUTF(t2.getText());        //向客户端输出流写字符串信息
56              t1.append("服务器说: "+t2.getText()+"\n");
57            }catch(Exception ee){}
58          }
59        }
60
61        public static void main(String args[]){
62          Server mainFrame=new Server();
63        }
64      }
65      class Communion extends Thread{
66        Server fp;
67        Communion(Server fp){
68          this.fp=fp;
69        }
70        public void run(){
71          String msg=null;
72          while(true){                             //虽然为true，但不会连续运行
73            try{
74              msg=fp.in.readUTF();                 //读取客户端发来的输入流中的字符串
75              if(msg.equals("bye")){
76                fp.t1.append("客户已经退出\n");
77                break;
78              }
79              fp.t1.append("客户说: "+msg+"\n");//给服务器端的文本区域t1添加内容
80            }catch(Exception ee){break;}
81          }
82          try{
83            fp.out.close();                        //关闭输出流
84            fp.in.close();                         //关闭输入流
85            fp.sock.close();                       //关闭 Socket 连接
86            fp.serverSock.close();                 //关闭 ServerSocket 所占资源
87          }catch(Exception ee){}
88        }
89      }
```

第二部分：客户端代码。

```
1       import java.net.*;
2       import java.io.*;
3       import java.awt.*;
4       import java.awt.event.*;
5       import javax.swing.*;
6       class Client extends JFrame implements ActionListener{
7         Socket sock;    //声明 Socket 对象
8         JTextArea t1=new JTextArea();
9         JTextField t2=new JTextField(20);
```

```java
10          JButton b1=new JButton("send");
11          JButton b2=new JButton("连接服务器");
12          DataOutputStream out;
13          DataInputStream in;
14          public Client(){
15            JScrollPane jsp=new JScrollPane(t1);
16            this.getContentPane().add(jsp,"Center");
17            JPanel p1=new JPanel();
18            p1.add(t2);
19            p1.add(b1);
20            JPanel p2=new JPanel();
21            p2.add(b2);
22            this.getContentPane().add(p2,"North");
23            this.getContentPane().add(p1,"South");
24            b1.addActionListener(this);                    //监听事件源
25            b2.addActionListener(this);
26            setTitle("客户端");
27            setSize(340,200);
28            setVisible(true);
29            addWindowListener(new WindowAdapter(){
30              public void windowClosing(WindowEvent e){
31                try{
32                  out.writeUTF("bye");                     //离开时通知服务器
33                }catch(Exception ee){}
34                dispose();
35                System.exit(0);
36              }
37            });
38          }
39          public void actionPerformed(ActionEvent e){      //按钮事件处理
40            if(e.getSource()==b1){
41              if(!t2.getText().equals(" ")){
42                try{
43                  out.writeUTF(t2.getText());              //向输出流out连接的服务器发送信息
44                  t1.append("客户说: "+t2.getText()+"\n");
45                }catch(Exception ee){}
46              }
47            }
48            else{
49              try{
50                sock=new Socket("127.0.0.1",6000);         //建立与服务器连接的套接字
51                OutputStream os=sock.getOutputStream();
                  //由Socket类的方法getOutputStream()获得输出流os, os和Socket相连
52                out=new DataOutputStream(os);
                  //发往服务器的数据输出流out与os相连
53                InputStream is=sock.getInputStream();      //根据套接字获得输入流
54                in=new DataInputStream(is);
```

```
                    /*根据输入流is建立数据处理输入流in，in和is相连，将is流中的字节数据变换
                    为可供屏幕输出的数据类型*/
55                  Communion2 th=new Communion2(this);      //创建线程对象
56                  th.start();
57                }catch(IOException ee){
58                  JOptionPane.showMessageDialog(null,"连接服务器失败");
59                  return;
60                }
61              }
62            }
63
64            public static void main(String args[]){
65              Client mainFrame=new Client();
66            }
67          }
68          class Communion2 extends Thread{
69            Client fp;
70            Communion2(Client fp){
71              this.fp=fp;
72            }
73            public void run(){
74              String msg=null;
75              while(true){
76                try{
77                  msg=fp.in.readUTF();               //从输入流中读取字符串
78                  if(msg.equals("bye")){             //若客户退出
79                    fp.t1.append("服务器已经停止\n");
80                    break;
81                  }
82                  fp.t1.append("服务器说: "+msg+"\n");
83                }catch(Exception ee){break;}
84              }
85              try{
86                fp.out.close();                      //关闭Socket输出流
87                fp.in.close();                       //关闭Socket输入流
88                fp.sock.close();                     //关闭Socket
89              }catch(Exception ee){}
90            }
91          }
```

12.2 应用程序框架分解

为了从结构上理解和把握12.1节中的聊天通信程序，便于分层学习，这里把整个程序进行了分解，分解为3个部分：Socket连接的建立；基于TCP的Socket数据通信架构；图形用户界面与事件处理界面的设计。

12.2.1 Socket 连接的建立

服务器端代码：SimpleServerTest.java（这里端口号改为 6001，以示区分）

```java
1    import java.net.*;
2    import java.io.*;
3    public class SimpleServerTest{
4      public static void main(String args[]){
5        ServerSocket serverSock=null;        //定义服务器套接字对象
6        try{
7          serverSock=new ServerSocket(6001);
8          //服务器端 ServerSocket 类指定连接端口号为 6001
9          while(true){
10           Socket sock;
11           DataOutputStream out;             //定义数据输出流
12           sock=serverSock.accept();         //在指定端口 6001 监听客户端的连接请求
13           out=new DataOutputStream(sock.getOutputStream());
14           //创建输出流对象 out，指向客户端
15           out.writeUTF("Hello,Client"+sock.getInetAddress()+
16             "你连接服务器成功"+"\nbye!");
17           //向 out 输出流中写数据，发往客户端应用程序
18           out.close();
19           sock.close();
20         }
21       }
22       catch(IOException e){
23         System.out.println("程序运行出错: "+e);
24       }
25     }
26   }
```

客户端代码：SimpleClientTest.java

```java
1    import java.net.*;
2    import java.io.*;
3    public class SimpleClientTest{
4      public static void main(String args[]){
5        try{
6          Socket sock=new Socket("127.0.0.1",6001);    //指定服务器的地址和端口号
7          InputStream is=sock.getInputStream();
8          DataInputStream in=new DataInputStream(is);
9          /*根据输入流 is 建立数据处理输入流对象 in，in 和 is 相连，将 is 管道流中字节数
             据转变成供屏幕输出的数据类型*/
10         System.out.println(in.readUTF());            //把输入流中的字符串写到屏幕上
11         in.close();
12         sock.close();
13       }
```

```
14          catch(ConnectException co){
15            System.out.println("服务器连接失败");
16          }catch(IOException e){
17          }
18        }
19      }
```

> **注意**：客户端先发出请求，服务器端响应。这里客户端与服务器端代码都运行在同一台计算机中。127.0.0.1 是每台计算机都可用的本机保留的 IP 地址。

程序分析：

服务器端代码第 7 行，指定服务器端应用程序的端口号为 6001。

客户端代码第 6 行，客户端请求连接服务器，连接参数为本机保留 IP 地址 127.0.0.1 和服务器端口号 6001，其中 127.0.0.1 表示服务器端程序和客户端程序都运行在本地计算机中，即本地计算机既充当服务器又充当客户机。

服务器端代码第 13 行，Socket 类的 getOutputStream 方法返回类型为输出流 OutputStream，输出流和处理流 DataOutputStream 对象相连，处理流负责将各种类型数据转变成字节类型，并通过 Socket 连接发往客户端应用程序。服务器端代码第 13 行创建的输出流对象 out 和客户机端输入流对象 in 相连，in 对象在客户端代码的第 8 行创建。

客户端代码第 7 行，通过 Socket 的 getInputStream 方法返回 InputStream 输入流，输入流对象 is 和处理流对象 in 相连，形成 in-is-Socket 的串接。

服务器端代码第 15 行，使用 writeUTF 方法向输出流 out 中写字符串。

客户端代码第 10 行，通过 readUTF 方法读取输入流中的数据，并发送到屏幕上。因为这里的输入流连接的是服务器的输出流，所以能读到服务器发过来的数据。

服务器端第 15 行，getInetAddress 是系统 Socket 类中的方法，得到的是请求连接服务器的客户端的 IP 地址。

服务器端先启动，客户端再运行，因为服务器端没有接收数据，仅仅发送了数据，所以服务器端运行屏幕没有任何显示，黑屏是正常的，这里不再详细介绍。

从客户端运行结果可以看出，客户端收到了服务器发过来的数据：

```
Hello,Client/127.0.0.1 你连接服务器成功
bye!
```

这里的 127.0.0.1 是客户端的本机 IP 地址。若要在实验室中两台不同 IP 地址的计算机之间进行实验，则客户端代码第 9 行：

```
Socket sock=new Socket("127.0.0.1",6001);
```

中的 IP 地址应替换为充当服务器的那台计算机的 IP 地址，假设是 10.60.79.138，则代码改为：

```
Socket sock=new Socket("10.60.79.138 ",6001);
```

若客户端浏览器 IP 地址为 10.60.79.139，则客户端的运行结果应为：

```
Hello,Client/10.60.79.139 你连接服务器成功
bye!
```

12.2.2　基于 TCP 的 Socket 数据通信架构

聊天通信应用程序的核心代码是流的输入和输出，也就是数据的发送和接收。再回到 12.1 节的客户端代码，查看第 50~54 行代码，观察输入、输出流类的应用和连接。

```
sock=new Socket("127.0.0.1",6000);
OutputStream os=sock.getOutputStream();
out=new DataOutputStream(os);          //out 指向的是远程服务器
InputStream is=sock.getInputStream();
in=new DataInputStream(is);            //in 接收服务器发送的数据
```

客户端从输入流接收数据的过程如图 12.3 所示，InputStream 是对 Socket 对象进行读/写的一个管道流。

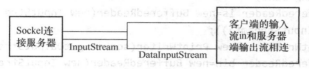

图 12.3　客户端从输入流接收数据的过程

客户端通过输出流向远程服务器发送数据的过程如图 12.4 所示。

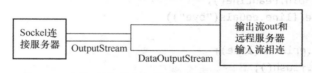

图 12.4　客户端通过输出流向服务器发送数据的过程

计算机中 Socket 间的通信类似于家里的固定电话系统，TCP 连接相当于电信局铺设的电话线，Socket 创建的对象 sock 相当于家里的电话座机，InputStream/OutputStream 相当于话筒和电话座机相连的电话连接线，Socket 端口号相当于电话号码。给 InputStream 和 OutputStream 对象分别串接一个 DataInputStream 对象 in 和 DataOutputStream 对象 out。in 对象负责将管道流 is 对象发送的基本字节流信息封装为可供输出的常用数据类型，类似于电话听筒，即将电信号转换成语音信号。out 对象把基本数据类型的数据又转换成字节流，发给输出流管道，然后发送出去，类似于电话听筒把语音信号再转换成电信号传输出去。

类 DataInputStream 和 DataOutputStream 非常适合读/写基本类型的数据。

在通信应用程序的输入/输出流中，也可以用到缓冲技术，这里使用的是缓冲输入流类 BufferedReader。使用 Buffered 缓冲技术的输入流框架图如图 12.5 所示。

从图 12.5 中可以看到，InputStream 流对象负责从与客户端的 Socket 连接中读取字节数据，InputStreamReader 流负责将字节型数据组装成字符型数据，并传递给 BufferedReader 流对象；BufferedReader 对象负责将单个字符组装成字符串类型，再通过 BufferedReader 流类的 readLine 方法显示。

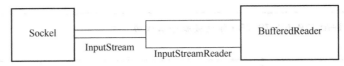

图 12.5 使用 Buffered 缓冲技术的输入流框架图

使用缓冲技术的服务器端代码（TalkServer.java）如下：

```java
1   import java.io.*;
2   import java.net.*;
3   public class TalkServer
4   {
5     public static void main(String args[])
6     {
7       try
8       {
9         ServerSocket server=new ServerSocket(5700);
10        Socket socket=server.accept();
11        String line;
12        BufferedReader is=new BufferedReader(new InputStreamReader (soc ket.getInputStream()));
13        PrintWriter os=new PrintWriter(socket.getOutputStream());
14        BufferedReader bin=new BufferedReader(new InputStreamReader (Syst-em.in));
15        System.out.println("Client say:"+is.readLine());
16        line=bin.readLine();
17        while(!line.equals("bye"))
18        {
19          os.println(line);
20          os.flush();
21          System.out.println("Server say:"+line);
22          System.out.println("Client continue to say:"+is.readLine());
23          line=bin.readLine();
24        }
25        is.close();
26        os.close();
27        socket.close();
28        server.close();
29      }catch(Exception e)
30      {
31        System.out.println("Error"+e);
32      }
33    }
34  }
```

使用缓冲技术的客户端代码（TalkClient.java）如下：

```java
1   import java.io.*;
```

```java
2       import java.net.*;
3       public class TalkClient
4       {
5           public static void main(String args[])
6           {
7               try
8               {
9                   Socket socket=new Socket("127.0.0.1",5700);
10                  BufferedReader bin=new BufferedReader(new InputStreamReader(System.in));
11                  PrintWriter os=new PrintWriter(socket.getOutputStream());
12                  BufferedReader is=new BufferedReader(new InputStreamReader (socket.getInputStream()));
13                  String readline;
14                  readline=bin.readLine();
15                  while(!readline.equals("bye"))
16                  {
17                      os.println(readline);
18                      os.flush();
19                      System.out.println("Client say:"+readline);
20                      System.out.println("Server say:"+is.readLine());
21                      readline=bin.readLine();
22                  }
23                  os.close();
24                  is.close();
25                  socket.close();
26              }catch(Exception e)
27              {
28                  System.out.println("Error"+e);
29              }
30          }
31      }
```

程序分析：BufferedReader 系统类提供了方法 readLine 用于读取一行字符串文本，BufferedWriter 系统类提供了方法 flush 用于强制清空缓冲区并运行向外设的写操作。

服务器端代码第 12 行，getInputStream 方法返回 InputStream 管道流，InputStream 管道输入流负责从与客户端的 Socket 连接中读取字节型数据；InputStreamReader 流负责将字节型数据组装成字符型数据，并传递给 BufferedReader 流对象；BufferedReader 的对象 is 负责将单个字符组装成为字符串类型，以便通过服务器端代码第 15 行的 readLine 方法显示。这里可以把 readLine 方法和 12.1 节服务器端代码中的 readUTF 方法进行比较。

服务器端代码第 13 行，通过 PrintWriter 类的对象将字符串型数据转换成字节类型数据，然后通过 Socket 对象的 OutputStream 流输出到 Socket 上，向外连接到客户端。

服务器端代码第 14 行，其功能和第 12 行是一样的，唯一的区别在于，这里从标准输入键盘读取数据，而第 12 行从客户端的 Socket 输入读取数据。

服务器端代码第 15 行之前的代码是进行 Socket 数据通信必须建立的通信框架，而第 15～24 行的作用是进行具体数据通信的逻辑。第 15 行，服务器首先接收客户端发送过来的字符串信息，并打印输出到屏幕上。第 16 行，从键盘输入流 bin 读入字符串。第 17 行，若该字符串是"bye"，则终止整个程序；否则由第 19~20 行代码将读入的字符串向外发送给客户端程序。然后，第 22 行代码接收来自客户端输入流的字符串信息，若能够接收到，则将其显示在屏幕上，并继续运行；否则程序将阻塞在这里，直到数据到达为止。第 23 行，从键盘读取字符串并返回第 17 行代码循环，判断是否应该终止程序的运行。

服务器端代码第 25~34 行，这是流输入/输出程序结构的需要，添加了关闭流对象和 Socket 对象及异常处理。

客户端代码的结构和服务器端代码的结构类似，只不过客户端的输出流连接的是服务器端，并且客户端需要指定连接服务器的 IP 地址和端口号，在此不再赘述。

在一台计算机中运行程序时，首先启动服务器端程序，再运行客户端程序，需要分两次进入 DOS 界面运行相应的程序，运行结果如图 12.6 所示。

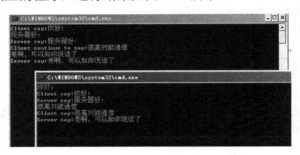

图 12.6　运行结果 1

12.2.3　图形用户界面与事件处理界面的设计

若去掉输入/输出流和数据通信实现语句，最后剩下的代码为静态的界面设计，则文本框中的信息就不能发出去了，可以说，余下的代码就变成空壳。下面给出纯粹的图形用户界面代码。

服务器端图形用户界面代码如下：

```
    //ServerGUI
1     import java.net.*;
2     import java.io.*;
3     import java.awt.*;
4     import java.awt.event.*;
5     import javax.swing.*;
6     class ServerGUI extends JFrame implements ActionListener{
7       JTextArea t1=new JTextArea();
8       JTextField t2=new JTextField(20);
9       JButton b1=new JButton("send");
10      String cname=null;
11      public ServerGUI(){
12        JScrollPane jsp=new JScrollPane(t1);
13        this.getContentPane().add(jsp,"Center");
14        JPanel p1=new JPanel();
```

```
15              p1.add(t2);
16              p1.add(b1);
17              this.getContentPane().add(p1,"South");
18              b1.addActionListener(this);
19              setTitle("服务器");
20              setSize(340,200);
21              setVisible(true);
22              addWindowListener(new WindowAdapter(){
23                public void windowClosing(WindowEvent e){…}
24              });
25          }
26          public void actionPerformed(ActionEvent e){…}
27          public static void main(String args[]){
28            ServerGUI mainFrame=new ServerGUI();
29          }
30        }
```

客户端图形用户界面代码如下：

```
       //ClientGUI:
1      import java.net.*;
2      import java.io.*;
3      import java.awt.*;
4      import java.awt.event.*;
5      import javax.swing.*;
6      class ClientGUI extends JFrame {
7        JTextArea t1=new JTextArea();
8        JTextField t2=new JTextField(20);
9        JButton b1=new JButton("send");
10       JButton b2=new JButton("连接服务器");
11       public ClientGUI(){
12          JScrollPane jsp=new JScrollPane(t1);
13          this.getContentPane().add(jsp,"Center");
14          JPanel p1=new JPanel();
15          p1.add(t2);
16          p1.add(b1);
17          JPanel p2=new JPanel();
18          p2.add(b2);
19          this.getContentPane().add(p2,"North");
20          this.getContentPane().add(p1,"South");
21          setTitle("客户端");
22          setSize(340,200);
23          setVisible(true);
24       }
25       public static void main(String args[]){
26         ClientGUI mainFrame=new ClientGUI();
27       }
```

28　　　　}

程序分析：这部分代码继承和使用 JFrame 窗口，一个窗口命名为"服务器"，另一个窗口命名为"客户端"。服务器和客户端分别定义两个面板，并在面板中分别添加相应的组件。

图 12.7　运行结果 2

在客户端窗口的面板中添加"连接服务器"和"Send"两个按钮，以及一个文本框和一个文本域；在服务器窗口的面板中也放置了"Send"按钮，以及一个文本框和一个文本域。JScrollPane 方法用于创建文本域中的滚动条，在文本域中的文字超过一半时自动出现。getContentPane 方法是 JFrame 中的方法，返回的是窗口对象。服务器端代码第 18 行是对象监听代码，触发接口 ActionListener 中的 actionPerformed 方法。服务器端代码第 22～24 行是窗口关闭的实现代码（其中省略了部分代码），这里用到了匿名对象和裁剪器。为了使程序结构简单，这里把事件驱动代码也去掉了。

分别运行客户端和服务器两个程序，运行结果如图 12.7 所示。

12.3　网络通信基础知识

12.3.1　网络通信的层次

网络通信协议是计算机间进行通信所遵守的各种规则的集合，协议是分层次的。Internet 实际采用的是 TCP/IP 协议族，其中最重要和最知名的协议就是 TCP/IP 两个协议。TCP/IP 体系结构分为 4 层，分别为网络接口层、网络层、传输层和应用层，而传输层包含 TCP 协议和 UDP 协议。每层的功能均不同，简要介绍如下。

1. 网络接口层

网络接口层对应 OSI/RM（开放系统互连参考模型）标准中的物理层和链路层，主要对应的是传输媒体和网络接口卡。

2. 网络层

网络层通过 IP 地址对网络硬件资源进行唯一标识。连接到 Internet 或局域网中的每台计算机都有一个唯一的用 4 字节 32 位表示的 IP 地址，1 字节对应 0～255 之间的一个十进制数，十进制数之间用实心点分开，如 176.66.80.45。连接 Internet 的计算机拥有公网的 IP，而局域网中的 IP 是一个实验室或一个单位唯一的 IP。

3. 传输层

在 TCP/IP 网络中，不同的机器进行通信时，数据传输是由传输层控制的。传输层通常以 TCP 协议和 UDP 协议来控制应用程序之间点对点的通信，用于通信的端点是由 Socket 来定义的，而 Socket 是由 IP 地址和端口号来确定的。

TCP 协议是基于连接的协议，也就是在通信之前，首先要建立自己的通信信道，类似于电话系统，拨通之后才能通话。使用 TCP 协议能够准确、有序地以字节流的方式发送数据到目标地址。

UDP 协议以数据报（Datagram）的方式发送数据。数据报没有固定的路由，可以说数据报"满天飞"，带上各自的地址，各走各的，最后在终点重新排序、组装。数据报方式的效率比较高，但不保证传送信息的顺序和内容的准确性。数据报一般用于传送非关键性的数据，如一般的 E-mail，实时性要求不是很高。

4. 应用层

大多数基于 Internet 的协议（如 FTP、HTTP 和 SMTP 等协议）都是 TCP/IP 网络最接近用户的应用层协议。

12.3.2 通信端口

一台计算机只能通过一条链路连接到网络上，但一台计算机中往往有很多应用程序需要进行网络通信。端口号（Port）就是用于区分一台主机中不同应用程序的。

端口号是一个正整数，用来标记计算机逻辑通信信道，它不是物理实体。IP 地址和端口号共同组成了 Socket 套接字。Socket 是网络上运行的程序之间双向通信最后的归节点，是 TCP 和 UDP 数据通信的基础。

IP 协议使用 IP 地址把数据投递到正确的计算机中，TCP 和 UDP 协议使用端口号将数据投递到正确的应用程序中。

端口号用 16 位的二进制数表示。若用十进制数来表示，则其范围为 0～65535，其中，0～1023 被系统用作熟知的通用服务（Well-Known Service）的端口，一般又称熟知端口。例如，HTTP 服务的端口号为 80，Telnet 服务的端口号为 21，FTP 服务的端口号为 23 等。因此，当用户编写通信程序时，应选择一个大于 1023 的整数作为端口号，以免发生冲突。

12.3.3 Java 网络编程中主要使用的类和可能产生的异常

1. java.net 包中的类

（1）面向 IP 层的类：InetAddress；

（2）面向应用层的类：URL 和 URLConnection；

（3）TCP 协议相关类：Socket 和 ServerSocket；

（4）UDP 协议相关类：DatagramPacket、DatagramSocket 和 MulticastSocket。

详细使用方法可参阅官方 API 网址：http://download.oracle.com/javase/6/docs/api/java/net/package-summary.html。

2. 通信中可能产生的异常

在使用前面列出的 java.net 包中的类时，可能产生的异常包括：

（1）ConnectException；

（2）MalformedURLException；

（3）NoRouteToHostException；

（4）SocketException；

（5）UnknownHostException；

（6）UnknownServiceException；

（7）BindException；

（8）ProtocolException。

12.3.4 Socket 通信模式

Socket 属于网络底层通信，它是网络上运行的两个程序间双向通信的一端，既可以接收请求，又可以发送请求，利用 Socket 就可以进行网络上的数据传输。Socket 用于实现客户/服务器（Client/Server）模式，它首先要建立稳定的 Socket 逻辑连接，然后以流的方式传输数据，实现网络通信。Socket 原意为"插座"，在通信领域中译为"套接字"，意思是套接、连接、连通。Socket 通信机制如下。

（1）建立连接。当两台计算机进行通信时，首先要在两者之间建立一个连接，由一端发送连接请求，另一端等候连接请求。请求方称为客户端，接收方称为服务器。应用在两端的 Socket 分别称为服务器端 Socket 和客户端 Socket。

（2）连接地址。为了建立连接，需要由客户端的应用程序向服务器端的应用程序发出连接请求，连接地址由唯一识别计算机的 IP 地址与唯一识别计算机上的应用程序的端口号共同组成。

在两个应用程序进行连前要约定好端口号。由服务器端确定端口号并等待客户端，客户端利用这个端口号发出连接请求，只有当两个程序所设定的端口号一致时才能连接成功，进而进行通信。

（3）TCP/IP Socket 通信。在服务器和客户端连接建立好后，接下来的工作就是利用输入流和输出流进行数据通信，可以是基于连接的 TCP 通信，也可以是基于无连接的 UDP 通信。在基于 TCP 的结构中，Java 语言服务器端 Socket 使用的是 ServerSocket 类，客户端 Socket 使用的是 Socket 类，以此区分服务器端和客户端。

Socket 通信模型如图 12.8 所示。

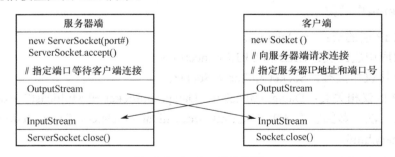

图 12.8　Socket 通信模型

12.3.5 Socket 类和 ServerSocket 类的构造方法及常用方法

1. Socket 类

Socket 类在 java.net 包中，用户通过创建一个 Socket 对象可以建立与服务器的连接。

（1）Socket 类的常用构造方法如下：

① public Socket(String host,int port)：在客户端以指定的服务地址 host 和端口号 port 为目标，创建一个 Socket 对象，并向服务器端发出连接请求；

② public Socket(InetAddress addr,int port)：功能同上，地址由 InetAddress 类相关方法产生，InetAddress 类没有构造方法。

（2）Socket 类的常用方法见表 12.1。

表 12.1 Socket 类的常用方法

常用方法	功能说明
public InetAddress getInetAddress()	在获取创建 Socket 对象时指定的计算机的 IP 地址
public InputStream getInputStream()	为当前 Socket 对象创建输入管道流
public OutputStream getOutputStream()	为当前 Socket 对象创建输出管道流
public void close()	关闭建立的 Socket 连接

2. ServerSocket 类

在 Socket 编程中，服务器端使用的是在 java.net 包中的 ServerSocket 类。

（1）ServerSocket 类的常用构造方法如下：

① public ServerSocket(int port)：指定服务器通信端口 port，创建 ServerSocket 对象，并等候客户端的连接请求；

② public ServerSocket(int port,int backlog)：功能同上，其中 backlog 指定最大的连接数，即可同时连接的客户端数量。

（2）ServerSocket 类的常用方法见表 12.2。

表 12.2 ServerSocket 类的常用方法

常用方法	功能说明
public Socket accept()	在服务器端指定的端口监听、等待客户端发来的连接请求，并与之连接
public InetAddress getInetAddress()	返回服务器的 IP 地址
public int getLocalPort()	取得服务器端口号
public void close()	关闭服务器端的 Socket

12.3.6 API 系统中 DataInputStream 和 DataOutputStream 的应用

API 系统中 DataInputStream 类的继承层次如图 12.9 所示，DataOutputStream 类的继承层次如图 12.10 所示。官方网址：http://download.oracle.com/javase/6/docs/api/java/io/package-summary.html。

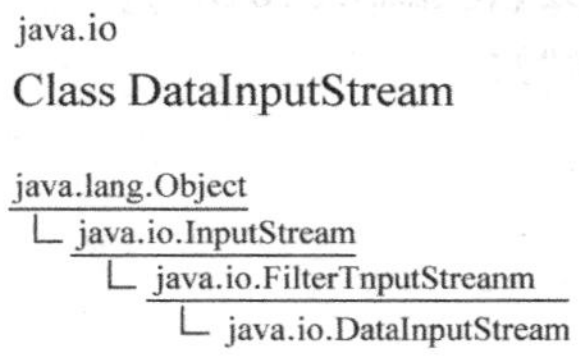

```
java.io
Class DataInputStream

java.lang.Object
  └ java.io.InputStream
      └ java.io.FilterInputStreanm
          └ java.io.DataInputStream
```

```
java.io
Class DataInputStream

java.lang.Object
  └ java.io.OutputStream
      └ java.io.FilterOutputStreanm
          └ java.io.DataOutputStream
```

图 12.9 DataInputStream 类的继承层次 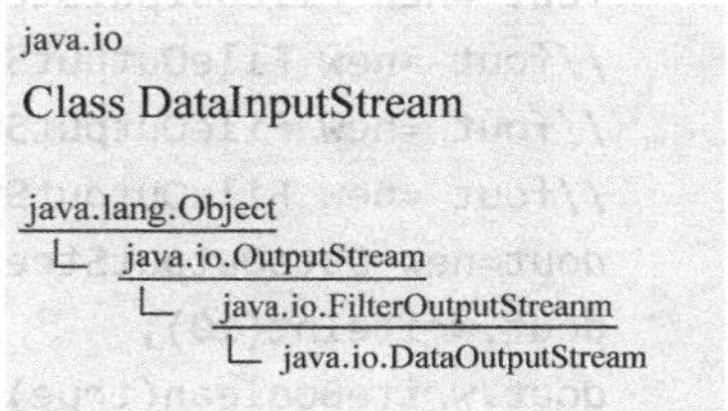   图 12.10 DataOutputStream 类的继承层次

1. DataInputStream 的常用方法

（1）public boolean readBoolean()：读取输入流中 1 字节的布尔类型值。
（2）public byte readByte()：读取输入流中 1 字节的字节整型数值。
（3）public char readChar()：读取输入流中一个 Unicode 字符，占 2 字节。
（4）public int readInt()：读取输入流中 4 字节的整型数值。
（5）public String readUTF()：从输入流中读取字符串。UTF 是一种表示高效存储字符串 String 数据的特殊技术。因为一个 Unicode 字符占 2 字节的存储空间，所以若利用 UTF 编码，则常用的字符可以减少至 1 字节存储。

2. DataOutputStream 的常用方法

（1）public void writeBoolean(Boolean v)：若 v 的值为 true，则向输出流中写入 1 字节的值 1；若 v 的值为 false，则写入 1 字节的值 0。
（2）public writeByte(byte)：向输出流中写入参数中的 1 字节的整型数值。
（3）public void writeChar(char)：向输出流中写入参数中的单个字符。
（4）public void writeInt(int)：向输出流中写入参数中 4 字节的整型数值。
（5）public void writeChars(String)：向输出流中写入参数中的字符串。
（6）public void writeUTF(String)：向输出流中以 UTF 编码的形式写入参数中的字符串。

注意：以上方法都必须加上异常处理。

3. DataInputStream 和 OutputStream 的应用

下面利用 DataInputStream 和 DataOutputStream 提供的方法进行整型数据、布尔类型数据和字符串的输入、输出操作，写入的数据保存到 example 文件中。代码如下：

```
1    import java.io.*;
2    public class FileData
3    {
4      public static void main(String[] args)
5      {
6        FileOutputStream fout;
7        DataOutputStream dout;
8        FileInputStream fin;
9        DataInputStream din;
10       try
11       {
12         fout =new FileOutputStream("D:\\temp2\\example");
13         //fout =new FileOutputStream("D:\\temp2\\example.bin");
14         //fout =new FileOutputStream("D:\\temp");
15         //fout =new FileOutputStream("temp");
16         dout=new DataOutputStream(fout);
17         dout.writeInt(10);
18         dout.writeBoolean(true);
19         //dout.writeChars("Goodbye");
20         dout.writeUTF("Goodbye");
```

```
21          dout.close();
22        }
23        catch(IOException e){}
24        try
25        {
26          fin=new FileInputStream("D:\\temp2\\example");
27          //fin=new FileInputStream("D:\\temp2\\example.bin");
28          //fin=new FileInputStream("D:\\temp");
29          //fin=new FileInputStream("temp");
30          din=new DataInputStream(fin);
31          System.out.println(din.readInt());
32          System.out.println(din.readBoolean());
33
34          /*char ch;                                    //与第19行对应
35          while((ch=din.readChar())!='\0')
36          System.out.print(ch);*/
37          System.out.println(din.readUTF());            //与第20行对应
38          din.close();
39        }
40        catch(FileNotFoundException e)
41        {
42          System.out.println("文件未找到!! ");
43        }
44        catch(IOException e){}
45    }
46  }
```

程序分析：第 12～15 行定义了数据流输出文件的 4 种形式，任选一种即可。数据文件存储格式基本与内存中存储数据所用的格式一致，参数中的双斜杠是带转义符的反斜杠(\)。有盘符的按盘符保存，没有盘符的将保存在与源程序相同的目录中。第 19 行要与第 34～36 行保持一致，这是读/写字符串的一种方式。该程序中使用的是常见的 writeUTF 和 readUTF 方法。从输入流中读数据的方法要与写数据的方法依次对应。

运行结果如图 12.11 所示。

图 12.11 运行结果

12.3.7 多线程处理机制

在实用的服务器编程中，往往希望服务器端能够处理多个客户端的请求。解决这个问题的关键是采用多线程处理机制。

多线程处理机制最基本的实现方法是在服务器程序中创建一个系统类 ServerSocket 的对象，然后调用 ServerSocket 类中的 accept 方法来等候客户连接。客户端程序创建一个 Socket 并请求与服务器建立连接。<u>服务器接收客户的连接请求，并创建一个新的 Socket 与该客户建立专线连接</u>。假设已建立了连接的两个 Socket 在一个单独的线程（由服务器程序创建）

上对话通信，则服务器开始等待新的连接请求。服务器线程工作示意图如图 12.12 所示。

一旦调用 accept 方法成功，服务器端就会获得一个 Socket 对象，并将它作为参数新建一个线程，使它只为这个特定的客户服务。然后，accept 方法等待下一个新客户的连接请求，在另一个新的线程中进行新的独立通信。

在编程实践中，往往把 accept 方法和数据交换放在循环中实现，如图 12.13 所示。

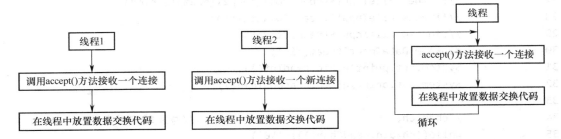

图 12.12　服务器线程工作示意图　　图 12.13　服务器端多线程实现中的循环结构

习题 12

1. 什么是 Socket？它与 TCP/IP 协议有什么关系？
2. 如何使用 URL 类访问网络资源？
3. 查阅资料，学习 InetAddress 类的应用。
4. 查阅资料，实现基于无连接数据报通信的程序设计。

参 考 文 献

[1] David D. Riley 著,苏钰涵,徐红梅,等译. Java 程序设计——对象和软件工程方法[M]. 北京:机械工业出版社,2007.

[2] 陈国君,陈磊等. Java2 程序设计基础[M]. 北京:清华大学出版社,2009.

[3] 耿祥义,张伟平. Java 大学实用教程(第 4 版)[M]. 北京:电子工业出版社,2017.

[4] 葛义鸣. 实战 Java 高并发程序设计(第 2 版)[M]. 北京:电子工业出版社,2018.

[5] Cay S. Horstmann, Gary Cornell. Java 核心技术[M]. 第 8 版. 北京:人民邮电出版社,2008.

[6] 张基温,朱嘉钢,张景莉. Java 程序开发教程[M]. 北京:清华大学出版社,2002.

[7] 连凤春,黄艳红等. Sun 认证 Java2 程序员考试辅导[M]. 北京:清华大学出版社,2003.

[8] Harvey M. Deitel, Paul J.Deitel. 袁兆山,刘宗田,苗沛荣等译. Java 程序设计教程[M]. 北京:机械工业出版社,2002.

[9] 杨晓燕,李选平等. Java 面向对象程序设计[M]. 北京:人民邮电出版社,2015.

[10] 杨晓燕,李选平. Java 面向对象程序设计实践教程(第 3 版)[M]. 北京:人民邮电出版社,2015.

[11] 杨晓燕. Java 面向对象程序设计[M]. 北京:电子工业出版社,2011.

[12] 杨谦等. 写给大忙人的 Java SE 9 核心技术[M]. 北京:电子工业出版社,2018.

[13] (美)John Lewis 等.Java 程序设计教程(第八版)[M]. 北京:电子工业出版社,2018.